U0685145

国家社科基金项目资助

民间伦理共同体研究

余文武 著

武汉大学出版社
WUHAN UNIVERSITY PRESS

图书在版编目(CIP)数据

民间伦理共同体研究/余文武著.—武汉：武汉大学出版社,2018.12
ISBN 978-7-307-19982-8

Ⅰ.民… Ⅱ.余… Ⅲ.社会公德—研究—中国 Ⅳ.B824

中国版本图书馆 CIP 数据核字(2017)第 329622 号

责任编辑：徐胡乡 陈 豪 责任校对：汪欣怡 版式设计：马 佳

出版发行：**武汉大学出版社** （430072 武昌 珞珈山）

（电子邮件：cbs22@whu.edu.cn 网址：www.wdp.com.cn）

印刷：北京虎彩文化传播有限公司

开本：720×1000 1/16 印张：17.5 字数：241 千字 插页：1

版次：2018 年 12 月第 1 版 2018 年 12 月第 1 次印刷

ISBN 978-7-307-19982-8 定价：49.00 元

目　　录

导论　并非想象的民间伦理共同体

　　共同体一词在学界的运用过于泛滥，以至于我们难以厘清其真正内涵。共同体并非学者的心灵投射，亦不是无据可查的乌托邦式的幻想。它作为重要的社会机构和政治模式而被"发明"出来，① 是因为它有特殊的、共同的形质要素可以深究，这个概念透露的是一种客观存在的社会群体关系。由于共同体分享同一种伦理文化，提倡集体主义并坚决反对个人主义，这一点与社会主义道德原则不谋而合，尤其是它怀有共同的利益诉求和伦理取向，遂使我们的研究具有重要的现实价值和政治意义。

　　由于共同体本身不具备特殊的道德指向，我们在其前面加以"伦理"的限定，便成为一个具有特殊性质的概念。这共享特有的伦理特征的共同体是怎样的人类群体？它是自发产生还是自觉成立？根据共同体的理论，这样的集体并非偶发的群体聚集，也不是制度安排的结果使然，它在民间实际存有内涵紧密、外形松散的范型。② 人们过着共同的伦理生活，分享富足的共同性，个体之间真实互动，彼此认同和具有归

---

　　① 李义天．共同体与政治团结［M］．北京：社会科学文献出版社，2011：2-3. 学者李义天认为，许多政治哲学学者将共同体视为重要的社会结构和政治模式，其伦理意义和社会价值被组织起来，但共同体本身存在可能限度和内在困境，譬如分属不同共同体的人们在各自的共同利益和信念上有所分歧，从而导致持久的冲突。

　　② 李义天．共同体与政治团结［M］．北京：社会科学文献出版社，2011：5.

属感，并拥有共同利益，从而成为乡村社会的有机单元，研究可谓伦理共同体实体化为民间的积极尝试。

民间伦理共同体不只是个归属的观念，它还有对于伦理意义、互助团结和集体行动的诉求，并以不断完善为宗旨，兼具社会教化、人心聚集和乡村治理的功能，从而为乡村建设开出崭新的政治途径。特别地，民间伦理共同体不断地重构自身，使其具有一种伦理倾向和道德内涵的结构，同时它内部深刻的共同性对其成员的构成性，使成员与共同体之间具有更明显的同构性，从而使共同体具有稳定的、持久的功能结构，更易于形成深刻而明显的集体认同和抵抗外力的机制。如此，民间伦理共同体不再是强而有力的政治修饰术语，而是有助于统同群心地开展道德建设和乡村治理的现代武器。

我们幼时生长在乡村，对那里颇多怀念，那里民淳俗厚、讲信修睦。在我们的记忆里，故乡是德性富足之地，盛产人人信奉的共同善。怀念催生乡愁，乡愁千生万劫，永远在游子的心头萦绕。当我们将传统与现代性两相对比之时，又加剧了我们的离愁别绪。在学子的乡愁里，有对于故乡道德的感念和民间良俗的惋惜，有对于族群精英的感慨和伦理传统的叹息。故我们愿意重返近似故乡的乡村，做一番躬体力行的调查研究，做一次深刻的学术反省，为我们的道德怀乡症寻找一剂药到病除的解救之方。

为什么众多读书种子得以沾溉穴塘坎的春风夏雨？为什么道德评议会能够在平家寨一倡百和？为什么十几位学子集体还乡到石门坎实教从学？为了弄清楚这些质疑问难，我们深入乡村，采获了民间的确凿凭据，查实了共同体的基本属性，从伦理关系的维度诠释了民间。我们用伦理学的道德原则、马克思的共同体思想去贯通伦理共同体的构建，用文化濡化的传递机制、道德评议会的事功和颇具效能的平民教育运动等事象来引发三地的论说主题，从中找到了伦理共同体之内部要素、功能结构和构建路径上的民间范型，并引出奔向"自由人联合体"的未来路向。

　　扎实的田野功夫成就学问的信念、本土性道德知识的发蒙解惑之效，使我们乐于做扎根民间的敦本务实的研究工作；加之乡村头面人物的诱掖奖劝、族群精英的轨物范世和平教运动的梯愚入圣，着实使我们心悦诚服，颇有刻肌刻骨之感。于是，我们欲借三地民间的真实来唤醒学界疏忽而致的沉寂，希望这样的"伦理过去完成时"可以提示我们做"伦理现在进行时"的构想，使乡村社会正理平治的理想得到进一步的落实。不想，我们在研究的过程中受三地的"骨化风成"，诸多困厄已然冰解冻释。

　　机杼一家的理论析出是我们全始全终之实证研究的最好注脚，其间既有对于人类学方法的坚守，又有对于伦理学范式的呼应，可谓令人欣慰的一得之功。譬如，我们在案例的呈现中揭示了民间伦理关系的生成机理，共同体之所以能够生成伦理关系，是由于它一经产生就把伦理道德奉为至上的原则，并内在地调节着个体之间的伦理道德关系；再如，我们理会了田野选点在时空隔离上的区分，其通行乡里的美德故事、知识精英的亨嘉之会、本土伦理知识的层出叠见，都有极具个性的表达。田野是故乡之外的他乡，他乡宜作样本选点，因它富含许多差异元素，但这些差异元素却诱发了我们的怀土之情，使我们在追根究底的考察中抚景伤情，感念故乡的日新月异与春露秋霜。

　　如果我们不能证实伦理共同体在民间的实在，那要在乡村社会重建共同体的构想就会缺乏必要的说服力。共同体作为一项政治理念，在最根本的层面必然归于血缘和地缘的共同性，而穴塘坎、平家寨、石门坎或多或少都服从了这样的原则和逻辑；共同体作为一种政治智慧，实际跨越了乡村的边界，形成了更广泛的认同、团结和利益诉求；共同体作为一个伦理学变量，激励个体去摒弃一己之私而成全共同体，反映了人的更高形式的道德存在。人的道德存在是人的最深层和最本质的存在，在此意义上，人的本质是伦理共同体中的社会关系的加权汇总。因此，民间伦理共同体潜藏着社会关系的逻辑，它并非想象的共同体。①

————————

① 美国人类学家本尼迪克特曾以"想象的共同体"为题，探究这个名称指涉的不是虚假意识的产物，而是一种社会心理学上的社会事实。[美] 本尼迪克特·安德森. 想象的共同体：民族主义的起源与散布 [M]. 吴叡人，译. 上海：上海人民出版社，2003：9.

第一章 研究概述

共同体是一种社会建构，将它实体化是本书作者的一个"发明"。共同体常被用来描述一种基于地方的社会关系，以及虚拟的、想象的人们群体。我们把在乡村社会找到的人们群体的典型，根据假定的共同特征——"伦理"来定义它，遂有民间伦理共同体的称谓由来。① 因为这些人们群体领有共享的价值，这样的称谓并不是一种虚构的假象。明显地，这个共同体观念的建构既有认知和符号的元素，又有社会亲密性和地方性的原因，还有归属感和身份认同的作用使然。之外，共同体通常与传统紧密相连，因为传统有助于建设共同体。

梁漱溟曾谓，知识分子下乡可为乡村增耳目、鼓喉舌、添头脑。我们希望在贵州择取的穴塘坎、平家寨和石门坎三个田野选点，可以呼应研究者的求仁得仁的理想。三地虽然地处乡村，但亦有现代性所蕴含的种种消极性与局限性，于是民间伦理共同体的构建被设想为对上述负面因素的超越，以及对伦理传统的守护。钱穆认为，"教育的第一任务，便是要这一国家这一民族里的每一分子，都能来认识自己的传统"。②

① 对共同体的渴望，几乎成为现代世界永不停息的追逐。共同体常常被建构为一个舒适的安全场所，一个能够摆脱世界上的危险而稍作放松的地方。这种观念使得共同体成为强有力的政治修辞术语。当面对恐惧时，政治家便能变成共同体的捍卫者，无论是地方共同体还是民族共同体。Bauman Z. Community: Seeking Safety in an Insecure World [M]. Cambridge: Polity Press, 2001: 1.

② 钱穆. 国史新论 [M]. 北京: 生活·读书·新知三联书店, 2001: 61.

作为文化生物的人，其本身是传统的存在。一切文化的形式都是历史上被创造出来的，不可经由遗传来传递，而必须用一种纯精神的保存形式，这就是传统。① 多亏有了伦理传统，共同体中的个体才能要求获得比依靠自己所能获得的更多、更高级的文化内容，这些文化内容展示了共同体的精神特质和形上追求，是我们植根民间的文化依据。

现时日趋碎片化与个体化的社会生活，常常使人抱怨因共同体的断裂而出现伦理传统的丢失，伦理共同体的重构成为我们诊治乡村社会的良方，以及勘定身份认同的资源。研究既着力呈现民间社会的伦理共同体的既有事实，意在增加我们建设乡村伦理社会的自信心，又尽可能全面陈述其现代困境，意在探明共同体作为一种政治构思和社会机制的优长与缺省。鉴于共同体概念的歧义丛生和内在多样性，研究使用一种系统、全面和融贯的定义，并自始至终从伦理的角度去展开其讨论维度。其预设是共同体成员领有共享的伦理价值、充分的道德对话，以及在此基础之上的共识共见。②

本章的撰写思路如下：首先，对选题背景和研究意义进行陈述；其次，对与研究问题直接相关的文献进行梳理、分析、评价和总结，并阐述其与本研究的关联；再次，对所研究的问题予以勘定，对使用的理论和研究方法给予解释，同时进行研究思路和分析框架的陈述；最后，对取得的重要发现和研究不足予以说明。

――――――――――

① ［德］兰德曼．哲学人类学［M］．阎嘉，译．贵阳：贵州人民出版社，2006：206.

② 就本书所论及的三个伦理共同体样本而言，其成员不仅由相互交织的情感纽带所联系，而且由成员们所共享的一系列核心价值——伦理文化所联结。我们假定民间社会有契约、协议和法律的约束，还有源自价值的道德规范的约束。价值经由社会化而代代传承，成为民间伦理共同体坚守的传统。个体总是从属于一定的伦理共同体，而各伦理共同体组成的共同体，又成为本文论及的乡村社会。我们需要教育共同体的年轻成员，激活他们体内的共同体认同基因，使其传承伦理文化传统，从而避免共同体的分崩离析。这里有一个预设，年轻人不知道他们的伦理共同体归属，当然应该对此有所察觉，故需要了解其伦理文化以便成为共同体的真正一员。

第一节 问题提出

关于共同体研究的题域，发轫于西方政治哲学，这个学科的学者很想通过自身积极的政治实践和睿智深刻的理论分析来建成紧密亲近的共同体，以便人们过上和谐美好的群体生活。之后，伦理实体、伦理共同体、教育共同体等概念的引出，使得共同体又成为伦理学、教育学、社会学等多学科研究的高频词汇。① 由于共同体总有背靠的文化径脉，必然涉及根源地的文化分析，故亦触及作为研究方法的人类学。民间伦理共同体与民间教育共同体具有同条共贯的事理相通，都是现代性语境中的意义共同体的构建和价值理想的存在。不过，有关前者的研究着力在伦理共同体的民间范型、构建可能性、伦理关系表现、路径依赖和自组织的有效性等方面，而有关后者的研究则主要回应教育共同体与泛教育论、非制度化教育、非学校化社会和学前教育的关联。

穴塘坎、平家寨和石门坎作为三个民间伦理范式的典型，对伦理传统皆有旁见侧出的表现，反映出共同体的历时性与共时性的伦理价值沉淀，以及在民间的极情尽致的伦理风格。这里，凭借人类学视野下的文化分析，可做伦理文化的现代理解，以及探察迥然不同的"期望集"。

穴塘坎马氏家族及姻亲成员的博士阵图，一直是黔北民间津津乐道的谈资。与民间离本趣末的追求不同，学界的高情远致在于学理解读，其高明在于它能透过民间崇文讲学的心理，去发现教育的有效运作系统和伦理的敦伦重本机制。倘若穴塘坎博士阵图的秘密可以揭开，则我们可经由千秋教化的伦理传统去深究民间伦理传承的有效性，以及依循教

① 研究拟从伦理学的角度，运用定性研究设计，把"民间伦理共同体"与和谐社会、社会主义新农村建设结合起来，寻求两者的函数关系，找寻伦理学与社会学的契合之处。

育异数而展开的"非学校化社会"的反思。①

平家寨因道德评议会和它的建倡者，被证成为一个边界清晰、内涵丰富的伦理共同体，这个共同体由仡佬族人民组成，并兼具富足的人文本性，很好地回应了黑格尔之"民族是伦理的实体，伦理是民族的精神"的观点。这个民间伦理共同体的结构松散，但知识精英的文化反哺和道德引领，以及村落伦理传统的熏陶，成为伦理关系彰显的共同体构建的重要元素。

石门坎对于宗教界人士具有勾魂摄魄的威力，在民间一直传为美谈。归附到光华小学麾下的学子，不仅有"博士下乡"践行者吴性纯和受蒋介石待见的朱焕章，更有集体还乡的莘莘学子。我们想细察宗教因素促成的伦理共同体，是否有精英努力和民族认同的因素？在强调伦理传统和集体主义的背景之下，学子与村落居民之间又有怎样的亲近感？

一、选题背景

课题的核心概念是共同体，作为地域性的聚居群体，它是熟人社会的产物，并与工业社会如影随形。滕尼斯在发明这个概念时，意在揭示

---

① 余文武．"博士寨教育人类学考察"报告［R］．贵州省教育厅 2007 年哲学社会科学资助项目，2007：2．学校作为一个社会历史范畴和国家制度设置与管理的标志，被教育家和社会批评家伊凡·伊里奇作为社会批判的首要目标。他认为，学习是最少需要别人操纵的人类活动，大部分学习不是教学的结果，而是不受阻碍地参与某种有意义系统的结果。我们认为这里的有意义系统可以和伦理共同体相通。教育是一种安排鼓励无限制、探究性地运用所获技能的环境，这种探究和创造性运用技能的教育不能依靠训练，依赖于同伴之间的联系，这些同伴掌握了某种可以获得储存在集体中或通过集体储存的记忆的钥匙，依赖于所有创造性地利用记忆的人的批判性意向，依赖于意想不到的问题的撞击，这些问题为探究者和他的同伴打开新的洞天。伊里奇提及的环境、同伴之间的联系、集体储存的记忆等都与共同体有着紧密的关联。余文武．民间教育共同体研究［R］．华东师范大学教育学系博士后出站报告，2009：3．

人们群体内部的两种互动关系：一是基于情感、恋念和内心倾向的关系；二是为了达成某种目的而建立在占有物的合理交易和交换基础上的关系。① 而根据共同体主义的立场，它强调的是道德规范的一致性和共同体对于个人的价值优先性。这就清楚地表明，共同体的形成不是以利益为目的，而是出于共同的精神和情感基础。② 我们也可以借助与社会的比照来加深对于共同体概念的理解，社会是一种机械的聚合和人工制品，充满异化和冲突，而共同体则是生机勃勃的有机体，多为自然而和谐。

民间伦理共同体的归属地在民间、落脚点在伦理，是地域和品格的双重界定。这个概念在本课题的描述中，它不只是一种精神想象，而是一种来自民间的真实存在，有可堪深究的伦理内涵。它源自个人原子化和社会碎片化的反思，是一种受制于伦理传统约束的意义聚合体。这种约束虽然束缚了个体的个性、自发性与创造性，但内涵了人们之间强有力的"纽带"特性，作为社会性的动物，人们需要与他人建立纽带才能获得精神与身体的双重幸福。就"有意义的他者"引发的相互合作与互惠互利的群体建构而言，③ 我们得以发现传统与现代性的博弈，并在贵州民间可以找到一一对应的典型，那就是余庆县的穴塘坎、遵义县的平家寨和威宁县的石门坎。

共同体是两个要素的结合，一种是个体之间可以相互影响的网络，另一种是对一系列共同的价值、规范、意义以及共同历史的认同。④ 前者指相互影响、彼此交织、互相增强的关系，后者指对一种特殊伦理文

① 赵绍成. 社会学［M］. 成都：西南交通大学出版社，2006：199-200.

② 韩升. 生活于共同体之中［M］. 北京：中国社会科学出版社，2010：7.

③ "有意义的他者"指人类存在不是独白式的，而是对话式的。在共同体研究者泰勒那里，指通过与自身相关的人的互动交往，我们才会进入语言之中，因为掌握了丰富的语言表达方式，我们才能理解自身，从而建构自己的认同。以上观点见泰勒的《现代性之隐忧》《承认的政治》。韩升. 生活于共同体之中——查尔斯·泰勒的政治哲学［M］. 北京：中国社会科学出版社，2010：9.

④ Etzioni A. Creating good communities and good societies［J］. Contemporary Sociology，2000，29（1）：188-195.

化的一定程度的认同。穴塘坎是一个家族共同体，因为要探讨的学子分居海内外，从地理的角度来看都是分散的，其共同体成员实际分散在其他的非共同体成员之中，但这并不影响我们对于该伦理共同体的讨论，因为这实际上也是一个血缘共同体；平家寨是一个村落共同体，我们从其建立的道德评议会来看，它拥有共同的伦理文化特性和相同的地缘结构，基本上符合上述两个定义标准，是可以通过观察识别的伦理共同体；石门坎是一个民族共同体，实际考察时对其地域有所扩大，但讨论基于石门坎花苗的历时性传统，我们从苗族民间社会的运动方向中找到了维护社会纽带及自主性保护的良好平衡点。

关于伦理共同体的研究因为限于形上思辨，找不到指称的实体，始终在理论上徘徊不前。我们想别开生面地推出基于本土的共同体个案，从伦理的角度去深究它的合理性；再从实践中去探察这些乡村地区的成员出于对伦理共同体的共同忠诚而拥有强有力的相互的承诺和共享的认同，从而获知其衡定持久的合法性。既然研究假定人们会忠诚于一定的伦理共同体，那是什么将个体与伦理共同体连接在一起呢？我们认为这在于人们共享着关于美好生活的目的和观念，使个体与共同体的各种价值之间呈现一种深刻的构成性的结合，① 而这又连通了社会主义新农村建设的目的和观念，这样的思维使我们从关于乡村道德建设运思的困局中抽身出来，得以反省借力伦理共同体重构的路径。

本研究因应了现实的需要，社会主义新农村建设是中央解决"三农"问题的新途径，亦是探索中国特色社会主义发展道路的创举，其建设内容既包括发展生产力，又包括完善农村的生产关系和上层建筑，

---

① 这实际就是部分与整体之间的辩证关系，大体上个体与共同体之间是共生的而非对立的关系，若有一定程度的对立，也不是个体与集体的客观区分，而是一种充满了张力的依存关系。个体与共同体之间的关系也可以被建构成直接关系，从而使得共同体在修辞中显现为相似的个体和有机的整体。本研究实际上提出了这样的乡村治理的思考路径：对于乡村的特定人群的集合，宜采取非外在的方式来解决伦理文化认同的问题，相反地，从个体对于共同体的归附着手，可以有效地将他们社会化地组织起来。

其间必然蕴含道德建设的内涵。而道德建设的难点在于寻找工作的突破口，那么如何获取社会主义新农村道德建设的新思维呢？本书借助民间伦理共同体所涵盖的诸多事象，来探究贵州的穴塘坎、平家寨和石门坎三个典型地的民间伦理实情，从中发现其道德教育实施、道德知识谱系维系和伦理文化传承的要秘，从而为乡村道德建设的现代转换提供可堪借鉴的范例。

二、研究意义

伦理共同体并非是一种制造的修辞，在乡村社会的道德建设中，它实际是一种进步的力量。在研究中我们设定了伦理共同体的内在同质性，同时又不忽略集体忠诚和集体认同的事实。民间伦理共同体作为与现代社会相抗衡的礼俗社会，他们之间有诸多重叠之处，从而使得此题的讨论颇具政治意义。民间伦理共同体的重构，对于我们的道德承诺的引导与强化、补阙与修正，将有助于建立一个更自愿、更清明的伦理秩序。研究意义主要体现在如下三个方面：

第一，理论创新意义。从伦理共同体的证成来深究民间的德性蕴蓄之道，即从人类学的视角来研究民间的德性培养基础，丰富了伦理学研究的方法与思路。研究着力剖解在贵州选取的三个特殊案例，即追踪穴塘坎马氏一门及姻亲的教育成就，深挖平家寨村民"道德评议会"的教育内涵，以及查考从石门坎走出第一位苗族博士以来的十余位学子"集体还乡"的道德义举，希图借力田野调查，去揭示体制内的学校与体制外的民间的最普遍的本质功能。从人类学角度研究民间伦理，旨在为伦理学研究开创一个全新的视角。

第二，学科建设意义。以精心择取的田野点作为实证研究的原点，摒弃指空话空的"高空作业"。研究意在回应哲学史之著名判断："民族是伦理的实体，伦理是民族的精神。"并兼之回应马克思在探索人类解放道路中对于"真正的共同体"的诉求之道。先前有关伦理共同体的研究因为缺失可以背靠的个案，故从空疏的理论中就难以寻求到对于理喻伦理关系与伦理秩序之要密的例证，遑论开拓事关民间的伦理知识谱系。从民间伦理共同体的显性结构来细察伦理学的谱系图，可以追溯民间在伦理学发端中的位置。

第三，现实应用意义。研究民间伦理共同体对于时下和谐社会的构建和社会主义新农村的建设大有裨益。民间的主导规则是伦理，故伦理共同体的构建应是乡村社会道德建设的过筋过脉。伦理共同体与教育共同体具有一定的互生关系，教育共同体的意图在于传达具有时代的、历史的伦理知识，而伦理共同体所蕴蓄的道德力则对民族社会之个体作至为深刻的价值牵引。穴塘坎、平家寨、石门坎三个典型案例的特别呈现，可以为国家决策部门提供公民道德建设实施方略的补阙，以及为乡村社会治理进献信而有征的根据。①

第二节　文献综述

共同体是一个社会学和政治哲学的基本概念，从语法分析，伦理共同体与伦理实体近似，都是偏正词组，"伦理"修饰了共同体的功能；而共同体为"伦理"提供的是场景或语境，表示个体所处的某种特定的社会关系。由于共同体这个概念的历史境脉与伦理关系的复杂性，学界对其的研究可谓众说纷纭。关于本课题研究的已有文献分为两部分：一是有关共同体和伦理共同体的基本理论的研究文献；二是有关穴塘坎、平家寨、石门坎的具体情况的研究文献。

学界对穴塘坎的研究始于民间的传诵，后加之新闻界人士的倾力散

①　我们认为虽然关于伦理共同体的研究属于形而上学的范畴，但是这样的研究必然寓于政治之中，只有符合所处时代的政治要求才能具有现实意义，才能对今天的现实生活发生积极的影响。这样的观点可参见古希腊哲学家亚里士多德关于人天生是政治动物的说法。

布和乡村管理者的外宣力度，遂成为民间学业成就彰显的一个亮点。笔者曾就马氏家族在乡风文明引领、教育习俗形成、伦理传统接续等内容作了基础性的学理解读，详细解释可参见笔者的博士论文和博士后出站报告。① 目前关于穴塘坎的研究尚在发端，但风格多为史料析出式的解读式研究。

学界对平家寨的研究始于在仡佬族村落的田野调查，且多为民族学和人类学的基础研究。课题组以道德评议会现象为着眼点，厘析民间的道德约定和条款，回温乡村精英在道德事项中的决断和在乡村建设中的德性引领，期望发现民间对于共同善的执着追求，以及助于乡风文明建设的道德实践。

学界对于石门坎的研究始于 20 世纪初的边胞治理，多位学者在《康藏前锋》中撰文详述石门坎的社会教育和宗教传播情形。吴泽霖在《贵州苗夷社会研究》中论及石门坎的乡村社会实情，② 最近张慧真以石门坎为论说主题，撰文探讨花苗的教育与族群认同问题。其间涉及石门坎的研究专著和论文不胜枚举，至少有 7 部专著（博士论文或研究报告）涉及此地。③

---

① 余文武.民族伦理的现代境遇及其教育研究［M］.北京：现代教育出版社，2008；余文武.民间教育共同体研究［R］.华东师范大学教育学博士后出站报告，2009.

② 吴泽霖.贵州苗夷社会研究［M］.北京：民族出版社，2004：294.

③ 最有代表性的专著有张坦先生的《"窄门"前的石门坎》（1992 年云南教育出版社出版），深圳大学游建西教授（苗族）的《近代贵州苗族社会的文化变迁》（1996 年作者以这本专著获华中师范大学博士学位，1997 年贵州人民出版社出版），香港浸会大学张慧真教授的《教育与民族认同：贵州石门坎苗族基督教族群的个案研究》（1999 年作者以这本专著获香港中文大学博士学位），西南民族大学秦和平教授的《基督教在西南民族地区的传播史》（2003 年四川民族出版社出版），重庆三峡学院东人达教授的《滇黔川边基督教传播研究》（2003 年作者以这本专著获中央民族大学博士学位，2004 年人民出版社出版，2006 年获教育部第四届社科研究成果大奖），中国社会科学院沈红博士（苗族）的《石门坎文化百年兴衰》（2006 年万卷出版公司出版），贵州余文武的《民间教育共同体研究》（2009 年作者以此报告从华东师范大学教育学博士后流动站出站）。

一、国外相关研究状况

"共同体"系社会学家斐迪南·滕尼斯在其成名作《共同体与社会》中发明的一个概念，稍晚社会学家马克斯·韦伯在《社会学的基本概念》中小心求证了基于共享价值与相同观念凝聚而成的"共同体"；社会学家齐格蒙特·鲍曼判定现代性导致的生活碎片化，使共同体代表的确定性与个体自由之间的冲突永无消解之日；政治哲学家查尔斯·泰勒则视共同体为意义聚合体，是促进幸福生活的范导性因素；哲学家杜威在《民主主义与教育》中论证"共同体"中事关目的、知识、信仰和期望的了解，以及达成前述诸项的沟通过程。上述研究成果为"伦理共同体"概念的提出提供了重要的论证依据。

（一）有关共同体的研究

德国学者斐迪南·滕尼斯最早提出"共同体"概念，经历了从德文 Gemeinschaft 到英文 Community，然后再到中文的"共同体"的过程。共同体的观念最早见于古希腊，古希腊的城邦是最本源意义上的共同体，表示一种具有共同利益诉求和伦理取向的群体生活方式。①

德国学者斐迪南·滕尼斯认为，共同体就是基于自然意志如情感、习惯等，以及基于血缘、地缘关系而形成的一种社会有机体。② 德国社会学家马克斯·韦伯认为，在个别场合、平均状况下或者在纯粹模式里，如果而且只要社会行为取向的基础是参与者主观感受到的情感或者传统的共同属于一个整体的感觉，这时的社会关系，就应当称作"共

---

① 韩升. 生活于共同体之中——查尔斯·泰勒的政治哲学［M］. 北京：中国社会科学出版社，2010：6.

② ［德］斐迪南·滕尼斯. 共同体与社会——纯粹社会学的基本概念［M］. 林荣远，译. 北京：商务印书馆，1999：58-65.

同体"。① 英国思想家鲍曼认为，共同体是指社会中存在的、基于主观上或客观上的共同特征而组成的各种层次的团体、组织，既包括有形的共同体，也包括无形的共同体。②

加拿大学者查尔斯·泰勒多将共同体与个体认同、意义归属结合，且在与生活碎片化的相对意义上使用共同体概念。他认为个体总归属于一定的群体，这是一种经验性的理解；而共同体则是一种规范性的理解，即个体在共同体之中应有个体认同和集体认同，既有习俗和情感的维系，又有价值和理想的范导。鉴于日渐增强的个人原子化和社会碎片化，共同体是拯救这种困境的出路；共同体是一种展现人的本质存在，且将自我嵌入其中的场所，是成员之间相互合作、互惠互利、共同建构的有机整体。③

美国学者克雷格·卡尔霍恩认为，共同体是一个为了比较而趋向多变的概念，它被用来描述"从远古而来的不可侵犯的但总是濒临消亡的那种生活方式，共同体的话语不仅作为一种描述性范畴而发展，而且作为一种渴望在人与人之间获得更加个人化、更加道德的关系的要求而发展起来"。"由于无法期待人们自身的完美性，而只是期待人们能够更好地融进社会承诺、规则和关系的网络里，所以共同体才是具有道德意义的。"④ 他认为共同体不仅仅是个单纯的地域或人口概念，正是社会道德的败坏，提醒早期的共同体辩护者注意现代生活。

美国学者本尼迪克特·安德森对民族这个概念提出了富有创意的概念——想象的共同体。他认为民族是一种想象的政治共同体，并且它被

---

① ［德］马克斯·韦伯. 社会学的基本概念［M］. 胡景北，译. 上海：上海人民出版社，2000.

② ［英］齐格蒙特·鲍曼. 共同体：在一个不确定的世界中寻找安全［M］. 欧阳景根，译. 南京：江苏人民出版社，2003：3.

③ 韩升. 生活于共同体之中——查尔斯·泰勒的政治哲学［M］. 北京：中国社会科学出版社，2010：8-9.

④ Calhoun C J. Community：toward a variable conceptualization for comparative research［J］. Social History，1980，5（1）：105-129.

想象为本质上是有限的，同时也享有主权的共同体。这个定义回避了寻找民族的客观特征的障碍，直指集体认同的认知面向，是想象而不是捏造。想象的共同体这个名称指涉的不是什么虚假意识的产物，而是社会心理学上的社会事实。本尼迪克特的研究为我们认识共同体提供了独特的视角，即共同体是一种现代的想象形式，它是人类意识在步入现代性过程当中的一次深刻变化。①

法国学者尚吕克·依曦认为，共同体是有别于社会的现实状态，其中血缘、地缘的分量如同语言、风俗习惯一样重要，有着亲密、实在而深奥的特点，几近自然的团结力，致使团体成员之间的关系非比寻常。这是组织上的统一，具肉体又有精神或灵魂。共同体被再现为已经消失的过去（随着农业文明及其礼节与规律的没落），而如此的丧失过程，被套用去思考整个西方起源期以降的进程。② 这又有别于马克思所言的植根于血缘、语言与风俗的自然形态的共同体。

马克思认为共同体经历了自然共同体、货币共同体和真实共同体三个阶段，与之相符的，人类社会也经历了人与人之间相互依赖的社会、人对物的依赖而人独立的社会和人自由全面发展的社会三个阶段。而实现个体自由全面发展的未来社会就是真实的共同体——共产主义社会。以人为本、人的解放不是悬置于共同体之外的，而是身处在共同体的内在关系之中。人的自由全面发展正是马克思共同体思想的内在价值，这个思想对于实现人类的解放和人的自由全面发展具有重要的价值导向。③

从以上对于共同体概念的表述可知，其间存在较大的理解差异。不过，他们描述的共同体的实质大致相同：共同体其实就是一种真正的共

① ［美］本尼迪克特·安德森. 想象的共同体：民族主义的起源与散布［M］. 吴叡人，译. 上海：上海人民出版社，2003：8-9.

② ［法］尚吕克·依曦. 解构共同体［M］. 苏哲安，译. 台北：台湾桂冠图书，2003：10.

③ 赵艳琴. 马克思共同体思想的价值研究［D］. 苏州大学，2009：5.

同生活，一种归属精神，一种可以信赖的权威机构，一种来自大家互惠互利的意识，一种作为共有、共享的精神指引。① 共同体描述的是一种人与人之间的生存关系、社会关系和交往关系，是一种实体的存在以及一种分析社会关系的工具。②

（二）有关伦理共同体的研究

德国古典哲学的创始人康德认为，人应该走出伦理的自然状态以便成为伦理共同体的一个成员，他提出"人们组成一个道德共同体——目的国，从而达到伦理上的公民状态，又称为伦理共同体"的思想。③他相信只有依靠共同体的整合和统一，道德上的至善才能实现。

德国古典唯心主义哲学家黑格尔认为，伦理世界存在两大实体：民族和家庭。家庭是最直接和自然的实体，而民族是现实的伦理实体。伦理实体发展的三个阶段：家庭、市民社会和国家。市民社会成为家庭分裂后伦理进一步发展所达到的阶段，而国家则作为市民社会之上的力量，是摆脱利益角逐困境的最佳选择。④

美国法学家富勒提出了法律的道德目标——道德共同体的建构，这是一个被共同利益的纽带绑缚在一起的功能性的共同体，道德主体按照其道德规范处理人与人、人与社会、人与自然的相互关系。人在共同体中可以自由地发挥人的品质，担当起道德的责任，并用自身实践去完成

---

① 苌光锤，李福华. 学术共同体理论研究综述［J］. 中国电力教育，2010（21）：8.

② 王海英. 儿童共同体的建构［M］. 北京：高等教育出版社，2008：6. 不过，要定义共同体依然困难。就其基本的意义而言，它是对一个社会群体的描述，但关于其是怎样构成的却异常复杂。它是真实的社会关系还是想象的社会关系？是一种理想的生活方式还是实际的生活方式？

③ ［德］康德. 法的形而上学原理［M］. 沈叔平，译. 北京：商务印书馆，1991：41.

④ ［德］黑格尔. 精神现象学（下）［M］. 贺麟，王玖兴，译. 北京：商务印书馆，1996：136.

道德理想。①

美国哲学家杜威提出了建构民主共同体的思想，其核心是要通过教育来塑造民主社会的合格公民。个体通过社会而生活，而社会则由许多团体所构成。各种团体有着不同的目的、不同的成员、不同的生活、不同的规模和不同的性质，团体内部和团体之间都必须形成一个有机的统一体。②

社群主义的建倡者麦金太尔对于伦理共同体建构的思想，是基于对当时自由主义传统的修正。他坚信唯有建构伦理共同体，凭借伦理传统来取代个人主义，从而使个人行为遵循外在的道德规范，以至于个体能在家庭、城市和部落等共同体中勘定自己的位置，避免道德的无序与混乱。③

加拿大学者查尔斯·泰勒认为，共同体主要是一种依靠习俗、情感维系而非人为建构的意义整合体，它提供一种支撑认同的道德框架和善的视野。共同体是一种规范性的理解，它展现人的本质存在、生活的丰富多样。自我是被嵌入一种具体的道德、社会、历史和政治背景（即共同体）之中的。④

以上关于伦理共同体的相关思想，其实并没有共识可言。但是，它们是各自道德理想国建构的生动范型，均从不同维度论及个体与共同体的伦理关系，希图以共同体的建构为载体，去指引个人道德与共同体伦理的方向，从而为人类的伦理道德的发展辟出新的途径。

---

① ［美］富勒. 法律的道德性［M］. 郑戈，译. 北京：商务印书馆，2007：135.

② ［美］约翰·杜威. 民主主义与教育［M］. 王承绪，译. 北京：人民教育出版社，2001：92-93.

③ 迈克尔·沃尔泽. 社群主义对自由主义的批评［M］. 长春：吉林出版社，2007：213.

④ 韩升. 生活于共同体之中——查尔斯·泰勒的政治哲学［M］. 北京：中国社会科学出版社，2010：8-9.

二、国内相关研究状况

国内学者对于伦理共同体的研究尚在发端。中国社会学学者吴文藻直接把"共同体"解释为"自然社会",而把"社会"解释为"人为社会"。自然社会以感情、血缘等为纽带,而人为社会则以利益和契约关系为纽带。① 目前最具有代表性的研究有:学者詹世友在《道德教化与经济技术时代》中着力论证"生活共同体"理应成为一种"伦理共同体",他认定因地缘而生的亲近的心灵生活正是"伦理共同体"圆成的基础和道德教化的基地;学者樊浩在《教育伦理》中对"伦理共同体"的文化特性予以充分的揭示,并坚信"伦理共同体"禀有伟大的人文使命。② 新近有李亚美和李泽明的硕士论文专门论述伦理共同体的建构及维系,以下"有关伦理共同体的研究"中会重点论及。

(一)有关伦理实体的研究

学者詹世友提出伦理实体实际与伦理共同体同义,他认为伦理实体是带有伦理关切的社会团体、社会交往结构和一般人伦秩序,它体现了人与人之间的相与之道。个人生活在伦理实体之中,就被规定了彼此的权利和义务、自由与责任,他要以享受权利和自由、承担义务和责任的行为活动来为他的生命赋予意义和价值。他把伦理实体看做道德教化的环境支持,认为道德教化从其接受主体和结果来说,其重心在自我或个

---

① 周濂. 政治社会、多元共同体与幸福生活 [J]. 华东师范大学学报(哲社版),2004(5):2.

② 伦理共同体的人文使命是什么呢?伦理共同体的最高境界就是真正的共同体,就是人的自由自觉地活动的集体,就是自由人联合的集体,是体现或实现人的本质的领域。赵艳琴. 马克思共同体思想的价值研究 [D]. 苏州:苏州大学,2009:8. 伦理共同体是通向人类共同体的必由之路,是真正的共同体的现实形式。它力促人们过有德性的幸福生活,并倡导以人为本的价值追求,这就是伦理共同体的人文使命。

体，而就成德过程及其环境来说，其重心在道德规范和伦理共同体。①

学者樊浩从伦理实体与教育共同体的互生关系论述了前者的文化特性，并着力论证了教育共同体是一个伦理实体。他认为，教育共同体是伦理性的结合，是以伦理关系为基础的体系，其内部的基本关系是伦理性的关系；教育共同体以伦理价值、伦理原理为合理性依据。在共同体中，教育关系、教育活动乃至作为教育的人格化的教师必定存在某种神圣性，此种神圣性不仅为一定文化所要求，而且为共同体所认同。②

学者程英姿研究了作为计划经济时代的基本社会组织——单位的伦理实体，认为它是相当长一段时期内社会伦理关系和伦理秩序存在的基础和前提，单位伦理实体中的伦理关系和伦理精神有它特有的涵义，也有它于中国计划经济时期建立中国社会伦理秩序的根据。单位实体中的道德规范，主要是强调整体利益、意志和秩序，主张个体的克己、奉公和服从，以及与此关联的自我牺牲、大公无私等为实现集体主义原则的具体道德规范。③

学者薛桂波认为伦理实体已经成为科学共同体人文本性的实质内涵，作为伦理实体的科学共同体，应以促进科技与伦理生态整合为价值自觉，否定"原子"式的追究，而以实体为形上出发点和价值根据，在扬弃个体主体的基础上关注实体主体，以生态思维超越本体思维，促进科技伦理困境的超越，实现现代科技与社会的和谐互动。伦理实体是具有必然性和普遍性的，构成生活价值合理性之根据的伦理关系体系，是伦理的共体或社会。④

以上关于伦理实体的研究论述表明，伦理实体应是伦理学的一个重

---

① 詹世友. 道德教化与经济技术时代 ［M］. 南昌：江西人民出版社，2002：218.

② 樊浩. 教育伦理 ［M］. 南京：南京大学出版社，2000：4.

③ 程英姿. 中国单位伦理实体探究 ［J］. 汕头大学学报，2005（3）：42-45.

④ 换言之，伦理实体是一切具有伦理的内涵和特性并实行有效的伦理互动的伦理关系的精神体现。薛桂波. 伦理实体：科学共同体的人文本质 ［J］. 南京林业大学学报，2012（3）：7-10.

要范畴。并非任何伦理关系体系皆可作为伦理实体而存在，实际上只有那些超越了偶然性和特殊性，并由特殊性上升为普遍性的社会关系体系才能成为伦理实体。这个视角为我们考察伦理共同体提供了思路，伦理共同体是存在着差别性的个体，而伦理实体正是包含个体的实体。从涵摄个体的共体和个体偶性存在的层面，我们视伦理共同体为伦理实体。

（二）有关伦理共同体的研究

学者张康之探讨了伦理共同体的一种范型——家元共同体。他认为家元共同体的一体性和同质性决定了它可以获得习俗和道德规范，可以在习俗和道德的基础上形成权力治理体系。就人的共在共存而言，道德制度将是一个统一的框架，就人们的交往是差异互补的合作过程而言，道德制度将是差异实现的途径，且是共在中的人的相互承认、相互信任、相互关怀。①

学者李亚美以"伦理共同体的构建及其维系"为题，审视现代社会的人们道德的基本特征和人们培育美德的有效途径和真实土壤。她指出挽救现代人的公共道德，可望依靠在公共领域构建伦理共同体的方式来实现。伦理共同体的构建可以通过公共道德的指引和个人道德的回归，重新培养出人们原始的道德直接感，从而实现伦理共同体的整体道德。②

学者陆树程探讨了市民社会与当代伦理共同体的重建，他从市民社会的历史内涵分析着手，推出市民社会的主导规则是伦理。认为市民社会的本质是伦理而不是道德，道德仅仅是道德主体的观念、原则和规范，以及由此支配的道德实践，伦理则是由道德实践在市民社会领域内

---

① 张康之，张乾友. 共同体的进化［M］. 北京：中国社会科学出版社，2012：53，61.
② 李亚美. 伦理共同体的构建及其维系［D］. 重庆：西南大学，2011：1-2.

交往结构的整合形态。市民社会体系的重建，就是当代伦理体系的重建。①

学者陈越骅探讨了"伦理共同体何以可能"的理论问题，区分了当代伦理学中的共同体与共同体主义，认为伦理共同体得以成立的条件为共同性、主观认同、内部法则、内在性和内生性，在这个基本的框架之下，他审视了伦理共同体的现代困境，需要对共同体伦理和主观认同予以重申，并领会共同体的内在性传统等共识内容的历时性价值。②

学者王露璐从滕尼斯的共同体概念谈起，论述了转型期中国乡村伦理共同体的式微，认为在乡村市场化程度不断发展的形势下，通过发展村级经济形成村庄发展的领先优势，为村庄基础建设和公共服务需求提供有力的物质保障，是形成村庄成员认同感和归属感的有效路径；此外，建设独特的社区文化也是村庄成员形成对共同体的根源认同与意义认同的重要前提。③

学者李泽明认为伦理共同体的重构在当今这个时代是一个近乎不可能的事情，新农村伦理共同体的重构正是通过对共同道德的达成，实现共同体成员在个体利益和共同利益上的最大化，符合社会主义道德的建设要求，对加强社会主义新农村建设有着良好的推动作用。伦理共同体最终指向的是共同体成员在结成道德共识的最大限度内的最高利益的达成。④

以上关于伦理共同体的讨论，多从质疑其建构的合理性和可能性出发，从中窥探到伦理共同体得以结成的深层原因，那就是它们存在共同

---

① 陆树程. 市民社会与当代伦理共同体的重建 [J]. 哲学研究，2003（4）：33.

② 陈越骅. 伦理共同体何以可能——试论其理论维度上的演变及现代困境 [J]. 道德与文明，2012（1）：39-44.

③ 王露璐. 转型期中国乡村伦理共同体的式微与重建——从滕尼斯的"共同体"概念谈起 [G]. 第二届中国伦理学青年论坛论文集，2012：127-133.

④ 李泽明. 农村社区伦理共同体的重构 [D]. 曲阜：曲阜师范大学，2011：1-38.

的利益关系。这种共同的利益正是民间伦理共同体的中心，而利益的维护又要有赖于共同体的伦理规则，通过对共同体成员的道德约束来达成共同体的一般态势。

（三）有关三地实情的具体研究

对于穴塘坎的研究，记者王胜旺和曾峰有彼此观点相悖的新闻稿，前者诉说自己的独立发现，后者则质疑并无可见可查的博士群体；村主任唐杰曾有《贵州博士寨的成因》一文，① 但是它的归因分析单一，对"博士寨"的命名亦多外包化的考虑，故其分析显得局促偏狭。笔者最早以学者身份介入穴塘坎的研究，以马氏家族的族谱为线索，探查了该家族发迹的缘由、道德教化的范本、睦族治乡的书礼等内容，着重解读了族谱的道德教材功能，从对于马氏家族的家风家教的梳理中，归纳出教育成就的关键性因素和道德榜样在共同体中的活性力量。

对于平家寨的研究，仅限于对村落道德榜样的介绍，如现代愚公带领村民兴修水渠的事迹，反哺故土的何子明在故乡的奉献。之前，因红军路过而得到救护的史实、开明乡绅的事迹一度在乡志上有所报道，平家寨因"中国仡佬第一乡"而名声在外，道德评议会的事功成为它辅助乡村治理、推行道德建设的重要举措。作为省级一类贫困村，它没有品质优良、特色明显、附加值高的优势农产品，只有享誉远近的红军文化和仡佬族民俗文化。其中，《山满传奇》《开明绅士救红军》等道德故事是我们可以参照的文献资料。

对于石门坎的研究，因早期的宗教因素而致的社会改良运动，遂成为多学科研究的选点。张坦较早以宗教学的视野深究了石门坎现象，是关于石门坎研究的系统之作；游建西在考察苗族的文化变迁时，援引石门坎作为论说的案例；张慧真以花苗族群的知识精英为例，探讨了教育与族群认同的诸多问题；秦和平、东人达研究了基督教在西南的传播，

---

① 唐杰. 贵州博士寨的成因（未刊）[Z]. 2008.

并以大量篇幅详述了石门坎的历史情形；沈红着力剖解了石门坎的现代
困境，并从内源发展的角度提出了改良意见；笔者曾探讨了石门坎伦理
实体圆成的两个因素和平民教育运动的成因。

以上对于伦理实体或伦理共同体的研究，是对现实社会伦理道德状
况的关切，是我们对人的尊严和精神力量的理解。伦理共同体的存在，
承载了以往人类历史发展的全部现实内涵，而且体现出人的类本质的最
高实现形式。以上研究成果将为当代民间伦理共同体的构建提供基础性
的理论支撑。

不过，迄今为止尚未发现有关民间伦理共同体研究的论著，即很少
在一个研究中将研究主体规定为"民间"和"伦理共同体"，也未见从
伦理学的角度来深究民间这个伦理共同体的特殊范型。换言之，伦理学
界对民间许多连通伦理生活源头与伦理本质的活性力量还缺乏足够的关
注，对民间具有担待起扭转人类文明中偏见陋识的重任也缺乏充分的理
解。民间伦理共同体的圆成与乡风文明、和谐社会的函数关系尚未进入
伦理学研究者的视野，无论是民族伦理学还是哲学人类学，相关的研
究均有东完西缺之嫌；文献检索显示，目前事关民间伦理共同体的基
础研究是学界的一个盲点，毋望可以发现基于田野调查的个案呈现。
因此，倾力研究民间伦理共同体的本真，具有极其重要的理论与实践
意义。

第三节　研究设计

本课题在伦理文化上的穷源溯流，实际是为应用伦理学开掘可资参
用的伦理谱系，以及本土性的道德知识，同时回应民间的伦理共同体构
建。个体是道德的存在，道德反映的是对于规则、秩序、尊严和精神的
理会，那么民间伦理共同体所蕴蓄的德性应该展示其应有的人性高度和
思想境界。这里，三地异曲同工的民间伦理对应了三种不同的伦理共同

体范型，从其殊异的伦理文化传递机制中得以窥见民间教化的力量，以及民间社会的井然有序。其间，我们揣摩马氏族谱的金相玉质，探察亿族人家的抱素怀朴，以及深究石门花苗的东冲西突，得到了原始见终的伦理实情。

我们从民间功名仕进的心灵投射说起，揭示人们对"博士寨"名称的误读缘由，借助对于马氏家族及姻亲的博士阵图的解读，细察了晴耕雨读的教育习俗，希望从穴塘坎的教育成就中探察到睦族治乡的要秘，从而为乡村治理开辟出可堪深究的民间教育进路。研究将从追溯马氏家族的第一代学子的笃信好学开始，归纳其相扶相帮的互助精神，以及家族教育习俗的动态演变机制。

我们从道德评议会的伏虎降龙之威处感受发力，去领会"黔山本人"传承而至的伦理传统与道德知识，以及先祖倡导的和合思想的内涵。那"一个正在消失的民族"显示的只是外形和语言上的隐忧，而其对于伦理关系和道德关系的现实表现说明，这个德性富足的民族足以堪作乡村道德建设的榜样。如"汉僚合魂"碑的树立，以及"发家致富耕为本，要振家声孝义先"的伦理诉求，① 当是伦理共同体演进的绝佳表现。

我们从民国时期石门坎与现时石门坎的对照中，观察花苗族群的文化递延和教育发展，有限度地抛开宗教的外力因素，分析它教育成功和伦理有序的因素，以及族群精英的尽心竭力。"石门设治局"的设置，仿佛是应对石门坎强大的平衡力，吴性纯、朱焕章、杨汉先、张斐然在面对文化外力的进逼时，都有各自竭诚尽节的道德表现，而其民间伦理共同体的圆成，既有族群精英的德性引领，又有传统德目的作用使然。

---

① 此句出自 2000 年 3 月平家寨陈氏后人陈兴在祭祀祖坟时的即兴赋诗。全诗为：发家致富耕为本，要振家声孝义先。万事求和家不败，汉僚和魂宝贵生。

一、研究的理论基础

（一）马克思的共同体思想

马克思的共同体思想是现代共同体思想的源头,① 其价值取向是共同利益，共同利益源自于个人利益，是个人利益的公共形态，共同体从存在论角度讲就是在追求共同利益的过程中产生的。马克思立足生产力发展的基点，发现人类社会发展有这样三个阶段：人与人之间的相互依赖、人对物的依赖、人的自由而全面发展。其间，共同体与人的价值实现具有同构性逻辑，且人的解放不是悬置于共同体之外的，而是处在共同体的内在关系之中。虽然马克思的共同体思想没有囊括共同体的所有问题，但是它为人类社会提供了远景目标，那就是扬弃虚幻共同体，经过无数代人的切实努力，实现人类的解放，建成人的自由全面发展的自由人联合体，中国语境下的民间伦理共同体的建构，是我们迈向真实共同体的重要步骤和环节，更是基于远大理想而开辟的光明大道。②

（二）伦理学的道德原则

在伦理学的基本理论中，道德原则的硬核是个人与集体的关系问题。个人与集体的概念对应着个体与共同体的概念。就个体而言，它具

---

① 滕尼斯曾坦言，受马克思的共同体思想的启发，方才创制出不朽名篇《共同体与社会：纯粹社会学的基本概念》。其实，共同体主义的兴起也主要是受马克思的影响，把共同善和公共利益作为建构共同体的基础，发起向新自由主义的冲锋。[德] 斐迪南·滕尼斯.共同体与社会 [M].林荣远，译.北京：商务印书馆，1999：15-16.
② 赵艳琴.马克思共同体思想的价值研究 [D].苏州：苏州大学，2009：1-5；边国锋.马克思共同体思想及其当代意义研究 [D].济南：山东师范大学，2011：5-12.

有个性化的历史主体性，这个特殊的个体，作为道德主体的一分子，在具体的道德实践活动中，必将成为具有个性化的道德主体。就集体而言，其本质绝不意味着局部，它可以表现为各个具体的或大或小的实体，但这些实体在根本上必须反映这一集体的本质。这个实体在某种程度上就是本书着力论述的共同体。集体主义是社会主义中国的基本道德原则，是对现实关系的科学抽象。因有其现实依据，遂成为调节现实道德关系的主要手段。既是一切道德理论的核心，又是解决道德理论疑难的基本原理。集体主义原则在本质上属于社会主义道德的规范体系之一，但又高于别的具体规范，成为界定和界说别的规范的最高道德规范。①

（三）共同体主义理论

作为强调伦理传统与集体主义的中国人，我们对共同体主义理论有一种天然的好感，这是因为共同体主义强调共同善和共同生活目标的达成。共同体主义实际是对个人主义泛滥和社会责任缺失的补偏救弊，期望用重视美德的道德理论来平衡以功利和权利为基础的道德理论。共同体主义反对原子主义的自我观，认为共同善是个体选择的前提，主张恢复美德在社会生活中的地位以拯救道德危机。共同体主义理论是一种强调共同体的心理、社会和伦理重要性的政治哲学观点，认为伦理判断的可能性必须在一个共同体的传统和文化理解的语境中才能进行。不过，于中国的国情而言，我们必须看清楚共同体主义理论的局限性，它实际是对西方占据主流话语的自由主义的补充，在具体运用这个理论来解释我们的伦理共同体建构时，必须认清它的这一面。②

---

① 罗国杰. 伦理学 [M]. 北京：人民出版社，2003：150-162.
② 韩升. 生活于共同体之中——查尔斯·泰勒的政治哲学 [M]. 北京：中国社会科学出版社，2010：16-18.

二、研究的主要内容

本书着重深究了民间伦理共同体构建的要素与民间道德教化的成功经验，查考了民间德性蕴蓄与不言之教的林林总总，以及查实了伦理如何回归民间，如何对伦理共同体的成形"添砖加瓦"。

（一）剖析民间伦理共同体的来情去意

追踪穴塘坎马氏一门及姻亲十二博士的缘由，解密其耕读传家的家风家教；深究平家寨"道德评议会"的模型，理喻其相互谦让、排难解纷的纯朴民风；回温石门坎的教育成就，推求乡村知识精英的德性引领之功。研究尤其着力探究三地教育习俗的形成与演变机制，同时深究苗族、仡佬族、汉族民间所蕴蓄的伦理思想与教育信念。

1. 穴塘坎

由于功名仕进的心灵投射，对马氏家族学业成就的描述多有误会。我们从伦理共同体的内涵与外延的勘定，扫清对于穴塘坎教育成就确认的误解；以"想象的伦理共同体"为题，论证其作为"记忆性社群"的缘由，对"博士寨"名称的开出提出了修复性的建议；深究了穴塘坎耕读传家的教育传统，从马氏家族发迹时的私塾说起，细察历代学子学业成就的实情；分析了族谱作为道德教化的范本所具有的教育功能，以及家族领有的睦族治乡的要秘。

此外，还追溯了家族经由个人奋斗、家族努力、投身学业等寻求跻身上层社会的实践，详述了马秉清、马光炯、马光煌、马印秦、马龄、马费成几代人的奋斗历程，细述其在学问人生上的抗争和对家族的认同，从而总结出值得后人效仿的道德元素。探讨了乡村治理面临的文化困境，可经由濡化和涵化等传递机制来消解。以民间伦理为根基的小传统，可为乡村文明建设增加伦理文化的新质。在新农村建设的实践中，农家书屋的建设可作为移风易俗的重要举措而发挥育人功能。

2. 平家寨

为清晰地察知平家寨这个美德诞生地的实情，本书采用道德叙事的方式，悉数陈述仡家优秀儿女秉承先祖遗志、践行美德伦理的活动，以及如何发展成为令世人敬仰的民族。研究选取典型事例来呈现其道德意义，从而论证平家寨民间实际建构的伦理共同体，是如何敦促共同体成员一心向化。其中，道德叙事给读者提供了切身道德体验的新路径，从而于道德事件中实现意义建构。所述的道德故事虽已发生，但可从中发现共同体证成的因果关系。

从伦理共同体的精神指引和道德榜样的先行经验，来提示平家寨仡佬族脱贫致富的现实路径。当政者当从平家寨地方精英的道德实践中汲取道德营养，并认真地践行自己的道德承诺，为地方经济社会的发展作出切实的努力。民间伦理共同体的成员亦应以道德榜样作为自己待人接物、立身处世的标尺，注重德行的修炼，在爱国家爱家乡的行动中出气出力，在乡风文明和新农村建设的实践中有所贡献，以此回应伦理共同体的道德呼唤。

3. 石门坎

本书研究的时间跨度仅限于循道公会开办光华小学到朱焕章辞世的五十余年，这样的历时性研究意在锁定石门坎教育顶峰时代的成就，从中察知苗族民间伦理共同体建构的林林总总，为今日之民族教育与道德建设提供可资借鉴的本土经验。石门坎现象代表一种绝地求生的另类经验，从石门坎苗民生存环境的险恶和发展水平的低下而言，借力循道公会的办学和各族知识分子的集体参与而引发的教育发展与整体的社会改良运动，当属符合历史发展规律的特殊事实。

研究借教会资助落空和精英脱离教会的实情，以及对办学主体的确认来重识石门坎教育系统。通过简述苗族最高领袖人物的事迹来察知伦理共同体构建中族群精英的主体作用。研究还从苗族文字的传统中找到老苗文创制的根据，揭示老苗文集体创造的真相与苗族自组织的秘密。研究认定作为文化明珠的石门坎，其发轫于循道公会，但其教育系统的渐次完备与社会改良运动的蓬勃兴起，则是苗族精英与伦理共同体的双重作用使然。①

（二）破解"民间伦理共同体"的人文使命

开掘穴塘坎、平家寨和石门坎三地因传统积淀而成的人文资源，从具体探究家族文化濡化、村落美德伦理、民族教育兴邦等的实情中，细察内在于民间伦理共同体的人文力所特有的文化本性，以及家族精英或族群精英的人文使命意识，据此查实共同体成员由此获得的根源动力与共同体圆成的外力支持。

1. 家族文化濡化

穴塘坎并非浪得虚名，马氏家族经教育而达成的上层流动，以及家族伦理文化的濡化，都是值得深究的课题。作为一个松散的民间伦理共同体，它自然地产生，自发地存在，其成员有共同追溯的祖先、有紧密的血缘关系、有分支分流的多个家庭支系，并因血缘关系而彼此之间有一定的认同感和责任感，"差序格局"的理论可以很好地对此进行解释。马氏家族的演绎更多地遵循了伦理文化的传递，而其本质是个体及其所在共同体被濡化的过程。

2. 村落美德伦理

平家寨的优势在于，它在村落现代化的发展史上有多位乡贤的身体力行和道德示范，至今仍可追随他们的足迹，在扶贫帮困、文化反哺的道路上走下去。在乡的当政者应认识到头面人物和道德评议会的社会影

---

① 在剖析民间伦理共同体的来情去意上，民间伦理共同体和民间教育共同体显示了同条共贯的事理相通，前者的主体之一是伦理，主要探究民间伦理在共同体构建中的事功，后者的主体之一是教育，主要探察民间教育在共同体构建中的效能。

响力，使它成为一个可以外包化的文化品牌。道德评议会应恢复它原有的建制，大力提倡村落美德伦理，并提高到社会主义新农村道德建设的高度。道德评议会当不辱使命，做好干群关系协调的助手，用跨越式发展的共同目标来凝聚各族人民的智慧和力量。

3. 民族教育兴邦

石门坎集中了中国农村贫困的全部特征，它跃升为苗族最高文化区的历史值得回味，其在乡村建设和扶贫发展上的实践，可为社会主义新农村建设提供一个时代的历史性经验。"以苗教苗"的人才循环，持续三十年余年的人才回归机制，教育系统与苗族村寨之间的良性互动，共同体成员的创造力与自主性的提高，以及苗族知识精英的道德示范与价值引领，都是其内源发展的动力。由此，自组织求发展的动因仍有值得深究的必要。

（三）厘析民间伦理共同体的一般规律①

揭秘体制外的民间之最普遍的本质功能，并考察"民间"在伦理学发端中的位置；对民间、共同体和伦理共同体范式作了特别的解释，从利益的共同性、伦理道德共识、认同与归属感来合力证成伦理共同体，探讨了民间伦理共同体的教育、凝聚和治理功能，以及诉诸精英培育、传统接续和共识达成的重构进路。

1. 关于伦理共同体的概念分析

民间是多学科使用的概念，研究从其与国家正统的相对角度来定义，可看作伦理学对于民间伦理的回归。民间有守恒格局和治理机制，以及超强的村落聚合力和伦理向心力；民间还潜藏有共同体的范型，其

---

① 共同体的变化和发展是有节奏有规律的，它往往显示出一定的稳定性特征，我们在探究民间伦理共同体的一般规律时，应着重从规律的客观性、必然性、稳定性上去把握。从唯物辩证法的意义上讲，这里讨论民间伦理共同体的一般规律，要遵循物质世界运动的基本规律，即对立统一规律、质量互变规律、否定之否定规律，它们分别揭示了事物发展的动力、形式和基本趋势。

与现存秩序之间的关系是积极有效的，且后者说明前者。

共同体既指人口集合或集体划分，又指社会连接方式或交往关系。它是重要的社会结构和政治模式，其伦理意义和社会价值得到有效的组织。共同体并不是暂时的、偶发的群体聚集，相反地，它的内涵饱满、结构完整、功能完备，使我们得以窥见它的伦理内涵。

伦理共同体和科学共同体、宗教共同体、教育共同体一样，有自己的范式。伦理共同体的范式是客观事物具体发展、成熟之后的一种理论把握和抽象。这个范式透露伦理共同体的目的、态度、诉求和行动，在共同体内部，大家相互信守、相互影响、相互约束，是一种批判性结构。

2. 民间伦理共同体的构成要素①

（1）利益的共同性。伦理共同体要实现自身的有效控制，就必须处理好共同体利益和个人利益的关系。伦理共同体能够导致人力与物力的聚集并与社会主义新农村建设的兴旺发达相关联，在制度上避免社会势能的消耗。

（2）伦理道德共识。必须明确应恪守的伦理道德原则，在乡村道德建设的实践中，伦理共同体的构建需要我们达成一定的伦理道德共识，人道主义、集体主义、社会公正、尊重和诚信是我们应该遵循的伦理道德原则。

（3）认同与归属感。在共同体生活中，那些形质要素深刻地作用于共同体成员，渐次进入共同体成员的心里，并把成员的认同归纳到共享的伦理道德资源中。共同体成员之间共享一种认同时，亦感受到一种归属于伦理共同体的感觉。

3. 民间伦理共同体的主要功能

（1）教育功能。伦理共同体内在地隐含了教育的功能，其精英群

---

① 共同体的结构与功能这对范畴揭示的是共同体内部的构成方式和共同体与环境相互作用的动态过程，可从二者的相互关系上去考察共同体。

体的教育引领、核心内部的教化机制、经典故事的历代诠释，意在培育和发展人的求真、求善的主体性。

（2）凝聚功能。伦理道德规范是民间伦理共同体的核心形质要素，是共同体调控的重要方式，也是个体自我完善的精神力量，它引导诸成员朝着自我完善的方向聚集。

（3）治理功能。伦理共同体是价值性和目的性的统一，是乡村治理的重要工具，它为村委提供建设意见，为村民提供应该遵循的道德规范，为民间提供乡风文明的模板。

4. 民间伦理共同体的重构进路

（1）精英的培育。精英因有伦理共同体的依傍而优势尽显，共同体构建的逻辑就是要统同群心，致力于乡村社会的和谐发展。在乡村治理的实践中，应着力培育乡村社会的优秀代表，遴选乡村建设中的典型，使其作为我们思想进阶的门径。

（2）传统的接续。伦理传统起着构造共同体的作用。传统有它特定的历史文化背景，所要回应的是特定的社会历史条件、社会制度和历史境遇，并且自身有一套完备的解释系统，足以支撑共同体的观念结构。

（3）共识的达成。共同体的伦理道德的维护，需要社会舆论、传统习俗和内心信念上的共识共见。民间伦理共同体的重构，不仅需要基于行为规范的社会意识的统一，还需要具有善恶对立的心理意识的伦理共识达成。

在本书撰写思路上，导论部分是引出论题，第一章是研究概述，具体涉及问题背景、文献综述、研究设计、重要发现和不足之处等方面；第二、三、四章分别讨论穴塘坎、平家寨和石门坎三个民间伦理共同体的范型；第五章是理论提升，阐述民间伦理共同体的一般规律，具体涉及共同体的定义、要素、功能和重构进路；最后是论文的结语部分，提出了民间伦理共同体的未来路向。①

三、研究的基本思路与方法

（一）基本思路

本研究的基本思路是通过对贵州穴塘坎、平家寨和石门坎三地的实地调查研究，揭示民间伦理思想与道德教化的陈述体系，描述头面人物或乡村精英的道德故事，剖析民间伦理共同体对于伦理知识控制与伦理文化保护的要密，探察民间伦理共同体在现代民族社会文明建设中的文化担当与文化作为，并从中析出民间伦理共同体构建的一般规律。

首先，仔细采集三地的地方志、民族志与伦理典籍等文史资料，进行深入实际的田野调查，搜集有关民间伦理的歌谣、谚语、格言、诗词、故事、风俗、习惯及民族禁忌，总结出民间伦理的一般规律及特征，兼做异于考察点之外地区的伦理思想比较研究。

其次，分途追踪穴塘坎、平家寨和石门坎三地伦理文化嬗变的脉络，以及民间教育机制演变的筋脉，研究将基于对伦理的资源与教育的空间的比照考察，来解答伦理知识谱系维系的秘密，从而展示民间伦理所达到的人性高度与精神空间的扩展程度。

再次，尝试将三地进行交叉横向的比较，分析它们之间的异同，并将之置于主流社会中进行比较研究与综合研究，从而探究和谐社会构建与社会主义新农村建设的大略，为社会主义伦理道德建设提供具有一定针对性与可操作性的金石之计。

----

① 民间伦理共同体的未来路向是什么？这是我们在研究的立意时必须弄清楚的，唯物史观揭示了共同体的未来走向，在经历了血缘共同体和政治经济共同体之后，人类必然迈向自由人联合体，它是马克思论证共产主义的一个理论工具，通过对这样的共同体的层层阐释而逐步迈向共产主义之光明大道。边国锋．马克思共同体思想及其当代意义研究［D］．济南：山东师范大学，2011：1-2.

最后，将三地采获的伦理共同体的实情引作论说的根据，归纳出民间伦理共同体建构的要素、结构和功能，即共同体元素的数量和质量（要素）、指向要素的构成方式（结构）和指向事物与环境的关系（功能），并将它的结构和功能进行比对，判定两者相互转化的可能，在共同体结构有序发展的前提下，从功能过程来认识共同体，从而达到创造性地重构伦理共同体的目的。研究将现时民间伦理共同体的重构视为真正的共同体的建构过程，以及迈向自由人联合体的必经之路，从而深化研究的学术价值和政治意义。

（二）研究方法

本研究使用了如下方法：田野调查法、定性研究法、文献研究法、比较研究法、归纳演绎法。研究援用人类学的田野调查法，采获第一手的民间资料，做好定性研究设计，并将实证研究与民族史料结合，定性研究与定量研究并用，合理运用好比较研究、归纳研究与演绎研究。

研究采取实证考察与定性研究的模式，前期在穴塘坎、平家寨和石门坎定时开展田野调查；中期会同国内同题研究者，利用工作坊的方式合作研究；后期利用文献资料和田野考察结果撰写专著。

研究方法有一定的创新性，如上所述，援引人类学的田野调查法，采用事后追溯研究，考察民间伦理共同体之各种变量可能的关系和效果，并对调查变量作清晰有力的操作性解释。研究从伦理共同体的民间范型中探察共同体建构的要素、功能和限度，并对析出的理论予以佐证。

四、研究的重点难点

（一）研究的重点

本课题重点研究民间伦理共同体的构建与乡风文明、和谐社会的函数关系，并在较大的历史视野中厘析民间伦理共同体的一般规律，即民间如何通过孜孜以求的努力，将自身营造成一个遵循社会理想与伦理理想的伦理共同体。①

这个研究重点在研究过程中已然细化为一系列问题。譬如，以共同体为基础的共同善和共享价值如何定义？民间伦理共同体如何重构自身以回应其成员的真实需要，而不仅仅是依靠对其成员的社会化使之接受共同体的规制？② 为什么民间伦理共同体是一种在规范的层面上受到赞同的社会学形式？民间伦理共同体为何是趋向于集体主义的？③

（二）研究的难点

本课题研究的难度系数较大、难点较多，主要表现在以下三个方面：（1）伦理典籍和文本资料的搜集任务较重，因为田野调查点的跨度较大；（2）民间伦理共同体的证实较难，因为在宗族形态消解、家

---

① 许多关于共同体的研究发现，唯一的共同点就是人。因此研究的重点还不仅仅限制在共同体本身的"事功"之上，其成员对于共同体的价值认同和伦理守护，实际应成为我们关注的焦点。在关于共同体的基本力量的论述中，有一对力量：向心力和离心力。共同体需要用向心力吸引成员的承诺、精力、时间与资源，倡导共同善的观念；而试图延伸个人自主的离心力拉向更高程度的差异化、个体化和自我表现。两者之间的关系是一种反向共生关系。两种力量在某种限度内相互促进，但超过限度就变得相互抵抗. 阿米泰·伊兹欧尼. 回应性共同体：一张共同体主义的视角 [M] //李天义. 共同体与政治团结. 北京：社会科学文献出版社，2011：46-47.

② 我们赞同这样一种观点，只有当共同体成员的基本需要得到关照时，向共同体成员提出强制要求的那些权力才能得到有效支持。对个人权利政体的社会学保护，目的就是为了确保共同体成员的基本需要得到满足。这反过来又要求共同体成员履行他们的社会义务——他们必须纳税，邻里之间必须守望相助，必须照顾老幼。这里存在着个人权利与社会义务之间的互惠关系。Etzioni A. The responsive community: a communitarian perspective [J]. American Sociological Review, 1996, 61 (1): 1-11.

③ 民间伦理共同体是反个人主义的，强烈反对过分地蛰居自我以及以自我为中心的谋划。这是我们讨论此题的现实价值，社会主义中国是奉行集体主义的道德原则，这个基本原则并不是人们随意选择的结果，而是客观历史进程的必然产物。

族本位动摇的背景下，很难勘定民间伦理的最后根据；（3）研究担有不能实现研究结果之类推性的风险，因为定性研究的立意抽样样本较小。

体现在三个考察点的研究难点有：梳理穴塘坎兴学育人、耕读传家的传统，破解马氏族谱所领有的睦族治乡与阐扬伦理的特殊效能；推断平家寨之道德评议会对乡风文明与新农村建设的活性因素；获知石门坎的德目形态对于民间伦理共同体构建的助推之力。

第四节　重要发现与不足之处

个体对于伦理共同体的认同，是使其成为一个道德行为者的基本前提。当人们没有伦理共同体可以依附时，内心是彷徨无助的，因为找不到可以依傍的伦理秩序来解救道德水平的下降。民间伦理共同体提供了人们相互依存、相互感通的纽带，缺失它便使人们感到离间和疏远。①因此，伦理共同体对人们的构成而言是根本性的、不可或缺的，若没有一定的伦理共同体，人们无法实现也不能维持一个功能完全的人和德性的人的存在。

我们在三个考察点极力搜寻人们的原始记录和实物记载，以期重塑他们之前的集体生活图景，由此，民间伦理共同体可以获得一种传承感和尊严感。之外，根据三地乡村社会共享的伦理文化和地域界定，我们拟定了它们的共同体边界，探究了一定水平的自我意识，查考了群体化的组织网络，确认了清晰的伦理文化差异感。这里，我们既发现了伦理文化与共同体的密切关系，又定义了"他们"民族的伦理文化肖像。

---

① Etzioni A. Are particularistic obligations justified? A communitarian examination [J]. The Review of Politics, 2002, 64（4）：573-598. 难道就没有不属于任何共同体，却依然完全健全的人吗？被充分记录的社会科学的回答是，当人们完全孤立时，脱离了与感情纽带结构和共享价值的联系时，其社会价值大为下降。那是现代自我的发展受到阻碍与拦截的标志，是有缺陷的联结和道德混乱等副作用的表现。

(一) 关于共同体

本书对模糊的共同体概念进行了再梳理。它主要由两个特征来定义：相互交织、相互影响的关系网络；信奉共同的价值、规范和意义，以及共同的历史与认同。共同体既是自由行为者的集合，又是共享认同与目标作为一个整体而行动的集体。就共同体与伦理的联系而言，共同体成员分享同一种伦理文化，共同善与共享价值在民间社会和历史进程中具有重要作用。共同体的向心力和离心力是一种反向共生关系，共同体的基本模式依靠这一组平衡力量来得以成就。

共同体概念可以被看作是集体概念。对共同体的如此理解，直接关系到集体主义原则本身的性质，关系到集体主义原则在道德实践中的生命力。作为哲学范畴的集体，是相对于作为哲学范畴的个人而言，在一般意义上集体范畴的抽象相当于共同体范畴或整体范畴。但共同体范畴又必须具体化为实质上的代表或形式上的代表，因此本书重点讨论了个体与共同体的关系。共同体不是一个虚构集体，它不是个人的异己力量。

本书意在建构一种真正的共同体，即人们所渴求得到的最理想的集体，是一种人的"自由联合体"，它是人们在克服了受偶然性支配的障碍以后，必然地、自由地选择的一种联合形式。这种自由联合体没有反个人的倾向，没有把个体和类分割开来的旧式分工和私有制，人们之间结成的关系不再是分散的、彼此对立的、异己的联系；人们结成的共同体，不是他们得以发展的桎梏，而是他们获得自由的前提条件，按照马克思的观点，这种联合把个人的自由发展和运动条件置于他们的控制之下。①

----

① 马克思，恩格斯. 马克思恩格斯全集：第 3 卷 [M]. 北京：人民出版社，1995：85.

（二）关于伦理共同体

伦理共同体对于我们道德承诺的引导和强化，有助于建立一个更加自愿、更加清明的伦理秩序。因为人们渴望得到他人的持续认可，而这认可的前提就是对社会规范的遵循，这一切最终使得政府的强制行为最小化。

伦理共同体是带有伦理关切的社会团体、社会交往结构和一般人伦秩序，它体现了人与人之间的相与之道。"民间伦理共同体"是凿凿有据的"德性培养基"，且蕴蓄有博大精深的伦理思想与教育信念。

伦理共同体是个体的安身立命之所，个体不能长期处于无伦理或伦理共同体破碎的状态。唯有伦理精神才能够把分散的、相互争斗的人们整合起来，也只有"民间"所具有的"人文力"才能使前者成为个体可以依傍的成德环境。

伦理共同体的初级阶段是"民间"的家庭和宗族，它服从情感的利他原则。民间是通往高度发展的"伦理共同体"——国家的重要通道，对共同体范式的研究意在将个体的伦理教化充类至尽，从而孚育一代又一代的合格公民。

（三）关于新农村道德建设①

社会主义新农村道德建设的难点在于难以寻找工作的突破口，以伦理共同体的构建为载体，是培育个体美德、实现公共道德的有效路径。伦理共同体的存在，不仅可以承载人类历史发展的全部现实内涵，以及体现人类本质的最高实现形式，而且可以强化民间自组织的道德建设功能，重构人们约定的道德公约，更新乡村伦理道德教育的内容与方法。

其中，民间望族世代传承、相沿成习的伦理教育传统，可为新农

---

① 我们对于民间伦理共同体重构的研究，意在观照现实的乡村社会，社会主义新农村建设应如何才能获得思想进阶和理论自信，这是我们应着力关注的重要问题。

村道德建设提供知识经验；乡村道德评议会作为民间的自组织，服务于《公民道德建设实施纲要》所倡导的方针和目标是值得推广的乡村道德评价机制；民族后发地区的教育成就虽成为历史，但其领军人物在民族遭遇困境时的身体力行和道德践履，是可堪借鉴的道德范本。

中央提出按照"生产发展、生活富裕、乡风文明、村容整洁、管理民主"的要求来推进新农村建设，我们在黔北农村和黔西北山区发现了乡村治理的井井有条，村民陈旧思想观念的解除、政治觉悟的提升、民风民俗的蕴蓄、身体力行的参与，皆源于民间伦理共同体的助力。"百村试点""整乡推进""美丽乡村"等特色模式有力佐证了它们稳定乡村社会发展大局的处实效功。

（四）研究的不足之处

本研究拟在穴塘坎、平家寨和石门坎的田野调查，因到访时间和次数的欠缺，使笔者可以凭借的资料不足，从而在研究分析的说服力上不尽如人意。国外关于共同体的研究不少，但是译成中文的并不多，笔者在研究过程中对外文资料的掌握相对有限，从而使笔者的论说显得颇多"自言自语"。研究民间伦理共同体的构建，这里只是从定义内涵、构成要素、主要功能、重构进路上进行了探讨，而对于身份认同、共同体的向心力和离心力、共同体的契约、共同体的确定性、共同体的解构等内容少有涉及，一来弱化了研究的深度，二来论说的面显得过于狭窄。另外，对民间伦理共同体的建构与乡村社会道德建设的关系的阐释还不够深入，对乡村治理如何就此获得应有的思想进阶的揭示还不够。

研究尚需深化对于民间伦理共同体的理论析出，① 需着力揭示共同

---

① 课题基于民间的实证研究自有它的学术局限性，由于选点的拘囿，可堪引作群案论证的依据并不充分，加之形上思辨不足，去回应共同体主义理论的出彩之处并不多见。我们希望民间在主流价值导向的规范之下，村民在伦理共同体的召唤声中享有美好的、富足的德性生活。可望在民间伦理共同体的结构与功能的辩证关系中找到进一步研究的突破点。

体的伦理意义及限度、伦理共同体的向心力与离心力的反向共生关系，以及乡村知识精英对于共同体的道德引领与助力的内在机理分析、民间应对危机的共同体行动解释、共同体主义视角的伦理共同体分析、伦理共同体与人类进步的关系、伦理共同体的未来走向等。

第二章 穴塘坎：家族文化濡化的样本

　　家族是中国乡村社会的基本组织形式，亦是社会成员最基本的生活单元。家族和家庭的不同之处在于，后者限于同居共财的亲属，是最小的单位，而宗族由家庭扩充，包括父族同宗的亲属，其成员均为同姓；前者则由宗族扩充，包括父族、母族、妻族的亲属，即包括不同姓的血亲和姻亲，其亲属的涵盖面更广泛。① 本书将穴塘坎马氏家族作为一个共同体来看待，共同体成员通过本家族实现自我的家族文化认同，这是我们在书中要极力求证的事实。②

　　穴塘坎成为世俗眼中家族教育的成功地，并非浪得虚名，它确实有值得各学科研究的事象。它经由教育而达成的上层流动，以及家族伦理文化的濡化和涵化，都是值得深究的课题。作为一个松散的民间伦理共同体，它自然地产生，自发地存在，它的成员有可以共同追溯的祖先、

　　① 孙本文. 现代中国社会问题 [M]. 上海：商务印书馆，1947：71.
　　② 人类学家庄孔韶明确地将家族作为一个共同体来看待，并认为个人通过所在家族来实现自我的家族文化认同，实际上是汉人对自身历史感、归属感、道德感和责任感的自觉追求，是中国数千年文明的精髓。庄孔韶. 银翅：中国的地方社会与文化变迁 [M]. 北京：生活·读书·新知三联书店，2000：277-282.

有紧密的血缘关系、有分支分流的多个家庭支系。① 此伦理共同体的成员，因血缘关系而对它有一定的认同感和责任感，"差序格局"的理论可以对此很好地进行解释。马氏家族的演绎更多地依循了伦理文化的传递，而文化传递就其本质而言，是一个教育过程和文化过程，也是一个人及其所在共同体被濡化的过程，穴塘坎的教育实情较好地说明了年轻一代获得文化教养的过程。

研究考察了由于功名仕进的心灵投射，各界对穴塘坎马氏家族学业成就的描述多有误会，使它遭到反复的误读。我们从伦理共同体的内涵与外延的勘定，扫清了对于穴塘坎教育成就的误解；接着以"想象的伦理共同体"为题，论证它作为"记忆性社群"的缘由，对"博士寨"名称的开出提出了修复性的建议；研究深究了穴塘坎耕读传家的教育传统，从马氏家族发迹时的私塾说起，细察历代学子学业成就的实情；分析了族谱作为道德教化的范本所具有的教育功能，以及马氏家族领有的睦族治乡的要秘，最后对可堪深究的民间伦理提出了建设性意见。

研究追溯了马氏家族历史上经由个人奋斗、家族努力、投身学业寻求跻身上层社会的实践，列举了马秉清、马光炯、马光煌、马印秦、马龄、马费成几代人的奋斗历程，细述他们在学问人生上的抗争和对家族的认同，从而开出值得后人效仿的道德元素。研究探讨了乡村治理面临的文化困境，可以经由文化传递机制——濡化和涵化来消解。以民间伦理为根基的小传统，可以为乡村文明建设增添伦理文化的新质。在社会

---

① 　共同体按照性质来划分，可以分为血缘共同体、地缘共同体、信仰共同体、伦理共同体等，这里探讨的穴塘坎共同体，基础是血缘和地缘，但以伦理来规定。家族本身是一个自然共同体，是所有其他社会得以产生的基础，它是以崇拜家族祖先为信仰形式，以维护家族利益为核心意义结成的，并由某种权威力量形成内在凝聚力并获得社会普遍认可的一种地缘性结合体，是一个典型的共同体。郭嗣彦. 家族共同体的兴盛与衰落 [J]. 周口师范学院学报，2009（5）：115. 需要对家族和宗族进行必要的区分，宗族是一种有组织的集体，并常和一定的宗法制度相关联，有很强的人为因素；家族是一种由松散的社会关系相互联系的非组织的社会共同体，靠自然地产生和自发地存在。

主义新农村建设的实践中，书香社会的建设可作为移风易俗的重要举措而发挥育人的功能。

第一节 功名仕进的心灵投射

学历文凭在当代社会和人力市场中的价值，驱使人们争相通过学前和正规教育来获取社会所承认的教育文凭——制度化的文化资本，并克服自己在文化资本的具体状态和客观状态方面的缺陷。① 文凭作为重要的职业准入证书，是现代社会理性发展的结果，它本身又是一种象征物，是社会信任的某种标准。学历作为获得社会地位的一次性手段发挥着极大的作用，从而使它成为家庭教育中反复肯定的观点。穴塘坎马氏家族也不例外，在对于学业的追求上，可谓是赓续相接、薪火相传，光、昌、邦、家几代学子书写了一个个可圈可点的教育神话。

当初"博士寨"一名呼之欲出，是在"学历社会"的宏观背景之下的一种炫耀，因为学历和文凭是将教育转化为资源的中介。这种教育的功利性传统在乡村表现为，学子普遍将读书与入仕紧密地结合起来，并以其顽强的文化力量强化着共同体的功利化教育欲望。我们认为穴塘坎马氏家族可以对称谓进行回应，从而甩掉功名仕进的包袱，理直气壮地接续共同体的伦理教育传统。我们还尝试用"想象的伦理共同体"的表述，意在说明宽泛的穴塘坎远近学子的集体记忆有可以证实的依据，此记忆召唤了一代代学子，视穴塘坎为学问人生的故乡。

---

① 陈曙红. 中国中间阶层教育与成就动机［M］. 北京：中国大百科全书出版社，2007：7. 我们认为中国人发明的科举考试和学历文凭的推崇，一定程度上有效地制衡了人情和关系的困扰，有利于客观、公正地选拔人才；由于它能破除血统论，解脱人情困境，使得所有的人都要面对同一张试卷，从而突出了个人的才学和能力。在以分取人和人情取人之间，人们更愿意公平竞争并接受艰苦的考试，不愿接受理论上全面考核实际上为特权阶层把持的举荐制度。

一、穴塘坎盛名的由来

穴塘坎是黔北农村的一个小地方，位于湄潭、凤冈、余庆三县交界的松烟镇觉林村，与龙枰共同组成一个自然村寨。穴塘坎背靠一个小山，方圆两平方公里。因为这个自然村寨马姓人家居多，故旧时人们习惯称它为马家寨。

马氏家族青史标名，祖籍汉代在陕西扶风郡绛帐堂，后又迁居至江西临江府十字街大桥头（今江西省樟树市临江镇)①，在明初发展生产、奖励垦荒，组织人多地少的"窄乡"农民到人少地多的"宽乡"屯种的背景下，马氏家族迁徙至四川。清康熙年间迁居至余庆乌江河畔，最后定居松烟穴塘坎。据马印秦、马光扬、马昌义、马昌原、马邦举等人的集体回忆，马运亨曾经在他们幼时，以讲故事的方式告知他们家史真相。

马氏家族的字辈由十六个字组成，四字成句，即"政仕登国，起应文开，学运光昌，帮家之庆"。更续新字派为"鸿原绍启，世代康强，守本立纲，长发其祥"。更续的新字派是有讲究的，根据马家祖上的遗嘱，取原字派第二句的第一个字"起"升格为新字派首句末字"启"，用谐音来替代，意在保留一音流传后世。

一世祖马政邦，自康熙年间迁来贵州，在大乌江边落脚、离世；二世祖马仕龙，先住余庆司，后居黄土坎，葬在洗马滩；三世祖马登荣是搬来穴塘坎居住的第一人，他在水井湾金竹林搭个草窝棚，租地开荒。祖上意识到租地开荒受人气，要有人当事（做官）才会发迹。于是马

① 近年穴塘坎人曾经到过此地，它位于江西省中部，赣江与沅水汇合处。清咸丰初年，长房八世祖马开凤在四川经营盐业，曾访先祖留川的支裔。为使世系不紊乱，文学祖的后裔中，咸丰年间出生的"学"字派按川裔"林"字派取名；清末民初出生的"光"字派，均有一个与川裔"绍"字派吻合的名字。同时，清末明初，马运文与川裔族友时有书信来往。这些事实表明，穴塘坎马氏家族起籍在临江，经四川再至贵州。但是，因何故而在赣、川、黔之间辗转迁徙？不得而知。族谱估计它与历次战争动乱和历朝移民屯垦有关。

登荣拼起血本供马国用读书，马国用有了学问，其后辈马起舜、马起秀读书考顶子，当了事（做了官）。

到了嘉庆、道光年间的文、开两世，先后出了几个秀才老爷：马文华、马文举、马开凤。这两世因为出了读书当事的人，家族开始走鸿运。① 到了八世祖马开凤时，他考中秀才但是没有入仕，后来到四川开盐仓，发现巴蜀文化比贵州文化发达，遂专门从四川请来教师杜先生，以便教授两个儿子马琼林、马瑞林读书。② 咸丰初年，马琼林、马瑞林两兄弟同科中秀才。之后，因战乱马开凤将儿子马瑞林带回四川，习武十年，朝廷平定叛乱后，马开凤带着两个儿子回到穴塘坎修复祠堂③，马瑞林于 1873 年中同治癸酉科武举。后马琼林在家中团学课教马家子孙读书，很有成效。光绪年间，穴塘坎又出了几个秀才相公，马琼林的长子马运富考中武生，其子马绍先十岁即考中秀才；马瑞林的的儿子马运文亦考中秀才。

马开凤门下的学、运、光、昌、帮字辈图见表 2.1。

其中，马瑞林的三儿子马运德（字秉卿）堪称继承家学传统的接力手。他 3 岁丧父，10 岁丧母，11 岁离乡去湄潭永兴胞姐家做活路（做工），15 岁返回家乡。后来在穴塘坎复建私塾，延聘良师授课，自

---

① 咸丰九年（1859 年）至十年（1860 年）春，白号军朱明月的农民起义军攻陷松烟，以觉林寺为根据地建营垒，屯军垦荒、训练部队，武装打击清王朝在地方的统治。因白号军劫富济贫，于是穴塘坎马氏家族各户纷纷逃难，四合天井的房屋被白号军拆走作建营之用，家族的元气大伤。白号军失败以后，马氏家族陆续回迁，但是未能恢复当初的建筑，今天尚能见到一道残缺的围墙和半截破败的房屋。

② 族谱称，杜先生曾经出题考马瑞林，在落花屯的庙前出上联"红栀逐巅好比翻天印"，马瑞林跟"青蛇端头恰是赶山鞭"。杜先生回答道，"汝子可教矣"。

③ 马龄向笔者详述了祖上兴学置业的详情，六世祖马应显在黄平考取功名，一生主要以教书为业，马氏家族无论男女也要念书经他的口中再次得以转述，女子读了书对女婿家有帮助，选人户亦有人家愿意。马应显的儿子马文学学有手艺，主要是烤酒卖，其子马开凤后来考中秀才，印有医书。另一个儿子马文举考取功名。我们后面讨论的人物，主要是马开凤这一支，长子马琼林在四川读书，在贵阳考科举，之后在家办书馆教书；次子马瑞林考中武举，晚年在家做民间代表和知事。

己的儿女和乡邻子弟 20 余人得以入学就读。其中，贫困子弟还可以免费入学。马运德管教严格，以"万恶淫为首，百祸赌为先""施惠勿念，受恩莫忘""居家戒争讼，处事慎多言"等话来教导子女。他的四个儿子中，长子马光炯毕业于遵义三中二十八期，成绩位居榜首；次子马光灿毕业于贵阳土木工程学校；三子马光灼、四子马光煌均以优异成绩考入浙江大学就读。①

表 2.1

马开凤(秀才)	马琼林(秀才)	马运富(武生)	马绍先(秀才)	—	—
		马运贵			
		马运泰			
	马瑞林(武举)	马运文(秀才)			
		马运休			
		马秉卿(开办私塾)	马光炯(遵义三中)	马龄(小学高级)	马燕(幼儿教师)
				马费成(博士生导师)	马宇宁(留英博士)
			马光灿(土木学校)	马昌礼	马克林 马红林
				马昌亚 马岁余	马冀 马凌
			马光灼(浙江大学)	马小庆(留法博士)	—
			马光煌(浙江大学)	马秋实 马立夏	马东巍
			马绍荣	—	

① 《马氏族谱》的编撰者是马龄，系秉清的家孙，他在材料的选取上，或多或少对此支系有所偏重。通读族谱全文就不难发现，叙述的口吻和人物故事的讲述，都存在一定的偏向。不过，家族学业成功的典型也主要集中在这一房及姻亲中。之外，文学世系的其他马氏家族成员，亦有经由教育而跻身社会上层的情况，但因篇幅所限，不涉及马氏家族旁系学子的讨论。

从十一代"光"字辈开始，马氏家族及姻亲人才辈出，其职业涉及园艺研究员、剧作家、空军上校、水利电力高级工程师、农艺高级工程师、高级检疫师、高级茶艺师、高级实验师、高级经济师、注册会计师、中学高级教师、大学教授、博士生导师、艺术研究员、县处级干部、主任医师、少校军医、高级记者、中央电视台栏目主编、法国银行职员等，另还有留学英、美、法等国的家族子弟、姻亲子弟，以及无法统计其职业、学历的在台湾的家族子弟。在族谱上可查的"昌、邦、家"三代，其有名有姓的知识分子达 66 人，博士学位获得者及博士学位候选人 12 人，硕士学位获得者 7 人，留学美国 11 人，留学英国 3人，留学法国 2 人。① 由此，马氏家族的名声籍甚，在黔山秀水之间称颂一时。

以上简述了穴塘坎马氏家族的流变，历经垦荒、屯种、迁徙、战乱、置业、兴学，但自始至终重视家族教育的发展，从延聘先生当家庭教师，到设馆教授族人子弟，从设立三所私塾开门办学，到资助家族子弟赴外念书，穴塘坎书写了移风崇教、兴学育人的佳话。②

---

① 余庆县地方志办公室撰写的材料，其数据多采用《马氏族谱》。但是自2000 年编撰刊印以后，马氏家族及姻亲的情况又有新的变化。笔者 2009 年夏与父亲余仕哲到敖溪小学拜访马龄及其夫人冯政煌，马龄将他新编的《马氏族谱瑞林五服表》赠给笔者，发现的确又有新的情况出现。譬如，增加了留学攻读教育心理学的马昌霞的先生吕佚名，系留美博士后；留英的马宇宁在英国攻读私法专业，获得博士学位；沈滨在美国攻读博士学位；之外还增加了幼师毕业在敖溪镇任学前班教师的马燕。但实际的统计可能还有出入，主要原因如下：第一，统计多采信《马氏族谱》，其编撰人马龄居住在敖溪，信息相对闭塞，对新情况的采纳不够；第二，赴国外念书和在台的学子，与穴塘坎的联系不紧密，信息的更新不及时；第三，学业成就的统计多用口碑相传的方式，可能存在记忆和传递的失误。

② 民国时期，马家在穴塘坎方圆一平方公里的范围内建起三所私塾，从四川、贵州凤冈请来先生执教，三所私塾的教学内容、收费标准不一，族人可以根据情况自行选择；马运文、马光彩还根据实际自编教材，教授实用知识。其教学方法亦多有改革，因材施教，重视启发。在贵州省农科院任果蔬研究所所长的马光灼研究员和在凤冈税务局任干部的马邦廉，不分嫡堂亲疏，在 20 世纪五六十年代曾解囊相助族中的马昌媛、马蓉、马令节、马费成、马晓雪攻读学业。

二、误读的贵州博士寨

由于穴塘坎地处湄潭、凤冈、余庆三县交界处，现代交通和传媒的因素使其家族教育成就的名声在多地迅速得到传播，加上马氏家族在外的工作成员的人为因素及民间的口碑相传，更使得穴塘坎名重一时。2004 年 5 月下旬，《遵义日报》记者王胜旺在余庆采访时，碰上马氏家族的清明祭祖团聚，耳闻啧啧称赞的教育故事，遂赶往那里采访族中年长者马邦贤。以《马氏族谱·绛帐风采》为凭据，在老人的带领下一家一户访问，并拨打多个国际国内长途电话，逐一查证每个硕士、博士的情况，并探问马氏家族人才辈出的缘由，最后写成新闻稿《余庆有个"博士寨"——马氏一门八博士》，于 2004 年 5 月 29 日在《遵义日报》头版刊发。此文发表以后，平地一声惊雷，当地政府将它列为新农村建设的示范点，四方专家学者和远近乡民纷纷而至，追根究底，意欲探察马氏家族发达与学业成就彰显的原因。前述这篇不足 800 字的新闻稿荣获 2004 年度贵州新闻一等奖，第十五届中国新闻三等奖。① 之后，关于穴塘坎的"晕轮效应"逐渐呈现。

2009 年 9 月 17 日，《贵阳晚报》记者曾峰以《被误读的贵州"博士寨"》为题，披露他调研穴塘坎之后的新闻发现。作为穴塘坎的研究者，我们通过九年持续的关注与思考，认为曾峰一文对于穴塘坎外宣"漏洞"的揭示，多处地方显示了一种"目的性"的写作方式。他的本

---

① 2004 年笔者在广州中山大学攻读博士学位时，无意中读到王胜旺的新闻稿。曾从"受过教育的公共社会"的角度，来审察马氏家族的教育习俗的穿透力。并在博士论文中曾判断："马氏家族子弟的学业成就斐然不是偶然的现象，它优良醇厚的家风、耕读传家的传统所铸就的教育习俗，是深究它取得教育成功的要义。"余文武. 民族伦理的现代境遇及其教育研究［J］. 北京：现代教育出版社，2008：282. 但将穴塘坎这个几代人的读书群体视作一个民间共同体，那是笔者在华东师范大学做博士后期间，受非制度化教育形式和非学校化社会理论等的影响，遂着手开始研究黔北民间教育成功范例背后的学理支撑。

意在纠正对于"博士寨"的错误认识，但实际轻虑浅谋，适得其反。该文缺乏最起码的综核名实，更不要说对于民间伦理共同体的深刻理解和理论把握。在其调研、思考和请教都不充分的情况下，贸然作文，有不明就里之嫌。① 笔者认为穴塘坎并非浮名虚誉，其飞声腾实的教育成就是民间可堪深究的教育案例。下面根据曾峰一文的主要观点（详见本章附录）来逐一分析其对穴塘坎的控名责实。

文中有多处细节值得推敲。《马氏族谱》并非村民收集编撰，实为马氏家族成员、敖溪小学教师马龄执笔；说编撰《马氏族谱》之后导致穴塘坎不再平静，此说有什么依据？要说穴塘坎"博士寨"名满天下，实际是源于新闻事实见诸媒体以后所带来的轰动效应。说顶着"博士寨"的光环，五年来村民们似乎过得并不轻松，这是一种猜测还是推断？穴塘坎村民果真有一种布鲁姆所述的"影响的焦虑"吗？②如果要说焦虑，可能在各级各类学校读书的马氏子弟有焦虑，村民的焦虑从何而来？说《马氏族谱》所记述的博士均生长在外地，和穴塘坎几乎没有太大关系，甚至他们中有不少人尚不知穴塘坎这个地方。此说在逻辑上也不周延，如果族谱的记述属实，那撰写族谱的人是如何统计这些博士名录的呢？如果不与当事人或家属联系，那会是一个什么样的统计路径呢？总不能说马龄老师靠猜测来下结论吧。实际上，在西安电子科大读书的马家君就是穴塘坎土生土长的后生，曾峰2009年去那里采访时，马家君已经升入硕博阶段的学习，而曾峰并没有采访到马家君

① 2009年夏，记者曾峰经笔者的朋友陈本胜（贵阳晚报记者）引荐，到笔者居住的文化路家中，就穴塘坎的实情求证细节。笔者曾出示《族谱与教化：穴塘坎马氏族谱1658—2000》一文与曾峰阅读。后者在文中所叙的教授与学生到访穴塘坎的情况，应是同行研究者。笔者和课题组成员屡次到访穴塘坎，前后有笔者的父亲余仕哲，贵阳学院教师龙浩、顾大刚陪同，觉林村唐杰主任、马邦贤、马邦常等接待。

② ［美］哈罗德·布鲁姆. 影响的焦虑：一种诗歌理论 ［M］. 徐文博，译. 南京：江苏教育出版社，2006.

的父亲马邦兴和母亲杨光英。

曾峰一文说村民几乎没有人认为这些博士是他们的荣耀,是哪些村民会这样认为?博士多出是马氏家族的光荣,一个身处共同体的成员,不为共同体的荣耀而骄傲,反而存在压力和焦虑,这是不符合逻辑的主观臆想。至于没找到博士的家和直系亲人,如前所述,我们认为是事前功课不足的表现,博士主要出在"昌、邦、家"三个字辈中,按图索骥应可以探访到,但其前提是对于马氏宗派世系的熟悉掌握。曾峰称,马龄说除马费成以外,其余学子和穴塘坎基本扯不上关系。这就是问题的核心所在。康德在《判断力批判》中讲道,人只有认识到看不到的本体世界,才能超越现象世界,达到美的世界。新闻稿《被误读的贵州"博士寨"》的作者曾峰,实际上就是陷入了"误读"的语境。

穴塘坎被称作"博士寨",是一名新闻记者的一瓣心香,其间蕴含有对黔地山乡兴学育人、云布雨润的肯定,以及观化听风、化民成俗的美好诉求。之外,还有热心于穴塘坎被唤作"博士寨"的觉林村主任唐杰亲笔撰写《贵州博士寨的成因》的作用使然。这些秉持形象制胜原则的外宣思想,应有值得肯定的地方。曾峰一文的可取之处,正是指出了"博士寨"名称的牵强附会。但从他的行文内容来看,并没有意识到马氏家族实际是一个边界清晰、内部统整的伦理共同体,共同体内部的成员听从家族教育传统的召唤,染风习俗,晴耕雨读。① 它不是以地缘的远近和人缘的亲疏来讨论的,而是基于共同的伦理风尚和相互认

---

① 笔者于 2007 年 4 月在同事龙浩、顾大刚的陪同下第一次实地到访穴塘坎,先后和村委会委员、马邦贤、马邦常交谈,并索取《马氏族谱》作研究之用。马邦常给我们明示了祖屋的坐向,我们针对在外学子的学业和事业做了简短的询问,按照访谈提纲对基础性问题进行了部分求证。从穴塘坎回到贵阳,即着手对之前的研究设计进行改进,并对"博士寨"一说进行了深刻地反思,反思性问题主要体现在这样几个层面:一是有关穴塘坎的民间教育成就可否证实?二是穴塘坎在何种意义上可以被称作"博士寨"?三是穴塘坎马氏家族学子群体濡化与涵化的机制为何?

同感来证成这个民间伦理共同体。

当然，王胜旺一文也并非"白璧无瑕"，其文的立意、表述方式、事实真伪都值得商榷。① 他本人在之后的采访心得中提及，"发人所未发，见人所未见"。我们认为，记者"抢"新闻的意识，盖过了对于新闻事实本身的基本的学理判断。诸如"好久没有看到贵州有这么振奋人心的好消息了"之类的褒扬声，影响了记者对于新闻的目的性与价值性的深刻理解，写好"效应新闻"长期成为记者工作的内在性规定和价值追求。至于将穴塘坎历史上的教育成就案例作为贵州精神文明建设的惊人成果，以及将马氏家族人才辈出的缘由注解为浙江大学的"求是"精神的渗透②，或多或少有牵强附会之嫌，值得新闻界人士与相关学者联袂思考和补偏救弊。

附录一　余庆出了个"博士寨"
——马氏一门八博士③

（王胜旺）

一个仅有三百来号人的偏僻小山寨，20 多年来就出了 16 个研究生，其中 8 个博士，13 个留学美国、英国、法国的留学生，而且都出自马氏一门。这个寨子是余庆县松烟镇觉林村的马家寨。这个消息是不

---

① 说 8 个博士（当时王胜旺采访获得的数据）从穴塘坎这个小山寨走出来，这就不符合事实，因为部分学子随父母自小在外生活，穴塘坎只是父辈的记忆和父辈的故乡。问题是，怎么写才能说明博士子弟的学业是沾溉了祖居之地的润泽和家族教育传统的熏陶？我们认为这实际上是要把这篇新闻稿写得深刻、服人的一个思路。另外，必须区分马氏家族子弟和姻亲子弟，实际上在具有学业成就的学子中，有 50% 是因为开亲产生的姻亲关系而被计算在内。

② 王胜旺. 处处留心挖新闻——获奖消息《贵州有个"博士寨"采访心得》[J]. 新闻战线，2007（3）：80-81.

③ 王胜旺. 余庆出了个博士寨——马氏一门八博士 [N]. 遵义日报，2004-5-29（1）.

久前马氏家族祭祖团聚时,经马家长辈逐一核实统计后,四邻八寨才知晓的。

闻悉这一消息,记者来到马家寨。这是一个鸡鸣三县(余庆、凤冈、湄潭)的小寨子,从松烟镇街上向北走14华里稀泥烂淖的山路,但见四面环山的窝凼里散居着七八十户人家,这便是马家寨。马邦贤老人拿出一本名为"马氏祖德·绛帐风采"的名录册,名册上按马氏辈分划分为"光、昌、邦、家"四代,共记录了马氏一门64位具有大专以上学历人士的基本情况。其中,第一代"光字辈"马光灼、马光煌胞兄弟,于20世纪40年代毕业于西迁湄潭的浙江大学;第二代"昌字辈",出了2名博士、3名硕士,有2人留学美国、2人留学法国,成就最高者是马费成,为武汉大学人文社会科学资深教授、国家教学名师、博士生导师,曾任武汉大学信息管理学院院长;第三代"邦字辈",有4名博士、5名硕士,有6人留学美国、1人留学英国;第四代"家字辈",有2名留学美国的博士。

另据了解,1998年松烟镇初中升高中,前五名全是马家寨的娃娃;1999年、2000年,余庆县的高考文、理科"状元",全都出在马家寨。

这个很不起眼的小山寨,为何人才辈出呢?马邦贤老人归纳了三条缘由:一是老前辈马光灼、马光煌胞兄弟开马家先河,考入了当时西迁湄潭的浙江大学,为后辈树立了榜样;二是马氏一门家风甚严,大人勤劳,小孩嗜学,全寨至今无一人打牌赌博;三是马家人有骨气,如三年前考上哈尔滨工业大学的晚辈马家族,因父亲残疾家庭经济拮据,马家族只带上在镇信用社借贷的1000元钱去上学,如今已顺利读到大三,却从未向家中要一分钱。

"呕心沥血培养下一代,竭虑殚精扶持接班人",马邦贤老人去年为庆贺孙子考上大学而作的这副对联,或许是"博士寨"人才辈出的最好注脚。

附录二 被误读的贵州"博士寨"①

（曾峰）

核心提示：五年前，一个村民收集编撰的《马氏族谱》，让余庆县松烟镇穴塘坎这个偏僻的小山村从此不再平静。

这个《族谱》称：马氏一门，20 多年来出了 16 个研究生，其中 8 个博士，13 人留学美国、英国、法国……随后，国内许多媒体蜂拥而至。很快，"余庆博士寨"的美丽光环闪耀全国。这座只有 300 多人口的小村寨，也被冠以"黔北第一寨"的美名。

如今，在谷歌网站上搜索"余庆博士寨"，查询结果仍达到两万多条。

顶着这个耀眼的光环，五年来，居住在这里的村民似乎过得并不轻松，因为在他们看来，"博士寨"这一头衔实在有些牵强。《族谱》所记载的这些博士都生长在外地，与他们这个村子几乎没有太大关系，甚至这些博士有不少人还不知道穴塘坎这个地方。

"如果村里真有一个土生土长的孩子成为博士，那才是我们真正的荣耀……"村民们说，目前的这顶"博士帽"，戴得很尴尬！

A. 突如其来的追捧

---

① 曾峰．被误读的贵州"博士寨"［N］．贵阳晚报，2009-9-17．这篇文章的缘起是笔者和朋友们的一场谈话。从北京回来度假的郑宇、刘奕彤夫妇与笔者是中山大学同学，春节回来约笔者与另一位朋友陈本胜聚会，大家相约去箭道街喝茶。席间谈起穴塘坎的民间教育情况，因陈本胜在晚报社工作，大家相约抽时间去那里看看，希望做个专题报道。后因故未能成行，之后陈本胜打电话与笔者，询问到访线路，并称有记者会来访问。曾峰访问笔者之后不久，《被误读的贵州"博士寨"》发表，我们当天即看到新闻稿。从发稿内容上看，曾峰没有把笔者讲述的内容录入，当然也没有领会其中意思。

穴塘坎地处余庆松烟、凤冈琊川 20 里丘陵地段中部，距余庆县城 87 公里。寨子四周是高约一两百米的低矮小山，中间是良田与鱼塘相间的平坝，一条小溪缓缓流过。

如今的穴塘坎，早在几年前已被人们喊为马家寨，或者直接就喊"博士寨"。"外人要这么喊，从情感上说，就算我们不认可，也只能被动接受。"76 岁的马龄是《马氏族谱》的编写者。他说，当年写这个《族谱》，也只是想记载一下马氏一门的历史，没想到后来会引出这么多事情。

这本《族谱》出来后，国内一些媒体对马氏家族中出现的多名博士进行了大量的报道，一时间，这个耀眼的光环，闪亮全国。于是，"博士寨"这顶帽子，便戴在了穴塘坎的头上。

此后五年，有关"博士寨"的神秘与传奇，受到外界的关注。

"不断有外面的人到这里，除了记者，还有很多老师和学生，来这里的主要目的，都是想看看这个出了这么多博士的小村庄，是个什么模样……"一位村民说，曾经有一段时间，村子里空前的热闹，一批一批的专家、教授带着学生"取经"。

"这些博士连我们自己都不认识，要叫我们说出哪个博士是怎么读出来的，我们哪里知道啊？"村民们常常被外界虔诚的"取经人"所困扰，尤其是在农忙时节，"被他们拉住就要解释好半天，实在是耽误功夫……"

据村民回忆，2007 年 8 月，一名教授带着他的七八个学生来到穴塘坎做暑期调查，当时在村民家中住了很多天，几乎问遍了每一个村民，但最终没有找到博士的影子。"不仅没找到博士的家，连博士的直系亲人都没见着！"时至今日，当记者找到这位教授问起当时的情况时，他仍表示，当年的"博士寨"之行让他和他的学生"都感到很遗憾"。

B. 《族谱》里的博士

在穴塘坎，记者见到了这本从一开始就被外界蒙上传奇色彩的《马氏族谱》。

这是一本人工手写，然后装订成册的"线装书"，共有三百多页。马龄说，编这本书，花了他整整4年的时间，记录了马氏家族从1658年到2000年来的发展历程。

《族谱》上说，在马家"光、昌、邦、家"四代人中，昌字辈和家字辈各有2名博士，邦字辈则出了4名博士，还有13人留学美国、英国、法国等，64人获得大专以上学历。

"的确是一个值得书写的家族！"在当地一所中学教书的老师说，马氏人口占到全村的70%以上，历史上出了这么多博士，实属不易。

马龄说，马家的8名博士具体是什么年代出现的，他也无法考证。但有一点他是肯定的，这些人虽出自马氏家族，但绝大多数生活在外地，而并非土生土长，有些人甚至连穴塘坎这个地名都不知道。

"真正在当地出生的只有现武汉大学教授、博士生导师马费成一人，但他也只在穴塘坎读过四年的小学……"马龄说，其他的博士，以及那些马氏高才生，和穴塘坎基本扯不上关系。①

C. 光环背后的负累

"在'博士寨'光环下成长的孩子，意味着要比其他孩子多承受一份压力。""'博士寨'这顶帽子，完全是媒体炒作的结果！"村民们认为，这种结果，除了给他们带来纷扰，实在没有任何实质意义。记者走访的马姓村民中，几乎无人认为家族这些博士是他们的荣耀。

_____

① 这应是曾峰本人的说法，马龄曾赠与笔者《瑞林五服表》，并逐一提及家族中在外念书的人。他的夫人冯政煌与笔者在湄潭兴隆的表亲是亲戚关系，故也在一旁协助向笔者解释马氏家族的读书人的情况。另外，《马氏族谱》系马龄编撰，马印秦、马光煌等人审稿，族谱在第205～209页记述了马氏家族高级知识分子的情况，应该具有一定的可信度。一是族谱要在穴塘坎及远近家族中发行，不可能伪作；二是族谱编写的史实顾问、政策顾问、特邀顾问都是在地方有名望的人士，不可能伪作；三是有外族知识分子参加撰稿，不可能伪作。

三、想象的伦理共同体

以"想象的伦理共同体"为题，来讨论穴塘坎这个民间教育的特例，是自己给自己出难题。共同体在社会学家鲍曼看来，"是一种我们热切希望栖息、希望重新拥有的世界"，但是他又悲观地提醒我们，"共同体是一块想象出来的'飞地'"。① 就我们要探讨的民间伦理共同体而言，实际存有难以证实的风险。在民间实际存在的伦理共同体，更像是它的对立面，它的不可得见和不确定性，随时都有被破坏的危险。根据共同体的基础理论，共同体本身就是一个悖论，愈想论证它愈找不到可以利用的论据。假设穴塘坎十多代人共同信守特定的伦理规则，在历时性和共时性两个维度上，他们有着共同的伦理约定，那它是一种理想类型还是可以求证的实体？研究发现，穴塘坎伦理共同体更像是一种记忆性社群。② 共同体成员有一个背景性框架，即便身在五湖四海，也难以割断与穴塘坎的联系，一是相同血脉的提醒，二是共同记忆的回想。因此，我们以"想象的伦理共同体"为

① ［英］齐格蒙特·鲍曼. 共同体：在一个不确定的世界中寻找安全［M］. 欧阳景根，译. 南京：江苏人民出版社，2003：141. 共同体实际上是一种特殊类型的文化人造物，一旦被创造出来，就成为人们日用不知的日常概念。因此，在深浅不一的自觉或非自觉状态下，它们可以被移植到许许多多形形色色的社会领域，用来描述同样或不同样的社会结构。王海英. 儿童共同体的建构［M］. 北京：高等教育出版社，2008：6.
② 《社群主义及其批评者》的作者在引言中区分了三种社群：地区性社群，即以地理位置为基础的社群；记忆性社群，即共有一个具有深刻道德意义的历史的不相识的人的社群；心理性社群，即为信任、合作与利他主义意义所支配的、面对面的有人际交往的社群。［美］丹尼尔·贝尔. 社群主义及其批评者［M］. 李琨，译. 北京：生活·读书·新知三联书店，2002. 引言中指出，我们之所以提出穴塘坎马氏族人结成的是记忆性社群，就是基于在外学子的不可相见。譬如，在台赴美留学的后裔，与赴美攻读后留美工作的后裔，两者之间经由族谱或父辈的联络，可能彼此知道名字，但是因为不相见，成为对穴塘坎由父辈传来共同记忆的"陌生人"。

题，并非说明穴塘坎民间伦理共同体的虚无，而实际意在表明这个伦理共同体没有封闭的空间和边界，但有共同恪守的道德内涵，① 它是穴塘坎人的集体记忆。

作为屡次到访的穴塘坎研究者，我们亲见亲闻了那里的教育故事。穴塘坎的"博士寨"形象是局外人建构的，他们的眼睛里镶嵌着自身历史文化和学术训练的瞳孔，并因应着现世今生的现实需要，所以其文字解读有其局限性。特别是受功名仕进的社会文化心理的影响，会优先摄取或夸大反映看到的真相，视而不见或充耳不闻其显见的"盲点"，从而使得穴塘坎民间伦理共同体滑入被反复误读的境地。前面论述的两篇新闻稿，第一篇客观之中夹杂了一丝穴塘坎人尊崇的读书求功名的心灵投射，使它的作文立意与现代性背离较远；第二篇主观中颇具独立思考的元素，可惜对伦理共同体边界的领会产生了偏差。在对待穴塘坎的教育事象上，两篇新闻稿都缺乏揽镜自照的心理意识。我认为对于"博士寨"的称谓，不必那么敏感，也无需那么夸张。称穴塘坎为"博士寨"，其背后应有可以证实的资料，方才使它名实相符。地方政府可以组织专家学者展开论证，系统地研究穴塘坎马氏家族十余代人的教育传统，以官方的角度来纠正关于此称谓的歧见错会。

鉴于国内其他博士村落的存在，我们认为可以借鉴他们的做法，即借别人的眼光来加深自己的自知之明。马氏家族的学子，在穴塘坎原地起飞的，应只限于马姓子弟，因姻亲关系进入家族的一般不在此地发蒙问学；光、昌、邦、家四辈，其实主要是光、昌两代出生成长在穴塘

---

① 我们在本文讨论的共同体，它的主体并不一定是面对面交往。王胜旺单凭《马氏族谱》记述就起念来报道"博士寨"，他的心中有一个以博士结成的共同体，后来他用电话联系分居四海的马氏家族成员，说明这个家族是一个松散的共同体。但是，家族成员作为共同体的一分子，他们之间会相互作用、相互联系，而且个体的行为规范要受穴塘坎民间伦理共同体内的道德、习俗和制度的制约。这也是我们提出想象的伦理共同体的原因之一。

坎，邦、家两代则分居四海，这表明穴塘坎伦理共同体的外延得到了放大。以上情况足以说明"博士寨"的称谓是对马氏家族所居住的穴塘坎的一种修辞制造。在家族的演进史上，的确有这么多的博士硕士，但是大多数不是土生土长。"博士寨"描述的是一种"理想类型"或者说"想象的共同体"。试想，穴塘坎真被命名为"博士寨"，其依据是这里产出了一拨村民认同的学子，但是这300多人的村寨也不是家家户户出了博士，或者学子中占多数比例的人获得了博士硕士学位。若被称为"博士寨"，是用了它的显著性特征来表征这个村落的特点。① 作如此讨论的意义在于，不能被称作"博士寨"是因为名称的因由和理据并不充分。在我们看来，马氏家族的祖居地应该沿用旧称——穴塘坎，一是有利于在外学子保存可以追溯的记忆，二是出于村落治理和村民集体认同的考虑。

"博士寨"名称的背后，实有马氏家族耕读传家、教导有方的事实，更有树俗立化、不教之教的成功，从这个意义上讲，称它作马氏家族学子的培养基并不为过。在理论上构建的穴塘坎民间伦理共同体，实际是特殊的文化的人造物。它不是研究者的捏造和想象，这个名称不是什么"虚假意识"的产物，而是一种社会心理学上的"社会事实"，它的指向是集体认同的认知面向。它有许多马氏家族共同恪守的伦理规范，成为共同体成员可以追溯的思想、记忆和认同。其中，纵的血缘关系与横的血缘关系交织成血缘网络，形成直系、旁系、嫡庶亲堂之别，

---

① "博士寨"名称的本质就是对学业成就的肯定。由于穴塘坎本身有为数众多的成功学子，故"博士寨"背后实际并没有假象，并没有歪曲地反映穴塘坎的教育成就。就称谓而言，它是流动性的，起初称为穴塘坎，后来称为马家寨，再后来称为"博士寨"，但是穴塘坎马氏家族的伦理共同体的本质是相对稳定的。村民和世人从名称的改变上来感知变化，未必切中了伦理共同体的本质。伦理共同体的本质深藏于内，必须通过抽象思维才能够把握。功名仕进的心理投射，可能遮挡了人们对于穴塘坎作为一个可堪深究的伦理共同体的正确认识，故正确把握伦理共同体的本质还在于我们从可堪造就的民间去发现伦理的原生质，并进而爬梳它的德目教育，再而论证它对于伦理共同体建构所必需的道德理想、道德准则的内在规定。

所有成员按照约定俗成观念、传统美德，建立亲疏内外的伦理秩序。①从马光灼、马费成、马昌亚筹资捐款为族中四代亲人立碑，马龄风餐露宿采集资料编撰族谱，马邦常师范初师班毕业服务宗族后昆三十余年等案例，均可以发现家族共同体成员在寻找认同与反哺故乡的实践中，强化了自己对于家族共同体的身份意识，他们不仅仅有对于先祖故事的追忆，而且领有同质的文化因子。我们相信随着对于穴塘坎的深入研究，还会开出许多家族学子服务桑梓、反哺故土的典型，也可以期待"想象的共同体"——穴塘坎民间伦理共同体在步入现代性的过程当中会有绝佳的道德表现。

第二节 耕读传家的教育传统

作为政治哲学、社会学、伦理学和教育学等多学科研究的专有名词，共同体主要是聚居在相同地域和范围、依靠习俗和情感维系而非人为建构的意义聚合体，是具有认同的道德框架和善的视野的群体。② 若穴塘坎参照这样的建构指标，可谓是民间伦理共同体的标本，其群体内的知识精英和头面人物表征了这个共同体的伦理品格，使其具有清晰可

———————

① 马光湘．为什么要续修谱书？［G］//马氏族谱（未刊），2002：序言．马光湘在此文中称，族谱是宗族的档案库，作用在于正本清源、宗支有序、世系不紊、人伦不乱、后代有考。当然这二十字要诀并非马氏一家的价值观，在多个族谱中亦见类似的表述。作为曾任基层官员（区长）和中学教师的家族成员，马光湘的观点具有一定的家族代表性，它反映了民间伦理共同体的真实诉求。

② 家族的核心是成员对它具有一定的认同感和责任感，这种基于血缘而形成的关系和群体不会因社会变革而消弭。目前城乡分割的户籍制度强化了家族的血缘聚居。以农业为生的家族，世代定居成为常态。家族中部分成员因为读书、升学、参军、招工、打工、婚嫁等原因离开祖居的村落，但家族中大部分家庭仍然居住在像穴塘坎这样的村落，使其并不会发生结构性变化，这些现象在地缘上强化了乡村家族。

辨的范式，该范式在共同体内部通行并延续至今，知识精英和头面人物
证成和阐释这个诸方体认的范例，此范例具体表现为家族成员信奉耕读
传家、树俗立化的传统，此传统引领了共同体成员过有德性、有尊严的
生活，并且使流风余韵代代相传、家风家教发扬光大，这样的传统是马
氏家族这个伦理共同体的内核。①

　　人类学家如李亦园等惯于使用大传统和小传统的分析概念②，来审
视精英文化的大传统和村民生活文化的小传统，以此强调不同文化间应
该互动互补、和谐共荣的取向。作为一个自成体系的文化场，穴塘坎实
际是一个道德教化特征彰显的系统。它的博士群体阵图和家族传奇故
事，都是值得深究的文化现象。研究巧用小传统作为分析马氏家族伦理
传承与教育施展成功的有效工具，以便揭示头面人物、道德榜样在伦理
传统的范导之下如何证成民间伦理共同体。

　　为破解穴塘坎潜藏的伦理教育习俗，我们从马龄编撰的《穴塘坎
马氏族谱：1658—2000》入手，访谈马氏家族的重要人物（族谱主角、
当事人），寻访当年私塾学堂开办的旧址，体验一个教育成就彰显的家
族风貌；重点探察族谱领有的睦族治乡与阐扬伦理的特殊效能，以及家
族头面人物的德性引领与整躬率物的道德示范，是如何有效地回应伦理
共同体的价值诉求。

　　选用族谱作为研究切入的文本，要承担美言不信的风险。史学界视
黎庶昌编写的《遵义沙滩黎氏家谱》为谱牒中的上乘之作，原因在于

---

　　①　就基于血缘关系的穴塘坎马氏家族而言，他们之间的内部关系是建立信任
与获取资源的重要途径。马氏家族中长幼有序、忠诚信义、知恩必报、舍己为人等
行为规范，能给乡村治理带来凝聚力、向心力和管理上的便利。我们深究它的教育
传统，实际上就是考察它共享同一伦理文化、道德观念和道德规范的家族，是如何
减少交易成本的耗费，从而使得乡村变得安宁有序、一心向化。
　　②　李亦园．人类的视野［M］．上海：上海文艺出版社，1996：144；夏建中．
文化人类学理论流派［M］．北京：中国人民大学出版社，1997：156.

其"讲求实际、不尚虚华的风格"。① 在中国的封建时代，族谱的编撰是出于"管摄天下人心，收宗族，厚风俗，使人不忘本"的治理思维②，这实际上是统治者变俗易教的一个工具；而民间黎民百姓则视它为认祖归宗、承继传统的一种教本，这种教本是家族的历史书，它既书写家族的起源、发展历史和身份事迹，又编撰了许多离奇古怪的传说和天衣无缝的神话，这就是史学家认为族谱在研究中不足以采信的原因。相反地，我们发现族谱的编著人马龄稍有不同，其不矜不伐与内视反听的严谨态度、擘肌分理与激浊扬清的理性分析，使著述的编撰初衷与实际效能得到完美的统一。有鉴于此，我们认为马氏族谱的存在意义不仅限于对其成员的资格认定，而且可堪作为通行家族内部的道德教材。当我们偶然看见各门各户手持族谱与来访者交谈，感受其身份象征、领受其道德教诲之时，也认为这部族谱是宗亲之间发生交往关系的依据，可以作为我们探察穴塘坎民间伦理共同体建构实情的凭证。

一、私塾兴学：家族发迹的缘起

以新出文献和访谈记录为据，可对穴塘坎马氏家族的兴学育人和树俗立化作一个穷源究委的追溯，以期查获家族繁衍推移和承嬗离合的实情。先祖马仕龙在清康熙时期褴褛筚路、呕心吐胆，在余庆黄土坎落地

---

① 犹他家谱学会．中国族谱地方志研究［Z］．上海：上海科学技术文献出版社，2003：54. 黎庶昌作为晚清时期著名的外交家和散文家，"曾门（曾国藩）四弟子"之一，历任欧洲诸国参赞，曾以道员身份两度出任驻日大臣。由他撰写的家谱，具有恢弘的气势和求实的文风。笔者曾就族谱的编写与马龄交谈，他始终持一种严谨务实的态度。他对祖上的遗教有客观的认识，并作了合理的取舍。譬如，他曾提起六世祖马应显的功绩，主要在教书育人和警策之言："马家无论男女都要念书，女子读了书，对女婿家有帮助，选人户才有人家。"但是这个内容并未写进《马氏族谱》，这就是根据自己的眼光和境界而作的取舍，显示了一种尊重事实、通时达务的态度。

② 吴强华．家谱［M］．重庆：重庆出版社，2006.

生根，这是族谱在开篇之处浓墨重彩交代的要点。不曾料想，地方的土豪劣绅扒高踩低，使马家父子几无立锥之地。于是年方十九的马登荣起念迁居至偏乡僻壤的穴塘坎，在上漏下湿的蓬门荜户中居住，在乞哀告怜的租田躬耕中拓荒，这是二世祖饱经霜雪、艰难创业的一页，不过马氏家族自此从挂席为门的尴尬处境迈向声势显赫的家族。一世祖的第四代孙马开风曾考中秀才，后行至四川经营盐仓，感受到巴蜀文化的繁荣兴旺，便出资力邀杜先生到穴塘坎任教，令两个儿子马瑞林、马琼林在其门下领受耳提面命之教。两儿子堪称马氏家族最早的"读书种子"，先是同科考上秀才，接着马瑞林考中癸酉科武举，后是马琼林在衙门任职并在穴塘坎设馆教授家族子弟，这是可以追溯的最早的马氏学堂。①

据族谱描述并求证马龄、马邦贤、马邦常等人，马氏家族于民国时期曾在穴塘坎开办了三间不同类别的私塾，在教材、教师和教学内容上作适度的区分，以便适应家族、外族和村落的不同求学需求。在教师的延聘上，不仅任用家族中的读书人，而且还从四川、凤冈聘请良师。值得肯定的是，家族成员马运文、马光彩敦本务实、讲求实效，自主编写实用教材，在课本内容中体现家族对于美德伦理的理解，在实际教学中倡行学以致用、因材施教，成为远近闻名的新式教法的力行者。② 之后，马氏家族因时代的更替而使教育成就更上层楼，无论是兴学育人之风还是移风崇教之化，都获得令人啧啧称叹的褒奖声。譬如，马光灼、马邦廉解衣推食、解囊相助，尽力帮助马昌媛、马蓉、马令节、

---

① 余庆县地方志办公室. 黔北第一寨——"博士寨"：余庆县松烟镇马家寨人以教为先纪实 [J]. 遵义地方志，2007（4）：23. 马运亨曾说："家无读书子，官从何处来？一家人，没有人读书，没有人当事（做官），辈辈代代都受气，为了后辈人不受气，老祖宗们，一边佃地开荒，垒土造田，以便拼起血本盘（供给）人读书。清朝时候，光（只）有人读书还不能考顶子，考不上顶子做不了官。要自家有天地，交皇粮的人家的读书人，才能去考。"这个记述实际上是对险恶的生境的抗争，亦是中国"学而优则仕"的思想观念的反映。马氏家族最初兴学的目的，不过是为了家族振兴而免受欺凌，希图在经济上的成功换来政治上的突围。

② 余庆县地方志办公室. 黔北第一寨——"博士寨"：余庆县松烟镇马家寨人以教为先纪实 [J]. 遵义地方志，2007（4）：23.

马费成、马晓雪等十余位"读书种子"的求学理想的实现，其不分嫡堂、不论亲疏的义举，在家族内部传为美谈。如今，马氏族人的学业成就彰显，"读书种子"花开四海、情满故园，成为又一个垂名青史的家族美德故事。研究认为，在外游子服从血缘关系和血统世系的召唤，在内学子领受祖先美德与功勋的启发，两者在协和互助的氛围中感受伦理共同体的约束，并在寻根问祖的行动中付出实与有力的贡献。①

我们在追踪穴塘坎马氏家族的历代先祖时，发现其并无显赫的世代富贵之相，当然也没有几代贫贱的难堪局面，毕竟先祖的齐心戮力有了开花结果之效。从中国人"称善而不称恶"的书写原则，我们得以看到马氏家族在族谱里面反映的提升家族声望、弘扬家族荣誉、改善家族地位的显赫教育成就。从清朝同治年间的马瑞林荣获癸酉科武举开始，历代先祖砥砺德行、建功立名，书写了雁塔题名、人才济济的家族传奇。据马氏家族及内姻三代的文化状况显示及黔龙网记者朱珉等的统计②，"文学世系"中计有博士共 14 名、硕士共 9 名、本科学历 64 名和专科学历 18 名，而整个家族大学专科以上学历达 140 余人，高中以上学历达八成以上。③ 这些数据是村主任唐杰和记者王胜旺给穴塘坎命

---

① 但也可发现一些反例，马邦贤在总结穴塘坎人才辈出的理由时，说马家人有骨气，举考上哈尔滨工业大学的马家族为例，他的父亲残疾，家庭经济状况并不如意，上大学时只带走 1000 元钱，至今未向家中要一分钱。为何不见家族中人的资助？

② 黔龙网记者朱珉、蒲亚南、李俊于 2012 年 9 月 23 日采访了穴塘坎马家君的父母马邦兴、杨光英，两人都曾是觉林村的民办老师，后由于生活所迫辞去教职，以便供养两个儿子的学业。记者在新闻稿《大山的希望》里面提到马家君是穴塘坎家族的第 14 个博士。稿子中的表述称"教育改变了觉林村 14 位博士家庭的命运"，此句值得商榷。是穴塘坎每家 1 位博士，共 14 个博士家庭，还是 14 个博士不规则地分布在穴塘坎每个家庭？实际上根据前面的讨论，有些博士、硕士不在穴塘坎生长，他只是隶属于穴塘坎共同体罢了。

③ 马龄编撰. 穴塘坎马氏族谱（1658—2000）[Z]. 油印本，2000：142.

名为"博士寨"的真凭实据。① 问题是,讲述者出于莫可名状的描述
快意,抑或"称善而不称恶"的书写原则,不惜牺牲事实的准确性,
使民间的传诵颇有穿井得人之嫌。所以,我们不得不据实纠正事关学业
成就的描述,在何种意义上并不是一个传说。其实,只要讲清学子名册
中的记述,除马姓子弟之外还有外亲子弟、内姻子弟的事实,就可以让
我们在后面的论证中显得"从容不迫"(见表2.2)。

表2.2　马氏一门及外亲、内姻博士、硕士、留学人员名册②

昌字辈	邦字辈	家字辈	备注
马费成(硕士)	叶曦(博士、留美)	田勇(博士、留美)	—
马昌霞(硕士、留美)	何元兴(博士、留美)	陈丹(博士、留美)	—
吴佚名(博士、留美)	沈滨(博士、留美)	马家君(博士)	—
马小庆(博士、留法)	邓坯(硕士)	—	—
张保庆(博士、留法)	潘振宇(硕士)	—	—
马蔺(硕士、留美)	周俊(博士)	—	—
—	周萱(硕士)	—	—
—	傅秋(硕士)	—	—
—	马宇宁(博士、留英)	—	—
—	马邦华(留美)	—	—
—	马邦忠(留美)	—	—
—	马真真(留美)	—	—
—	马秋霞(留美)	—	—

---

① 王胜旺.余庆出了个"博士寨"——马氏一门八博士[N].遵义日报,
2004-5-29(1).王胜旺在文中提及1998年松烟镇初中升高中,前五名全是穴塘坎
的娃娃,1999年、2000年余庆县高考文理科"状元"均出自穴塘坎。此事实待查,
因为网上有人表示怀疑。

② 马龄编撰.穴塘坎马氏族谱(1658—2000)[Z].油印本,2000:142.限
于资料,这份表格应是不完全统计。其中马邦华、马邦忠、马真真、马秋霞因在台
湾,攻读学位的情况暂不详。

二、族中谱牒：道德教化的范本

前面我们提及族谱的诉求，在民间确有走样的案例，伪诈高门、诡称郡望、隐恶称善，使族谱的道德力雨收云散。但族谱本身有尊祖、敬宗、睦族的功能，其内容显示为族姓源流、恩荣、人物、祖宅、家传、传记等，它们不只是增光祖望、炫耀家世的意图，它的立意还有宣扬本谱主旨、颂扬祖德，使子孙读来能够敬祖向善。尤其是宗规家训，其内容大致在修身、齐家、忠君、敬祖、互助、守法等方面，外加教人做人行世的训语，以上皆是伦理共同体之道德规范的集中体现。穴塘坎的化民成俗不仅依循道德榜样的轨物范世，而且妙用作为乡村道德教材的族谱，以便更好地弘扬家族伦理来和宗睦族、联络疏远，达到乡村治理和稳定秩序的目的。就马氏族谱的记述内容和含量而言，远优于其他乡村教育资料，因为它有累世积淀的功夫和历代认可的规范。有学者曾将宗族和家族做了辨识①，透露了家族在统同群心上的优势。前者基于宗法制度，组织严密、联系紧凑；后者则基于血缘，自然形成、松散连接。但家族成员对所在共同体有高度的认同感，可能源于对族谱的亲近和采信，尤其是在未出五服的情况之下，看到按"差序格局"而致的亲疏有别、排列有序，遂使他们不得不归附到族谱的麾下。②

① 王毅杰. 对建国以来我国乡村家族的探讨 [J]. 开放时代，2001（11）：110-112.

② 以眼见为实来质疑穴塘坎兴学育人的观点，忽视了这样一个事实，遍居海内外的马氏家族的游子，血液里流淌着"亲近"的血脉，是他们和留守的族人一起构成了穴塘坎民间伦理共同体，因他们具有相同的血缘。血缘不论在传统社会还是现代社会均不可能消除，那家族的概念实际也不可能消除。家族成员只可能会因为远近亲疏和联系的松散程度，导致对于穴塘坎马氏家族的认同感和责任感的减弱。但我们讨论这个家族的教育习俗和学业成功时，怎么也回避不了对于这个共同体的所有成员的评论。

明末清初的余庆县 41 姓记载中，并无马氏家族的有关记录，其先祖入黔的时间大约在 1677 年的康熙年间，直到 1697 年《余庆县志》的 788 户记载中才有马氏家族的踪影，这是马氏族谱向上追溯得到的最早史实。之后各分支家谱记载不一，难以寻得祖上源流查考的相同意见，这实际上也是新编族谱的动因。族谱从动议到编撰完毕，其间凝聚了全体族人的心血，当然更有云集响应的态度和富裕人户的财力支持，遂使一册 390 页的民间巨著得以大功毕成。当初族谱发放的范围仅限于家族各门各户，我们推测现时穴塘坎的声名远播，应起于博士名册得以见光的时间，即族谱在远近族人中传诵之时。对有心探察马氏家族何以成为"高门大户"的诸方人士而言，这册族谱应是关注的焦点。我们欲研究穴塘坎实际建构而成的民间伦理共同体，为何采信《穴塘坎马氏族谱：1658—2000》？[①] 因为这是从其文献呈现的可信度来判断。从编撰目的来讲，它开诚布公地申明："追溯得姓渊源，探索血族演变，理顺传统脉络，以族史为经，社会背景为纬，以分散与集中相结合的方式，翔实地记述历代各行各业代表人物约百名，珍重历史经验，实事求是地再现本族面貌。"[②] 经过对族内外人士的访谈互证和借助地方史料佐证，我们得以发现族谱遵循了编撰目的所内涵的价值原则规定，其书写内容与历史史实的扣合，以及民间对它的交口称赞，使其具有优质谱牒的气象。[③]

---

① 马龄编撰. 穴塘坎马氏族谱（1658—2000）［Z］. 油印本，2000. 共 390 页，约 27 万字，系腊纸刻印再油印而成。内容是五篇十章三十四节，主要内容有家族得姓、形成、分布、迁徙、郡望、派别、世系、人物、事迹、艺文等。

② 马龄编撰. 穴塘坎马氏族谱（1658—2000）［Z］. 油印本：前言.

③ 如何判定它是一部优质的谱牒？我们认为主要看在内容与形式上是否达到统一，家谱的功能是否得到彰显？家谱的内容和形式这对范畴揭示了谱牒是由内在要素和它的结合方式所构成的统一体。从形式上看，它和所有的家谱一样，遵从一定的编写体例和规格，同时反作用于内容；马氏家族的功德和事迹，实际就是要编写的内容，它是一份优质家谱存在的基础。369 页的家谱拥有庞大的纪事内容，通过实际访谈发现，家族中人对于它在敬宗认族、凝聚血亲上的功能予以较高的认同。

家族中马颂尧最早提及修谱的大计，之后马光亮、马昌义、马昌原、马昌洪、马邦举、马邦强、马邦勋再次提议，抢救族谱势在必行，其间还有马印秦、马光灼、马光煌的道义支持，使马龄得以反思自己非异人任的责任。他从 20 世纪 80 年代即开始有意收集涉及穴塘坎的零星史料和马氏家族各分支的"经单薄"，并认真进行比对琢磨，从中探查它的错谬纰漏。之后，他在家族后生的帮助之下，多次召集亲友讨论可行方案，征询诸方意见，焦心劳思到极点。尤其值得称道的是，马龄是一位退休老人，他要克服行动上的不便，自费到乌江河畔的祖居之地寻访，采集事关家族的传闻轶事，识别记录家族的文字残帖，其晨兴夜寐和仆仆风尘是家族谱牒得以成形的有力保证，其攻苦食淡、不务空名的工作态度，正是民间伦理共同体造就的道德榜样。①

遵义鸭溪镇的马光湘与穴塘坎并不同宗，因曾在临近松烟镇的凤冈等地工作，与穴塘坎马家有亲谊之情，他作为法律顾问受邀在序言里称述自己的感今怀昔。他认为"家庭是通过婚姻组成的血缘关系，是社会最基本的结构单位，氏族是家庭纵的血缘关系的历史延续"，"纵的血缘关系与横的血缘关系交织成血缘网络，形成直系、旁系、嫡庶亲堂之别"。② 这就是由纵横的血缘交割而组成的社会关系网络，特别需要伦理道德的胶结来促成家族的振兴。族谱编撰的现实意义在于它可以提供一个先祖的伦理道德框架，延续家族数百年来的伦理传统，使后世得以窥见其讲究亲疏内外、尊卑老幼的伦理秩序的风习，并给家族带来精神文明的活力，达到"正本清源百世昌"的目的。

---

① 编写完《马氏族谱》之后，马龄根据瑞林五服表的框架，续编了一些补充材料。考察了家族中学子学业的新进展，对无音讯的部分成员的居住地做了一些推测，其编写始终忠实于实际。当笔者就"马氏一门十二博士"的说法向他求证时，他说可能没有这么多，之后非常清晰地向我历数每一个家族博士的名字和基本情况。

② 马龄编撰. 穴塘坎马氏族谱（1658—2000）[Z]. 油印本，2000：9-10.

族谱作为记录宗族世系源流和宗族文件的谱牒性文献，表征着非常"本土化"的汉人习俗。宗族是父系单系世系组织，最看重本族的世系源流。文字发明之前，世系关系的辨明主要依靠口碑相传，保存在族人的记忆之中，那是没有办法的权宜之计。不过，经由口授心传的讲解，却增添了许多家族美德故事的传播，使口授方式的族谱雏形颇具道德意义和伦理价值。做这个族谱源头的交代，意在说明族谱从肇始之初便是道德内容与表现形式的统一。

马龄等族人起念续修族谱的初衷本在彰显门楣，并力图消除家族历史文献因时间流逝和保存缺失而面临湮灭的危险。但实际上这项投入了巨大人力、物力和财力的浩大工程，历经四年，并不是一件轻而易举的事情。它几乎调动了全体族人身体力行，使他们得以感受先祖的创业事迹与先贤的祖德流芳。美德故事的梳理过程，实际成为家族伦理价值和道德知识的爬梳过程。

前面提及族谱具有优质谱牒的气象，那么有哪些因素使我们判定它是一部可在民间和上层通行的传世之作?① 我们认为最起码有两个因素：一是结构体例和叙述内容上，采纳了友人的建议，基本上按照一份标准谱牒的框架来安排内容。譬如，去除冗长的正史资料和篇首的《楔子》，在开卷即见马氏祖迹。二是朴实文风和求实态度始终贯穿全篇内容，不失真地据实叙述和记载，同时富含撰写人的独立思考和判断力，使人读来文笔清新、真实可信，又不乏深刻的见地和分析。我们认为家族中人读到笔调冷静的叙述，有利于促成他们的道德反思，以及形成公允、求实、勤勉的风气。

----

① 除笔者的《族谱与教化：穴塘坎马氏族谱 1658—2000 解读》之外，目前未发现对该族谱的研究。为防止对于族谱的过度解读，笔者曾就撰写的内容求证马龄和唐杰，基本上得到认可。从族谱是"血脉的圣经"的高度来审视，它的内容还稍显零乱，思想性也不太突出，对于琐碎小事的记载还显得不够精练。

　　近代谱禁解除之后，① 民间的谱牒修撰工作基本上出于自流态势，事关族谱编撰的规矩遭到破坏、篡改谱牒的现象时有发生，"伪诈高门、诡称郡望"的描述在民间极为常见。甚至民间相互借用一些套路式的表述，谎称帝王宰相后裔。其实，稍加思考即可发现其中的破绽。正史对于历朝历代的帝王将相都有非常清晰的名姓记录，岂能穿凿附会地将寻常人家写成显赫家世？这跟族谱知识的普及不足有关，记载皇帝世系的称帝系，记载诸侯家世的称世本，记载普通家族的才称族谱，若真是帝王将相之家，应当存得有别于普通人家的谱牒才是。笔者在博士后报告中曾提及"传家诗"，十分肯定谱撮中族人马广延对此诗的怀疑，② 认为它虚构故事，顺理成章，以满足族人欲听其详的心态。马家和四川丰都余家的"传家诗"的第一句都是"马（余）氏元朝宰相家，红巾赶散入西涯"，试问元朝有几个宰相？姓甚名谁？"传家诗"其实也不过是为了使家族门楣生光，以此颂扬祖德，使子孙后代读来可以敬祖向善。它的问题出在有一个善的目的，但有一个不善的手段，因为由上述叙述可知，"传家诗"不过是拾人涕唾的伎俩。

　　实际上一般家族很少能够世代富贵，倘若追溯到五世以上的祖先事迹时，往往会碰到几世贫贱，为避免这种让后人脸上无光的尴尬，多采用"小宗之法"的编撰方式，③ 而这种做法已经背离了谱牒性文献应

---

　　① 谱禁是指皇权对远攀古代君王作为自己祖先的干涉。因为有些族谱中以华族帝胄自居，行文中更是出现一些僭越之词。谱禁可谓是政治力量干预民间修谱的重要举措。故清朝时规定所有人家都是皇帝治下的子民，追溯祖先时只能以五世祖为始祖，一切人家最多只能是豪门人家，祖先是子民、现时是子民，心安理得、不存邪念。来新夏，徐建华. 中国的年谱与家谱［M］. 北京：商务印书馆，2005：129.

　　② 余文武. 民间教育共同体研究［R］. 华东师范大学教育学博士后出站报告，2009：66. 来新夏，徐建华. 中国的年谱与家谱［M］. 北京：商务印书馆，1997：123. 在家谱中对姓氏来源、迁徙经过和原因、某些世系、仕籍、先人科名以及祠庙、祖茔的查考内容被称做谱撮或谱镜.

　　③ 小宗之法指的是以五世祖作为始祖，由现在上溯至五世的祖先事迹；与之对应的是大宗之法，指由现在上溯至数十百代去追溯始祖。来新夏，徐建华. 中国的年谱与家谱［M］. 北京：商务印书馆，2005：109.

有的历史真实。一般而言，族谱的编撰目的主要在于记录家系、和睦家族、教育族人，提高本家族在社会中的声望和地位，可世人却为了标榜家族高贵，不惜牺牲家族历史的真实性。之外，为了隐恶扬善和保持血统纯净，民间的族谱一般会规定某些人物不得入谱。当然马氏族谱亦概莫能外，"诵先人之清芬""数典不忘祖"始终是一个家族的伦理价值追求。

马龄曾赠给笔者马氏家族"瑞林五服表"①，作为族谱的补充，我们知道五服是民间家族法规的重要依据，五服表的目的是为了令族人重视和了解字派，避免交往时的混乱。这份薄薄的图表只有 4 页，且附注占据了大部分篇幅。图表不仅仅是族谱的补充，也是其务实求真的再体现。在附注中我们得以清楚地看见马龄对以往信息的修正，力求避免"妄相假托、有意捏造"的情形。这种补编五服表的做法，不应只看做重视血统世系的目的，它更为重要的是明血统、序昭穆，在增光族望的同时，熏陶后人、作育后生，教人做人行世的道理。由此，可以判定马氏族谱蕴蓄了道德教化的势能，使家族后昆既可以沾溉祖先懿德，又能从中获得果行育德的原动力。族谱所显示的家族伦理实际是民间伦理的重要组成部分，它对应人类学惯用的"小传统"概念，小传统如实地反映民间的真实，有力地表征了民间伦理共同体的伦理文化。

三、识礼知书：睦族治乡的秘密

家族作为伦理共同体有其内在依据，其根深扎在受伦理文化传统熏陶的共同体成员的心中，其现时的持续存在，既是乡民现实生活的需

---

① 吴强华．家谱［M］．重庆：重庆出版社，2006：69．"五服是指古代丧服制度中规定的五种丧服，即斩衰、齐衰、大功、小功、缌麻。"按照古代的规定，生者要在丧礼上根据与死者的亲疏关系穿着相应的丧服，故丧服具有表明生者与死者、生者与生者亲疏关系的功能，"未出五服"说明了一个家族成员在族谱的五服表中领有他/她的位置，还在至亲之列。

要，亦为乡民为满足其自身历史感、归属感需求的体现，而这些历史感、归属感均属于一种与乡村文明程度同步的深刻的"本体性"需求。懂得礼仪、熟知诗书是家族这个伦理共同体服从文明递延规律的行动，也是其体现乡民历史感特征的一个强有力的证明。我们在前一小节曾提及因谱禁的限制，家族的寻根只能追溯到五世祖，实际上家世累积的世代规模并无直接的功能意义，它不过是象征了家族的历史地位而已。我们的疑问是：这种以世系之远、以祖先之贵为最大荣耀的习俗，是否包含了对先祖懿德或家族遗风的首肯？

一个以家庭为单位分散居住，各家庭成员间的血缘关系近则同父、远则同高祖的家族，之所以能形成一个家族共同体，在于有基本的世系认同基础和亲情联谊的推动。除此之外，还应有宗法的规制和提示，宗法是家族内部各类行事规则的总和，它"管摄天下人心、收宗族，厚风俗，使人不忘本"①，是一个维护家族共同体的不可忽略的功能性条件。我们认为从宗法可以推衍而出诸多家规、家约和家训、家范的定制，② 它既呼应宗法的价值诉求，又是家族得以生存的重要条件。马氏家族在中华人民共和国成立后因家族祠堂的消弭和宗法制度的衰落，其家规、家约并无清晰的呈现，相反在家庭的口耳相传和族谱的遗书遗训中，发现了可见的家训、家范的迹象。

当我们就家规、家约的实情问询马邦贤、马邦常时，轻身下气的谦恭态度使我们深切地感受到马家洒扫应对的待人礼仪。马氏家族几十家火塘，在一方一地熙熙融融、讲信修睦，是值得称赞的诗礼之家。远近的村民都知道，马氏家族有无形的制约力在规制他们的后生，使他们不务空名、克尽厥职；家族中人从不涉赌的行为示范，在当地传为美谈；长者对于后辈总是以言传身教来教导，对暗昧之事和秕言谬说总是以和

① （宋）张载集卷八：经学理窟·宗法［M］．北京：中华书局，1978：258．
② 家规和家约偏向于对族人的过失进行制裁与惩罚，而家训和家范则侧重于对族人进行劝谕和教化。前者带有强制性色彩，后者是温和抽象的理想主义意味。钱杭．中国宗族史研究入门［M］．上海：复旦大学出版社，2009：132．

颜悦色来劝说。① 随"务工潮"流出的族人，亦妥善安排家中的田地，使其避免撂荒现象的发生，这一点对于"空心化"的乡村而言是弥足珍贵的。穴塘坎曾与琊川（地名）为采水而生发矛盾，但村委很快将事端平息，村委会主任唐杰在追忆对事件的处理时，认为这要归功于马氏家族在其中的居间调停作用。以上事例对于我们获知穴塘坎的成德环境提供了一个粗线条的框架。

一辈子担任乡村教师的马邦常讲述道，先祖迁居至穴塘坎之后，吃辛吃苦、开荒掘地，使家族渐次发达起来。从旧时石库门建造的实情，可以判断家族曾经拥有的辉煌。家族中实际并没有垂名竹帛的家规、家约或家训、家范，但全族上下没有不恪守自己良心的人。世人都知道穴塘坎人读书厉害，但不知各家各户对于读书问学的强调，读书在这里成了远甚于九行八业的正经事。十四个世系的各门各户，家家有读书人、户户有读书声，成为人们交口称赞的谈资。晚辈自小就明白闭门读书、开卷有益的道理，伙伴之间竞相攀比的不是消费和衣着，而是学业表现。在闹灾荒的年间，偶有小偷小摸行为发生，但一定会遭到族人的呵斥和家族的严惩。②

在家族中颇有威望的马邦贤亦讲述道，崇尚读书的风习要从马龄、马费成的爷爷那时算起，他艰难的一生办成了一件大事，就是供养几个儿子进学堂念书问学。他为人宽厚仁慈、注重文明礼仪，身为地主却不欺压百姓，在当地颇有口碑。儿子中最厉害的是马光煌、马光灼，双双考入迁徙至湄潭的浙江大学。之后，在贵州省农科院的马光灼秉承父志，着力培养家族中的第二代学子，直到不惑之年才成家；到第三代，读书种子遍及国内外，家族学业成就达到巅峰。③

---

① 觉林村村委会主任唐杰曾说，夜晚的觉林村，听不见打牌的吆喝声，喝酒的喧闹声，户户都有读书声；10多年来没有发生过争吵打架事件，大家相处和睦。笔者认为"没有发生过争吵打架事件"可能还需要进一步证实。

② 对觉林村穴塘坎马邦常的访谈记录。

③ 对觉林村穴塘坎马邦贤的访谈记录。

这段访谈的事后追述，足以说明马氏家族博文约礼、移风崇教的门风，其对家学的接续和对学子的孚育，是我们观察民间伦理共同体的最好门径。父母呕心沥血、省吃俭用以支持孩子念书的举动，在家族中时有发生，反过来又成为鼓动乡民和族人黜奢崇俭、兴学育人的源动力。① 耕读传家与家学渊源，都不是转瞬而至的事情，它需要无数族人若干代的积累和出气出力的参与。譬如，延请名师任教和修建私塾的事实，足以证明家族在兴学育人上的实与有力；在具体的办学实践中，教学方法的选择、教学内容的增删、收费标准的确定，皆依据族人和乡民的实际来进行，三个私塾的情况迥然不同，可谓达权知变地服务乡民的最好注脚。马氏家族在化民成俗上的事功，可与江南人家的耕读传家相提并论，可以传世的不是财产、房屋和土地，而是流传的诗书礼节。

对于不以读书求功名的家族女子来说，家族也为她们订立了重要的修行课题。家族中的叔娘是姐姐妹妹们的家庭老师，除了进行必要的洒扫应对和礼仪培训之外，还引导她们学针线和刺绣，做袜带和绣手绢枕头，折衣裳和洗衣被，生活各方面都有族中妇女长辈的范导。这一点与教育发生学的所述何其相似，家庭教育将家族长期积淀的价值观念、行为模式整体传递给下一代，使其立身处世、价值追求都烙上家族伦理文化印迹，达到个体对民间伦理共同体的深刻理解与认同，并将伦理文化内化为自身的一部分，完成个体社会化的所有规定动作。

四、文化底色：教育展开的根据

个体身处在伦理共同体之中，要面对特殊的伦理文化，其早期的文化经验必然在个体的灵魂深处刻下深深的印记，成为他们未来人生道路

---

① 马邦兴和杨光英夫妇二人在做代课教师时，其微薄收入根本资助不了考上中专的儿子马亚铭和在西安电子科技大学读书的儿子马家君，遂辞职另谋出路。由于不会干农活，先后干过照相、泥瓦匠，去浙江打工、广东当缝纫工，心里只想着为儿子积攒攻读学业的耗费。

的文化底色。从乡民之中走出的学子，除自然基因的传承之外，必然受制于文化基因的递延，即共同体的伦理文化是他们的母腹，是个体及其命运经受锻打的铁砧。在审视这个"期望集"时，我们力图做些努力，将每一个乡民归附在伦理共同体的麾下，成为迁兰变鲍的"我族我类"。我们将改造的目光投向民间，借此提出若干伦理共同体构建与修复的计策，使耕读传家的教育传统能够深植在乡民心中，从而达到植善倾恶、不教而教的目的。

（1）发扬族谱增光祖望、辨别世系的功能，引导乡民在颂扬祖德、敬祖向善的同时，可以回望当下的生活历程，反思做人行世的道理，在祖先懿德的感召和现实道德榜样的启发之下，力争建成和宗睦族、联络疏远、稳定秩序的德性"培养基"，以达到彰显祖先善举恩荣和有效治理乡村的目的。

（2）在家族的教育功能有所弱化之时，必须采取补救和修复之策。在肯定穴塘坎熟人社会的自发秩序的同时，回望更为开阔的创制秩序对于伦理共同体建构的力量。充分肯定耕读传家的教育传统对于家族伦理秩序的维护，并以伦理共同体的生活作为利益冲突的消弭之计。

（3）可借助新农村道德建设的东风，将穴塘坎安宁有序、一心向化的道德风貌作为样本，吸引研究者来此探察究竟，为乡村治理和思想进阶提供别样的新思维。亦可以穴塘坎为中心，设置资助面广泛的助学基金，激励师范生返乡任教，使其达到良好的道德接力和学术循环。

（4）可以考虑建设穴塘坎马氏家族学业成就的陈列馆，[①] 重点陈列为国家和民族的解放事业、建设事业做出特别贡献的家族知识分子，

_____

① 穴塘坎马氏家族在咸丰同治年间曾建有祠堂，后在清末民初毁掉。觉林村村委会主任唐杰建议建立一个马氏家族的事迹陈列馆，陈列马费成等人的学术成就。因为"举贤避亲"的缘故，此举遭到马费成的哥哥马龄的反对。觉林村徐支书叫马龄拉6万元的赞助款来建陈列馆，但又遭到镇书记的反对。

其功能等同于旧时的家族祠堂，它既可以满足人们的报本反始之心与尊祖敬宗之意，又可以使它成为物化的马氏家谱，起到道德教化和移风崇教的作用。

从行政建制的序列上来看，穴塘坎与和枰这两个村民组共同构成觉林村，可谓是真正最底层的"民间"。我们深究穴塘坎耕读传家的教育传统和文化习俗，意在揭橥以穴塘坎为文化地理空间，以马氏家族为单位的兴学育人、耕读结合的民间教育模型。农耕是家庭家族生存繁衍的根基，读书问学是家族兴旺发达的保障，是家族成员晋升的阶梯。作为一种伦理文化定势，耕读传家强调的是共同体的伦理道德规范、崇文慕学的风气。在家族记忆的图式中，一些高才大学的共同体成员发挥了标志性的作用，成为共同体可堪标榜的典范。据此，我们会在下节分析几位马氏家族的标杆性人物，试图破解共同体成员凭借学业成就来实现向上层流动的实践，以及对于耕读传家之教育习俗的维护。

第三节　马家上行流动的实践

家族作为一个基于血缘继嗣的群体，其发展不仅仅是一个世代繁衍的过程，同时也是一个不断地与地域社会互动的过程。本节实际上以家族的知识精英作为研究的切入点，探讨他们在家族振兴和上层流动上的事功，从而推知家族的关键性人物对于民间伦理共同体的文化贡献。这里把家族向上流动视为家族振兴的途径，那家族向上流动的途径是什么？有关教育的制度性因素在家族上行流动中发挥怎样的作用？我们将以穴塘坎马氏家族的五个代表性人物为例，从他们的口述中察知其在各自历史年代努力以谋求上层流动的实践。

什么是社会流动？它指个人、家庭或群体在社会等级或者分层系统中的运动。① 如果流动只有职业的改变而无社会阶层的改变，就是"水平运动"，本节主要关注因流动而发生的社会阶层的改变，即"垂直流动"，本书也只研究"上行流动"而不涉及"下行流动"，旨在探察穴塘坎马氏家族个体从一个较低的社会阶层渗入一个较高社会阶层的途径，以及上升后的家族成员对于家族共同体的贡献。所选的五个家族成员因为所处历史时空的殊异，其获取社会资源的机会和能力有所区别，故向上流动的路径亦表现殊异。这五位在不同领域获得"较高成就"的家族成员，实可化为一个类别，那就是家族的精英人物。

　　根据调研结果和文献参考，发现穴塘坎马氏家族若干代人始终保持了精英的产出和向上输送的通路，以便使家族能够得以在地域社会中保持较高的地位。就上行流动的途径而言，穴塘坎马氏家族没有受益于先赋性规则，而其上行流动主要是后致性规则的作用使然。② 换言之，马氏家族人文辈出，主要是家族成员依循教育来实现，教育成就是马氏家族强盛和发达的重要筹码。这里，我们着重探讨家族成员借科举、荐举和学校等流动通道，来完成向上流动的实情。③

一、马秉卿：承上启下的家族精英

　　马秉卿，字运德、号秉卿，旧时人称三老爷。生于 1882 年（清光绪八年·壬午）10 月 20 日，殁于 1951 年（辛卯）9 月。他的一生大

---

　　① 宗韵. 明代家族上行流动研究——以 1595 篇谱牒序跋所涉家族为案例 [M]. 上海：华东师范大学出版社，2009：18.

　　② 先赋性规则指的是个人地位的获得主要取决于其与生俱来的社会属性，即家庭背景；后致性规则则指的是个人地位的获得更多地取决于其后天的能力和努力，如个人受教育程度等。郭丛斌. 教育与代际流动 [M]. 北京：北京大学出版社，2009：3.

　　③ 一般认为业儒仕进是上行流动最主要和最重要的途径，之外，行医、经商、婚姻等也是社会流动的主要通道。当然，婚姻本身可能是上升或下降流动的一个重要来源，两个不同社会阶层家庭之间的通婚是社会流动的一个重要手段。穴塘坎马氏家族因婚姻关系而进入的家族成员，也是管窥其教育成就的视点。

致可以这样概括：苦难的身世、艰辛的跋涉、辉煌的成就、悲惨的结局。现据史实，拙记其事。

马秉卿出生于世代书香人家，其祖父马开凤饱诗书、擅医理、满腹经纶，从事实业，经常往返于川黔之间，阅历甚广；其伯父马琼林乃咸丰廪生，设馆育人，满门桃李，德高望重；其父马瑞林，文武兼备，同治癸酉科武举；光绪年间，姐夫安干夫、堂兄运富、胞兄运文、堂侄绍先等，历经县、府院各级考试，录为生员，俗称秀才相公。在这个老太爷、老爷群集的大家庭中，马秉卿早在襁褓之中就拣得一个"爷"的雅号，"三爷""小三爷"成了族中晚辈和时人对他的称呼。可是，美景不长。3 岁（乙酉·1885 年）时其父离世，10 岁（壬辰·1892 年）时其母去世，家庭的光景一落千丈。昔日的少爷降格为"寡丁崽""仨儿""马老三"，连衣食亦无着落。为了活命，他不得不在 11 岁时离乡背井，到湄潭永兴场胞姐家求生活。

胞姐家原住泥坝桥安家寨，早年举家迁往永兴场开商行。商行里是长辈当家，姐夫忙于商务常年外出，姐姐有繁忙的家务缠身，对年幼的弟弟，除关照生活的温饱之外，别的也无能为力。马秉卿白天在商行里打杂，夜晚则陪伴掌柜先生同眠。商行里人来人往，消息十分灵通。客商们的言谈举止，使马秉卿得以从中了解社会，汲取商海见识，渐渐领悟人生之道。随着年龄的增长，他主动为商友们干些力所能及的活儿，逐渐成了惹人喜欢的"小伙计"。闲时他以地板为纸、木炭为笔，向商客们学识字、学算账，诵记常用的运算歌诀。

13 岁时的一天，掌柜先生因事外出，突然运到大宗货物，姐夫的父亲安亲翁一人，要过秤、记账、累计数据、付款，忙得汗流浃背、气喘吁吁，真是不可开交。马秉卿自告奋勇来帮忙，用木炭在地板上记账，用"斤求两""两求斤"歌诀算款。最后总计结果，竟与安亲翁掌握的数据一致。这一举动赢来了商行内外人士的刮目相看，安亲翁也很高兴。以后，大凡收发货物太忙时，便叫他来帮忙，通过一段时间的观察，老人放心于马秉卿。之后便借两砣洋纱（机制细棉纱）让他自己去独闯天下，以后只还本钱（当时市价，1 砣洋纱折银币 12 元）。

从此，马秉卿就凭两砣细纱、一双草鞋，投身于商海之中，奔波于山径之上。他从永兴半夜动身，疾行 20 余华里到皂角桥时天才亮明，过水鸭子、翻衫树坳、涉十里溪，走完 30 余华里山路赶到偏刀水吃早饭。卖掉细纱，购置皮棉，背着往回走，到永兴已是半夜。小睡一阵，第二天将皮棉换细纱，再往偏刀水走。就这样夜以继日、风雨兼程两年，到 15 岁（1897 年）时，归还了安亲翁两砣细纱的本金，自己还余下银币 24 元。于是，马秉卿回到家乡继承祖业，1 间半房屋，120 挑谷子的田地（约 30 亩），继续从事贸易活动。赶场除了永兴、偏刀水，顺道赶天成塘、水鸭子、落花屯、松烟铺；收购货物，除了皮棉，还兼收生漆、五倍子、猪鬃、桐油等山货。沐雨栉风、披星戴月，在竞争激烈的商海里顶风劈浪，四年间，积累了一笔可观的资金。

19 岁（1901 年·辛丑）时，与凤冈花江村雷碧玉结为伉俪。此后，妻子在家经营田地，他改事骡马贸易活动，运山货出州过县，买骡马回乡销售，生意看好，本大利大。1908 年（戊申），雷氏难产辞世，丢下时年 6 岁的长女和刚出世的次女，马秉卿生意上也由此而惨遭挫折。既要顾及田地生产，又不甘心放下生意，在家里要照看 6 岁的女儿，又要顾及奶娃的抚育。既当爹又当妈，还要应付人世间频繁的交往，就这样艰难地蹚打了三四年。

1911 年（庚戌）娶三星闺秀毛肇珍续弦。毛肇珍之父毛文仲乃世袭县丞，与举人马瑞林同砚，曾立有婚约，只因举人与县丞早逝，致使此事搁浅。而今旧姻重缘，实乃家族幸事。毛肇珍知书识礼、客仪有度、操家理屋、事事在行。她养蚕取丝，在家开设取丝作坊，以市价广收蚕茧，用两台机子取丝，帮助马秉卿走出困境，重振旗鼓。马秉卿放弃骡马生意，运巢丝上贵阳、下涪陵，换皮匹及日用百货运回本地销售，生意越做越大，资金日益雄厚起来。

当时鸦片流行，不少上了瘾的财主用房屋、田地来换取现金购买鸦片吸食，这为马秉卿发家带来了客观机遇。到 1923 年（癸亥），他的房屋由原来的 1 间半增到 7 套（瓦房含猪圈牛栏，1 套供 1 户人居住）；田土由原来的 30 亩增至 300 亩，田客由 1 户增至 10 户；流动资金增至银币万余元，一跃而成穴塘坎的首户。

马秉卿富不忘本，以行善积德为乐。民国初年，为方便乡民和家人出行，他出资修建从穴塘坎到后坝土地庙的石板路；他用胞姐救他的方法，先后收养明英、东成、雪梅、兰香等孤儿，提供食宿、关照温饱，抚养其长大成人。他效仿安亲翁扶持他经商的方法，以免息还本的借贷方式帮助马运均、马运吉、马光发、马应宗、唐洪顺、张德顺、查炳清、赵丙章等亲友从事商业活动，到 20 世纪 40 年代他们中的多数人已具有相当的资本；对帮工按当时市价给予报酬，老帮工保生养死葬，如蔡喜、黎银州、耿吉安、马刘氏等病逝时均买棺木埋葬。他的 10 余家佃户，只按当时社会上流行的平分户量，从不收取押金。他与佃户、长工间建立起诚信友谊，长期和平共处；到 20 世纪 40 年代，如文绍文、罗炳臣、张德前、马光远等人已达到富农水平。

为亲友慷慨解囊是马秉卿的又一美德。1922 年，胞兄遭张刚武绑架，他不计前嫌，以银币 500 元将其赎回。1925 年初，凤冈县石莲河村望月岭商友薛治昌遭军阀部属唐营长绑架，他用大洋 700 余元救薛治昌脱险。同年松烟区长王可君被唐营长逮捕，又借千余银元帮其解危。

1933 年的一个赶集日，琊川街上镇压土匪，其中一嫌疑犯声嘶力竭哭喊："冤枉呀，我不是老二（土匪），救命呀……"在场群众虽同情却无能为力。正好马秉卿骑着骡子进街，闻讯立即驱鞭刑场，求民团刀下留人，表示愿承担经济损失。他找到区长傅永清，建议："暂押一日，经调查实是土匪再杀不迟，一切费用由我负责。"傅区长采纳建议，调查证实，此人确系土匪绑架来的绅良，是湄潭高坡人王先生。之后，高坡王先生来穴塘坎拜年，感谢救命之恩；马秉卿亦往高坡回拜。双方友好往来，直至抗战胜利。

马秉卿的一生特别尊重人才，他对塾师、医师、烤烟师、篾匠、工匠、木匠、熬糖匠等，均刮目相看、厚礼相待。

　　他对当地的又一贡献是复建穴塘坎私塾，延聘印江秀才田秋谭、廪生田锡光来教授自家儿女和乡邻子弟。他在龙门口修建书楼，为私塾提供场所，可容纳学子 20 余人。学生每人每年上交学费 12 块银元，贫家子弟则免费入学，其花费均由马秉卿赞助，彼时远近数十里的人家都送孩子前来就读。

　　马秉卿对自家儿女要求十分严格，他常告诫儿女们"万恶淫为首，百祸赌为先""施惠勿念，受恩莫忘""居家戒争讼，处事慎多言"，要求儿女们养成良好的品行，每逢大忙季节还让其参加农事劳动。到 20 世纪 30 年代，长子卒业于遵义旧制三中，次子就读于贵阳土木工程学校，长媳进入遵义女子中学，幺女上贵阳医士学校。1940 年，他的三子、四子以优异成绩考入国立浙江大学。

　　由于马秉卿的作为，穴塘坎的声誉日益提高，前辈人创立的家风又复兴起来。"马三老爷"成了时人对他的尊称。在他辞世四十余年后，穴塘坎马氏后昆为怀念他的创业精神，用对联这样称赞他：精打细算，两砣棉纱创家业；勤劳俭朴，一双草鞋奔市场。人们缅怀他的业绩，赞扬他：承祖志、设绛帐，呕心沥血为桑梓育材；继传统、乐善施，殚精竭虑扬善良家风。他光明磊落的一生，成了马氏家族后裔效法的楷模。还有一联赞其一生的贡献：绛帐家声远，勤俭祖德长。

　　马秉卿的成就算是创造了那个时代的辉煌，但他也有遗憾，那就是两个未圆的梦。早年，他曾打算把家迁到城市里去，走亦商亦农的发财之道。为了实现这个理想，他把每次购货后的余款存入到贵阳商友刘心斋的商号里。从清末到 1923 年，十余年间本利已近万余银元。为给二女儿准备婚事，他回到家乡正遇多事之秋，为营救马运文、薛治昌、王可君这些遇难亲友，耗银 2000 余元。1925 年遭匪抢劫，给女儿准备的嫁妆悉数被劫一空，还有两子两侄一侄孙被绑架。为营救亲人又花去数千大洋。如此折腾，用于商业活动的流动资金消失殆尽。1930 年到贵阳取存款，对方昧良心赖账。在贵阳打了一年官司，官司获胜银钱却花光。就这样 35 年来的心血耗尽，苦心经营的实业破产，迁居之梦破灭。

他之后为了儿孙们上学读书的巨额开销，常常找马应宗、马光发、张德顺、唐洪顺等商友挪借，然后再卖谷子、卖树木、典田地，东拼西凑来奉还。加之市场混乱、物价不稳和社会不安定，币制贬值常常使他焦头烂额，勉力支撑。

中华人民共和国成立前马秉卿最疼爱的幺子在上海加入共产党，使一子一婿、一侄一侄孙弃官逃难外地。中华人民共和国成立初期，两子一女两孙参加革命，亲友中很多晚辈相继走上革命之路。土匪猖獗时期，他站出来劝诫家族成员及乡邻不当匪、不参加叛乱，安分守己过日子。毛八爷率领的中共武工队路过，他热忱招待并赠与盘缠。1950 年 6月，松烟乡人民政府成立，他带头补交公粮，购买折食公债，并按政府要求自动交出当年种收的全部鸦片，以实际行动来支持儿孙走向革命道路和当好革命家属。后来按"二五减租"政策清算 3 年租谷和帮工帮粮，他按政府规定交出了除房产、地产以外的全部零星财物赔偿剥削债。土改时，亦完好无损地交出全部房屋、田地、山林的数据及契约、字据，让政府清点并如数没收。当他交出全部财产后，仍然没有圆"开明绅士"的梦，带着这份遗憾匆匆离世。

近年清明时节，不少老翁、老太太络绎不绝地来到马秉卿的墓地，焚香化纸，追悔当年的鲁莽行为。据马光达、王克武回忆，土改时，农会在屯鸡毛李泽楷家挖出 1 枚大锭、5 块大洋。工作组为了扩大战果，宣传成 5 个大锭、50 块大洋。遂下达指标，要求每户财主家交出多少大锭和大洋。有些同志为了马秉卿不吃肉体亏，假称是马秉卿交的。谁料工作组不依，要求"宜将剩勇追穷寇"，接下来即是惨无人道的武斗。好心帮了倒忙，将他逼上绝路，这也成为这些好心人内心永远的伤痛。

马秉卿身处一个社会制度交替的时代，但其本质是一个传统的农业社会，自给自足是这个社会的基本特征。在这个社会形态中，作为地方显赫家族的未成年人，一个官场武举的后代，本可以依靠世袭的方式来获得社会资源、生存能力和社会地位，可是，由于家庭的变故，其先赋性规则没有得到发挥，期望通过科举考试的道路中断，并沦落到寄人篱下的地步。后来到永兴姐姐家当学徒，由于其勤学好问的品行和精明强干的能力，奠定了他经商兴业的基础。

由前述可知，即便代际流动的管道较为通畅，但马秉卿受制于经济的窘迫，未能接受更多的正规教育，实际缺失教育的后致性因素，欲借教育来完成社会流动的可能性不大，代际流动的障碍难以跨越。于是，马秉卿选择了一条不同寻常的"出人头地"之路。他在学徒期间，耳闻目睹了商场的运作，初步掌握了商品买卖的基本规律，激发了他有志于献身商界的兴趣。后来，凭借"卖纱换棉""卖棉换纱"的苦力贩卖，终于积累了成家立业的本金，并由此获得向上流动的动力。其间，伦理共同体的德性启发和自身的德性修炼，也是其成功的重要前提。

他贩山货、贩骡马，开始一个个新的商贸实践活动；他的前任妻子早逝，家庭拖累使他无力经商；后任妻子毛肇珍养蚕取丝、开设作坊，成了他最好的帮手，顺利渡过最难关。之后贩运缫丝到贵阳和涪陵，家业得到空前的发展，最后领有7套房屋、300亩田地、佃户10家、万余银元的家业，在经济上成为穴塘坎的高门大户。由此，我们可以看到身处弱势地位的乡民，其社会地位并非恒定不变的，经由经济的通道实际也完成了向上流动。

最值得注意的是，马秉卿倾注全力来资助子女读书，由于家庭的变故和经营的不善，后期实际在借债供养子女读书，但是始终没有中辍他们的学业。这是先祖留给马秉卿的启示，经由教育来改变家庭、家族的命运。马秉卿虽然没有受过系统的、正规的学校教育，但是他善于学习、借鉴和反思，在实践中完成了对于经商行业的必备知识的掌握，使他更加确认文化是个人命运改变的关键变量。所有子女都接受了那个时代相对较好的学校教育，为家族的上行流动奠定了坚实的根基。①

---

① 马秉卿曾有迁居城市的念头，希望城市经商和农村务农两不误，实际是出于对家族后辈易于读书发展的考虑，可是拯救乡亲和贵阳官司的耗费，使他苦心经营的实业遭遇坎坷，其经由迁居完成上行流动的设想破灭。

马秉卿对儿女要求严格，常常用言语来鼓励和劝勉他们。在多事之秋，为了拯救村民免受入狱之苦，花了很多钱财赎回他们，用于商业流动的资金几乎全部花光，这种仗义疏财、轻财好施的品格，深刻地影响着家族后嗣的人格。之后，他支持儿孙参加革命、带头交公粮、交字约契据的行动，是其甘做"开明绅士"的表现。应该说，马开凤门下的马瑞林支系，经由短暂的低谷之后，在马秉卿这一代开始迎来了转机，① 他的上层流动的路径，有别于传统的教育路径，在马氏家族的演进史上是值得肯定的创造性实践。

二、马印秦：力争上游的家族女子

20 世纪二三十年代，在穷乡僻壤的封建乡村里，一个女孩子想要到县城或省城读书求学，若其家长的思想甘贫守分，是不可能提供这样的学习机会的。然而，马印秦的父母还算是开化的家长，这在那个时代是难能可贵的。

马印秦 5 岁时入私塾学习，到 10 岁时因家里遭土匪抢劫，私塾停办而辍学。在私塾就读的五年中，除阅读十余种杂书之外，亦读到《幼学琼林》和《四书》，她坦言自己当时只求认得字句、背熟字句，并未理解其间的深意。有段时间因她的五哥在家自学，亦跟着兄长阅读部分古文篇目。

14 岁时到湄潭皂角桥进女子小学读书，两年后毕业又辍学在家。当时马印秦听闻亲戚中的女孩子到遵义女子中学读书，遂萌发外出求学的想法。当年六哥、七弟们已去贵阳读中学，她便向父母要求到省城读书，未获同意。直到 1935 年，才与田蕴深同路去贵阳，考入达德中学

---

① 马秉卿的父亲马瑞林，家境颇为殷实，传说其少时读经史过目成诵，著诗文出口成章，稍年长还能随其父马开凤到四川读书，学成归省乡试，1873 年考中癸酉科武举。但因为他去世较早，家道败落，马瑞林实际为马秉卿留下的只有举人功名的光环。

学习。因该校系私立中学，又是男女合校，故第二年转入省立女子中学，1937 年毕业时又考入贵阳女子后期师范。1938 年暑期在父母的强迫下，回家与皂角桥的田兴业结婚，1939 年生下大女儿，满月后便将孩子安顿在家里再去贵阳。当时她想到女师复学，殊不知女师因抗战已搬迁到花溪青岩，只好报考一个临时训练团——国民党办的边远农村三民主义青年宣传团。考取后已将一切入团手续办妥，但她的五哥到贵阳后不同意她去，故只好放弃进入临时训练团。同年她再考入省立高级医士职业学校，攻读医士班。三年级时在省立医院的病房实习，当时日本飞机频繁轰炸贵阳城区，医院规定需将病人立即转移到安全区，且医护人员不得离开病房。她只好弃学回乡，在皂角桥女子小学教书直至中华人民共和国成立前夕。

1951 年，她经村、乡人民政府介绍到湄潭县城考取小学教师，被分配到黄家坝区完全小学教书。1952 年寒假，县里组织教师开展爱国卫生运动，县医院院长黎审夫发现马印秦是学医的，问其是否乐于从事卫生工作，马印秦答复组织愿意服从调遣。于是 1953 年她被调入县卫生部门。

马印秦系穴塘坎马秉卿的第三个女儿，字光碧，号印秦，生于1915 年（乙卯）10 月 10 日。1953 年开始从事医务工作，敬领导、睦同事，勤工作、重事业，谦虚谨慎、任劳任怨数十年，在湄潭县卫生防疫站作出了突出的贡献。退休后赴贵阳老龄大学进修数年，习书作画，成绩斐然。今虽已耄耋高龄，仍坚持健身活动、看书学习、写字绘画。她有后裔三代十余人，子孙两代学业有成，在各自的工作岗位上贡献颇丰。长期以来，马印秦对乡亲体贴入微、情深义重。

马龄在他家里给我摆谈到他无比佩服的姑姑马印秦时，称她是一个时代的奇女子。在并不开明的穴塘坎，5 岁时就能在父亲的庇护下入私塾念书，当是她的福祉。可是她的前半生并没有那么顺利，10 岁时家里遭难致私塾停办而中断她的学业，这是第一次外力干扰她的学业；14 岁在湄潭皂角桥入读女子小学，毕业后想继续升读遵义女子中学或贵阳希望中学，竟未获父母的同意，这是第二次外力干扰她的学业；1935年后依次在贵阳达德中学、贵州省立女子中学、贵阳女子后期师范学习，1938年受父母之命回家成亲，这是第三次外力干扰她的学业。

她生下大女儿满月后，立即赶到贵阳希望在女师复学，因故报考临时训练团，因她五哥的阻挠未能成行，这是第四次外力干扰她的学业。之后考入省立高级医士职业学校的医士班，实习阶段因战争的因素弃学回家，这是第五次外力干扰她的学业。如此，她27岁之前的求学人生真是不易，这主要是所处时代的社会动荡所致，它使一位女子的求学梦始终未能如愿。值得深究的是，她面对困难不气馁、不妥协的品格，有没有家严的督促？她的学业理想是什么？是什么推动她在五次外力干扰的情形之下（家庭自身和社会因素等），依然勉力向学，其间有没有祖上学业成功的提示？

实际上，马印秦读书求学的年代，虽然是一个典型的农业社会，但是她所在的家庭和家族在地方上有一定的影响力，家境殷实、声望良好、祖上功名等因素是家族子弟勉力勤学的基础。家族成员欲安排马印秦借助婚姻继续完成社会流动的道路，她本人实际并没有采纳。因为返回湄潭之后她考入完全小学任教，开始了她为时两年的教学生活。其间，可以非常清晰地看到她经由教育这个常规通道，在社会急剧变革的时代找到安身立命之所，完成向上流动的实践。

因为马印秦延年长寿，马氏家族后代时常还能听到她关于家族故事的讲述，这实际也在影响着后代子孙。她在湄潭县卫生防疫站的工作，敬职敬业，深得同事和百姓的称道。她出来工作后，对家族中年轻的同辈和晚辈多有经济上的资助和道义上的关怀，对他们的学业、事业都有辅助之功。可以说，马印秦在穴塘坎家族共同体的构建中是一个道德模范，很好地扮演了她作为家族女子精英的角色。

三、马光煌：书香人家的教育异数

马光煌，参加革命后改名毛达志，中共党员，剧作家，一级编剧，中国戏剧家协会会员，河北省戏剧家协会顾问，河北省政协第四、五届委员，河北省京剧协会艺术顾问。多册文艺家词典里均载有《毛达志传》。

马光煌于 1921 年（庚申）11 月 29 日出生于余庆县松烟区穴塘坎。少时就读于湄潭皂角桥小学，1935 年起先后进入贵阳市达德中学、贵阳高级中学学习。1940 年考入浙江大学理学院物理系学习，1944 年夏又到文学院历史系攻读英法史两年。1946 年到上海南光中学任教。因痛恨国民党贪污腐败、发动内战的反动行为，遂积极支持学生反内战、反饥饿、反迫害的运动。1948 年 6 月，为避免国民党的搜捕，在中共地下党的策划、组织下，他与交通大学的学生辗转到达河北老解放区。当年 8 月到华北联合大学政治班进修，11 月到石家庄市教育局任《大众教育》编辑。1954 年到石家庄市文化局任艺术科长兼剧组目组长。1959 年调河北省戏曲研究室任研究员。"文化大革命"期间下放农村插队劳动。1972 年调河北省京剧院任剧目组长。1982 年调河北省艺术研究所任一级编剧。1988 年秋离职休养。

马光煌自 1954 年从事文化工作后，共出版了 30 多个剧本；发表百余篇戏剧、电影评论文章；出版了几本剧史资料。主要剧本有：历史故事剧《空印盒》《赶女婿》《白罗衫》《买凤簪》《丫环传奇》《渭水河》《扯伞》；现代生活剧《严峻的考验》《水库颂》《桥头镇》《月照东城》等。代表作《空印盒》在 1957 年 11 月由石家庄丝弦剧团在北京首次公演，获得了首都广大群众和文艺界的好评。《人民日报》《北京日报》《文艺报》《光明日报》等都发表了报道和评论文章。戏剧评论家张真在《人民日报》上发表的《谈丝弦戏空印盒》一文中写道："剧本结构精严，构思巧妙，每场都有引人入胜的戏剧冲突。人物形象突出，性格鲜明，栩栩如生。语言十分丰富，生动活泼，处处洋溢着生活气息。"① 著名大作家曹禺称 "空印盒是个很成功的戏"。

1957 年 11 月下旬，石家庄丝弦剧团进入中南海怀仁堂向党和国家领导人汇报演出《空印盒》。演毕，马光煌和剧团演员受到了周恩来、邓小平、朱德、李富春、陈毅、贺龙等领导人的接见，周总理还为剧团题词。次年，《空印盒》随总理赴朝鲜演出。1960 年，《空印盒》由长春制片厂拍成电影。《丫环传奇》是 1985 年马光煌创作的剧本，1986 年由上海制片厂改编并拍成电影。此外，他还从事戏剧史研究，20 世纪 60 年代初出版了《河北梆子史料集》（天津百花出版社）。1982 年撰写了《河北梆子简史》，1984 年获全国首届戏剧理论著作奖。

马光煌与胞兄马光灼同在浙大念书，可是兄弟二人的人生路径却是迥然不同。② 人们对他的改名也颇多不解，似乎有悖祖宗的教导。可是在那个特定的年代，一个传统的乡绅家庭，选择与父辈不同的道路，是不是有不愿牵涉家庭的初衷？还是从事文艺工作人士的时髦之举？马光煌没有讲述原因，马氏家族后代似乎也并不深究其原委，在特殊时期马光煌参加革命的事实，一度让家族解除困境，被认定是革命家属。

马光煌和他的胞姐马印秦的求学历程颇多相似之处，均在湄潭皂角桥念书，之后远赴贵阳入读达德中学和贵阳高级中学，这对于彼时远离中心城市的穴塘坎，是十分不易的举动。③ 实际上在 20 世纪 30 年代开

---

① 马龄编撰. 穴塘坎马氏族谱（1658—2000）［Z］. 油印本，2000.

② 马光灼曾任贵州省农科院果蔬研究所所长、研究员，他 1944 年毕业于浙江大学园艺系，是贵州省著名的园艺科学家，对贵州果蔬栽培育种和技术推广的贡献卓著。他一生十分节俭，不抽烟、不饮酒、不喝茶，长期用自己的薪金无私资助侄儿侄女及亲友；晚年把主要精力用于扶持提携年轻的科研工作者。

③ 笔者的表伯谭科模，是与马光煌前后到贵阳入读的湄潭同学，谭科模考入贵阳一中，毕业后又考入国立贵州大学，成为张汝舟的得意弟子。谭科模的家庭是一个较为殷实的富裕人家，那个年代能供养孩子到贵阳念书，那是十分不易之事，除了家族长辈有眼光之外，还要有经济实力或家族资助来供养。从谭科模的例子中可以推知马光煌当时的家庭情况。

始走下坡路的马家，其父经营的实业遭遇破产，几个马家孩子赴省城、县城念书的巨额开销，使马光煌的父亲左右为难。这种靠典当家中值钱物品来供养马光煌兄弟姊妹念书的举动，至今还在激励着马氏家族的后人，无论怎样的艰难困境，一定得把读书求学放在至上的高度。作为幼子，马秉卿对他倾注了颇多的爱怜。不想这个昔日的宝贝在上海参加共产党，把老人安排的上行路线彻底推翻，一度还影响了家族中在国民政府任职的官员，因担心连带责任和牵连而逃亡异乡，令人唏嘘不已。

马光煌原本在浙江大学攻读物理，后因兴趣使然改读历史，毕业后在上海任教即支持学生反内战、反饥饿、反迫害，实际参加了地下党的革命活动，之后在党组织的安排下前赴河北解放区，自此从事革命文艺工作，最终成为一名在戏剧艺术上颇有建树的戏剧家。一生撰写了30多个老百姓喜闻乐见的剧本。譬如，《空印盒》曾在北京公演，戏剧家曹禺曾给予非常高的评价，《人民日报》和《光明日报》亦发表了评论文章。其中，《空印盒》和《丫环传奇》分别由长春电影制片厂和上海电影制片厂拍成电影公映。

审视马光煌的艺术人生，虽然与家族父兄的期待背离，但实际是一条经由教育完成上行流动的道路。由于特定的历史境遇，个体的生存策略、思想境界、天性禀赋、求学动机都会因应社会发展的脉络，而显现为有别于乡村传统士绅家庭的价值观。虽然，马光煌接受的教育完整，之后与家族的联系并不疏离，但毕竟他的选择独树一帜，其不凡的志向，其实是教育本身的结果。是教育使他获得对于"革命"的独得之见，从而在上行流动的实践中与胞兄马光灼的选择显现为典型的"同门异户"。从马光煌一生的选择来看，他没有被动地接受前辈的教导，而是积极地接受同时代的先进文化的影响，如果用玛格丽特·米德的文化传递的类型来解释，那就是马光煌受"并喻文化"的影响远胜过

"前喻文化"。①

四、马龄：千磨百折的乡村教师②

马龄本人称他们那一代人是从毛泽东主席时代走过来的，那个时代的特点，毛主席把它概括为"一穷二白"。"穷"即是经济落后，很多人没有解决温饱问题；"白"指科技文化落后，文盲比例很高。新中国是在旧中国那个千疮百孔的烂摊子上建立起来的，中华人民共和国成立初期百废待兴，在一穷二白的基础上搞建设，困难之多，是不堪设想的。党号召全国人民"鼓足干劲，力争上游，多快好省地建设社会主义"。那个时代的精神面貌，就主流而言，就是全心全意为人民服务；就是见困难就上，见荣誉就让，见先进就学，见后进就帮；就是无条件地奉献自己的一切。那个时代的又一特点是阶级斗争扩大化，出身不好的人，除了积极工作、积极劳动、积极参加社会实践外，其改造思想、脱胎换骨，也是一项迫切的任务。

1950 年冬的清匪反霸斗争和 1951 年夏秋的土地改革运动，马龄在关兴、松烟等地接受了实际锻炼，在党的教育下，产生了追求进步的理

---

① 1970 年美国学者玛格丽特·米德在《文化与承诺：一项有关代沟问题的研究》一书中，从文化传递的方式出发将整个人类的文化划分为三种基本类型：前喻文化、并喻文化和后喻文化。前喻文化是指晚辈主要向前辈学习，并喻文化是指晚辈和长辈的学习都发生在同辈人之间；后喻文化是指前辈反过来向晚辈学习。[美] 玛格丽特·米德. 文化与承诺：一项有关代沟问题的研究 [M]. 周晓虹，周怡，译. 石家庄：河北人民出版社，1987：1. 透过马光煌一例，我们还可以思考："前喻文化"的传递模式在特殊年代能否担当起家族教化的重任？

② 马龄用"逆境中的追求"为题来追溯自己不堪回首的一生。笔者曾到马龄所在的敖溪小学的家中访问，马龄及其夫人冯政煌接待了我们。马龄讲述了自己一生的坎坷境遇，马氏家族祖上兴学育人的故事，以及对于"博士寨"名称的看法。当笔者就此称谓求证马龄时，他不太同意。认为那是媒体和村委会唐杰一拨人弄出来的。对于穴塘坎马氏家族出了十二个博士的说法，他也说恐怕没有那么多，有些无法证实。之后，他出示马瑞林支系的五服图，逐一讲述在外学子的详情。

想。1952 年初的"三反集训"结束后，县文教科保送包括他在内的 5
人到镇远深造，后被分配到镇远中学学习，1954 年 3 月入团，同年秋
考入贵阳民族师范学校。1955 年马龄递交入党申请书，迎来了组织的
考察和考验。同年夏，受学校的委托，护送重病危急的侗族同学潘万烈
回天柱邦洞。他步行千里把潘万烈安全送到家，圆满完成了任务。回到
贵阳后受到团市委的嘉奖和省民委首长的接见，并被邀请到家作客，表
扬他"为民族团结立了一功"。1957 年秋毕业后，被分配回余庆县当小
学教师。在同年冬的反右斗争中，省民委的两位首长欧百川、王天锡成
了资产阶级右派分子，马龄因两年前曾获一次接见殊荣而受到牵连，
1958 年 3 月被定为"中右"，被整风大会临时支部开除团籍。1960 年，
前述两位民族代表人物脱去"右派分子"的帽子，而马龄这个受牵连
的人却无人过问，在逆境中磨炼了整整二十二年，苦苦追求二十二年。

在这个特殊环境中，要接受思想改造，进行脱胎换骨的磨炼。这种
磨炼，马龄将它归纳为四个方面：一是拼命地做好本职工作，承受当时
两三个人的工作量，教乱班、教差班、复式班和高年级全部课程的包
班，圆圆满满，不折不扣地完成领导交给的工作任务；二是业余做社会
工作；三是节假日积极参加体力劳动；四是定期接受群众批判。在这个
特殊的环境里，马龄的思想没有消沉，苦苦地追求着一个理想的梦：梦
想撤销处分、改正结论、恢复团籍；梦想为社会主义教育事业奋斗到最
后一口气时，党组织能赐以一个符合实际的盖棺定论，因此他时时刻刻
梦想立功。

1960 年，龙溪中学停办，马龄被下放到乌江边上的关塘小学教书。
关塘公社党委、干部和群众对他十分关心，把他当成"宝贝"。马龄也
知道他的问题属于人民内部矛盾，尽管不可能入党，但申请是许可的。
所以从 1960 年初到 1966 年秋"四清运动"开始前的七年中，每年
"七一"他都上交一份"入党申请书"，申诉自己对于"盖棺定论"的
渴求，以及一年来思想改造的心得。组织给予了更多的信任、考验和培
养，也给了他更多的锻炼，让他接触到较多的社会工作。假期，吸收他

参加面上社教，让他到天景水库工地服务。特殊的境遇强化了他"立功"的念想，"立功"成了他的精神支柱。在立功念想的支配下，马龄除坚持圆满做好本职工作外，还做了不少好事，也做过一点蠢事。

好事如抵制私塾回潮，建立红领巾投递站，帮助清江、龙坪建立民办小学等。20世纪60年代初的"三年困难时期"，学校减少，县内很多地方办起了私塾。龙坪大队在园坪办了私塾，关塘公社3个大队34个生产队有三分之二在酝酿此事，关塘小学处在这种舆论包围之中，大有黑云压城城欲摧之势。当时不少同事，甚至主管领导，都错估形势，把这看成一种潮流，抱着"多一事不如少一事"的态度，不闻不问。马龄却认为那是旧习惯势力回潮的表现；同时认识到办垮学校，教师是有罪的。他的这个看法赢得了关塘公社全体共产党员的认同。1962年在公社党委的支持下，他挺身而出抓了抵制私塾回潮的工作。对内，签订《三包保质合同》——家长包子女上学、学生包遵守纪律、教师包教学质量——制止了私塾的增加，巩固了关塘小学这块社会主义教育阵地。对外，针对已办起来的园坪私塾，借用土地改革时期对富农"利用、限制、改造"的政策，即利用其教民识字的积极性；限制教材，不准使用封建思想浓厚的教材；将其改造成为民办小学，并用这样成功的经验帮助清江、龙坪建成民办小学。《余庆县志》第715页这样记载："1961年，由于经济困难，学校减少，私塾复萌。1963年8月，县文教局贯彻教育部'不要轻易取缔，也不要放任不管'的指示，推广关塘'私塾转民办'的经验，年底多数私塾改并为民办小学。"①

马龄认为自己干的蠢事是给群众治病。当时农村缺医少药，群众患了病就信神信鬼，一时间巫医、神婆横行乡里。他不满这种状况，业余抽空用针灸、草药义务为群众治病，深受当地干部、群众欢迎。后来在"文化大革命"中，这事竟成了"拉拢、腐蚀贫下中农，搞和平演变"的罪状，差点儿因此被定罪判刑。

---

① 余庆县志编委. 余庆县志［M］. 北京：方志出版社，2009：715.

　　直到 1977 年 11 月出席余庆县"教先会"，马龄工作二十年来第一次获得社会承认。1978 年 12 月，中共十一届三中全会为他脱离冤海、跨出逆境、挺起腰板来做人提供了政策保障。1979 年 3 月，县委为他平反，改正结论，恢复团籍，5 月 4 日计 25 年团龄光荣退团；1985 年，任县政协委员，同年 11 月加入中国共产党；1989 年，共青团贵州省委授予其少先队优秀辅导员称号；1992 年，被评为遵义地区关心下一代先进工作者。马龄称很多荣誉接踵而来，真有"盛名之下，其实难副"之感。

　　从对马龄的记述来看，他的人生经历远比其胞弟马费成坎坷。他的家庭在那个年代经历了太多的变故。其父马光炯读书人出身，因为曾在旧政府里做过事，其阶级成分对马龄的前半生颇多负面影响。马光炯少时即跟从印江秀才田秋谭学习《三字经》《百家姓》《幼学琼林》《朱子家训》等启蒙书籍，后又随印江廪生田锡箔光学习《四书》《诗经》《书经》，后又考入湄潭永兴学堂。后家道败落，但马龄的爷爷马秉卿仍然支持长子的学业，后得以考入遵义的旧制三中学习，以 28 期榜首的学业成绩毕业，与遵义女子中学的学生田兴鹏结为伉俪。① 之后马光炯受聘在湄潭皂角桥小学，担任训育主任。后因入贵州省训团合作干部训练班，被派到余庆任合作指导室主任和合作金库监事会主席。后又任县财政科长、县会计室主任、县临时参议会议员、县教育科长。后隐居在穴塘坎，足不出户，整日帮助子女和侄儿侄女补习功课。

　　马龄的父亲退居穴塘坎的时候，马龄只是 14 岁的少年，其父对他

---

　　① 田兴鹏早年毕业于遵义女子中学，后在琊川等地任教。辛勤作育后生，颇得学生的爱戴。她喜欢作诗，从她的诗歌里面可以看出对人生际遇的嗟叹。她在《思念》一诗中透露了难以尽述的心情："丈夫远门，客死他乡。七儿女分住贵阳、遵义、凤冈、水城、武汉、龙溪，几十年未能团圆。"其中还有两句这样写道："千里修书是为何？耄耋之年无着落。南北东西距千里，住在哪里心安落？"从马龄的母亲早年奔波流离，晚年丧偶到各儿女家小住，可以推知她艰难困苦的一生，哺育儿女、教化子孙，作为婚姻关系进入家族内部，实际对家族的壮大和教育传统的接续贡献重大。

和同辈的学业影响应该可以估计。马龄的两个叔叔彼时已从浙江大学毕业参加工作，对他亦有学业成就的激发动机生成。他的父亲本来经由教育的上行流动，因为社会的变革而生发变故。之后，解放初期，县长曾邀请他出来赴任，曾任黄平银行的副行长，后因故又回乡赋闲。从这个经历可以看出，家族的变动不堪使得马龄自小并没有优渥的家世可以依傍。肃反时其父被定为"历史反革命分子"，送往务川汞矿劳改。1960年去世时，时年25岁的马龄在关塘小学任教。

马龄的父母均是知识分子，其家庭的文明开化是常人家庭无法比拟的，少时随父母念书，后接受师范教育，表现一贯优秀。可是后来因为受到"右派"领导的牵连，被定为"中右"分子长达22年。不过，马龄心怀一个梦想，希望有遭之日国家可以给他平反翻案。在这样的信念之下勤奋工作、任劳任怨，他没有干出惊天动地的大事，但在抵制私塾回潮，建立红领巾投递站，协助清江、龙坪建立民办小学等事项上做出了突出的贡献。他教学认真负责，很有爱心，曾获共青团省委和地区"关协"的表彰。

从《马氏族谱》的编撰动因，可以看出马龄等家族成员的善良愿望。他清楚自己家族的发迹史，清楚马氏家族在穴塘坎及周边颇具声望的原因，以及家庭发展因时代变化迎来的契机。所以，他和族中各支系联合，决定编写族谱来教化后人，为家族的光大尽一份心力。他自小感受到家学渊源的氛围和其父母的耳提面命，在家庭兴学育人的提示下，曾试图经由教育来改变人生境况，从而完成他上行流动的历史使命。可惜天意错会，他没有享受到家族预制的先赋性规则，从而一生在乡村教师的岗位上克尽厥职，默默地培育着农家子弟。

马龄说，在入黔三世祖马登荣时，就定了一个规矩：小孩子读书，大孩子干活。这看上去是一个非常普通的规定。但是童年在农村生活过的人就明白，在家里的劳动力和人手不够的时候，农家的娃娃总是会很早就打柴、放牛、割猪草，以便为父母和家庭分担一部分工作量。穴塘坎马氏家族作此规定的意义在于，申明读书求学在家族中的地位，并敦促各家各户养成晴耕雨读、折节读书的风习。

到了五世祖"起"字辈的时候，马氏家族又定了一个规矩，不仅仅男孩要读书，女孩子也要读书；无论嫁姑爷还是娶媳妇，都要首选读书人。这是一个非常重要的信息。我们在考察马氏家族的家风家教时，并未得到较为完整的表述，其描述形态多为口碑相传。在何种意义上宣称马氏家族是一个注重门楣和兴学的家族？五世祖时的新规可以很好地证明这个问题。"起"字辈在 18 世纪即有男孩女孩齐读书的思想，在我们考察社会流动时，是一个值得深究的现象。婚姻也是社会流动的路径，"首选读书人"的思想一是透露了家族向上流动的意图，二是表明了耕读传家的家风。①

五、马费成：学业成就的集大成者

马费成，1947 年 8 月 30 日生于贵州余庆。武汉大学人文社会科学资深教授、博士生导师，曾任武汉大学信息管理学院院长，现任教育部人文社会科学重点基地武汉大学信息资源研究中心主任，教育部社会科学委员会委员，国家社会科学基金图书馆、情报与文献学评审组副组长，国家自然科学基金管理科学部评审组成员，中国科技情报学会副理事长，中国信息经济学会副理事长，国际信息系统学会（AIS）中国分会（CNAIS）副主席，并担任多家国内外重要杂志编委。

马费成于 1965 年贵阳一中高中毕业，1975 年开始在贵州省科技情报研究所从事情报工作，1980 年以优异成绩考入武汉大学，攻读情报学专业的硕士研究生，1983 年毕业获硕士学位，并留校任教。他先后

---

① 马龄还讲道："不讲究吃穿住行，把家庭收入的主要部分作为教育投资，一人有望，全族支持，这是今天马家寨的风格。"并称，当初他读书就是三叔马光灼每月资助他 5 元钱。马龄称，马光灼、马光煌、马费成、马小庆、马蔺、马昌霞、叶曦、田勇等人能够以成功的学业示人，都要归功于马氏家族传统的教育方式。

给本科生和研究生讲授情报学概论、情报经济学、理论情报学、信息市场学、信息资源管理、信息经济分析等课程。出版著作 10 余部（含合著），发表论文 200 多篇，承担国家和省部级科研项目 20 余项，获得各种奖励 20 多项。1988 年晋升为副教授，1990 年破格晋升为教授。

1991 年到 1992 年，马费成应邀在德国、法国、荷兰、比利时和瑞士等国访问讲学，并开展合作研究，出席了在柏林召开的西欧信息市场发展国际研讨会；访问了联合国教科文组织世界科技情报系统，就发展中国家情报事业发展对策与该系统总干事进行了讨论，其意见写进 GPL 计划（综合情报计划）。1994 年到 1995 年，马费成又到美国匹兹堡大学、伊利诺伊大学等著名的图书情报学院和 CA、OGLC 等著名情报机构访问讲学，其成果和讲学受到高度评价。曾主持制定了《武汉大学图书情报学院面向 21 世纪重点建设规划》，提出了"力争 21 世纪前十年把图院建成世界一流的图书馆学和情报学院"的奋斗目标。

马氏家族的取名基本上按照字辈来取，唯独马龄和马费成没有。马龄讲这主要是为了避开家族的名字重复，其实这也是家族人口庞大的结果。马龄说他的父亲当时在县财政科任科长，弟弟就降生在位于今天余庆县政协的木房里面，由于母亲田兴鹏没有奶水，于是其父马光炯就去黄平县买牛奶，因为那里曾有美军支援中国抗战的机场，估计会有牛奶出售，后来只买到一种饼干，在饼干的铁盒子上标明是美国费城生产的。因为这饼干救了他弟弟的命，其父就为其取名马费成。马费成出生在余庆，成长主要在贵阳，受叔叔马光灼的影响非常大，学业困难也多由其三叔来帮忙解决。马龄曾经提及，少时入团要介绍家庭历史，多亏在省农科院工作的三叔的身份。从这里可以看出，马氏家族成员在学业上的相扶相帮。

马费成 1980 年考上武汉大学的硕士研究生之时，时年已是 33 岁。按理"文革"时候中断高等教育，马费成不过是在省科技情报研究所做一般工作，为何在恢复高考之后的第三年就能一举榜上有名？他的年龄应是一个关键性因素，彼时已不能报考大学。如果要选择接受高等教育，只有成人教育或研究生教育可以选择。前面我们提及的三叔马光灼，应是他早年人生经历中的"重要他人"。今天来回顾那个时代的学子，多有时运不济，在黄金年华错过了求学的最佳时段。

我们关心的是，是什么内在的动力迫使马费成在过了而立之年后还去念书？这也应了一句民间常常听见的说法，机遇总是留给有准备的人。马费成和当年考上大学和研究生的学子一样，实际在艰难困苦中积蓄了力量。一方面有父母那样的旧时知识分子的先天文化基因；另一方面有二叔、三叔、四叔和姑妈那个知识分子群体的熏陶。到马费成为止，马氏家族的子孙依靠教育和学业成就，跻身于社会的上层各界，这是完全有别于祖上经过经商、习武、科举等而上行流动的套路。虽然上行路径有些变动，但是马氏家族兴学育人的教育传统没有改变，从马费成开始，学位等级迈上一个又一个台阶，他和父辈的学业成就成为后世永远的榜样。

以上用教育叙事的方式，简述了马氏家族马秉卿支系下的几个代表性人物。马秉卿欲接续马家潜心学业的传统，可是家道中落，家境不允许他像父辈一样依靠读书求取功名。不过，他存身自立、行为有度，没有做倚门傍户的弱者，他辛苦奋斗几十年，为家族的繁衍作出了卓越贡献，为后世子孙的一心向学奠定了思想基础。马印秦是马氏家族值得称道的奇女子，她的求学故事既是个人在艰难岁月的抗争，又是马氏家族重视女童读书的最好说明，她有不安于现状的抗争精神，并听从于祖上遗训的教导，接续了书礼之家的教育传统，她的子辈孙辈的学业多有创获，亦很好地继承了她那种百折不挠的求学精神。

马光煌、马龄、马费成是家族中三种不同求学路径和人生经历的代表，马光煌出身名校，投身革命，找到了自己的人生归宿，成为人民的戏剧家；马龄早年在师范接受教育，青年之后在家乡接受社会教育，在教书育人的岗位上克尽厥职；马费成少时勤耕不辍，他的学业成功是马氏家族蓄势待发的教育势能的集中体现，作为家族中的第一位硕士研究生，具有无可比拟的标杆意义。

第四节 乡村突围的优化设计

自家庭联产承包责任制实行以来，农村的生产和经营体制被打破，集体化的生产和生活共同体全然改变，村民不再全部依赖于集体和组织，他们对集体和组织的认同有减弱之势，这应是乡村治理面临的难题。研究尝试从濡化和涵化的视角来讨论乡村文化传播与生成的机制，力图为村民自治和文化建设提供新的思路。在乡村的家族中，代际间的文化传递和延续，是通过濡化来实现的；在乡村生活共同体的统一时空内，其文化的输入、交流，则是通过涵化来实现。两者的差别是，濡化是纵向传承和保守性"遗传"，涵化是横向沟通和更新性"变异"。

在乡村的实际生活中，存在着来自人们生活需要和生活经验的不同于正统教化伦理的民间伦理，这应是伦理文化的"小传统"。它虽然不具备精致的理论形式，但其观念载体如家族教育习俗和道德故事总会代代相传。关注与正统伦理文化相反的另一维，有利于为乡村治理添加助力。因为民间伦理共同体的无形约束力，有助于将其成员通过家族的连带作用形成有助于社会控制的社会力量和德治的社会结构。

阅读是批文得意的心智技能，是缘文会友的交往行为，是书面文化的精神消费，是人类素质的生产过程。[1] 阅读有日后不断迁移的远效，作为一种精神生产力，有"育人成才、经国济世"的作用。书香社会的构建，并不仅仅是中国学人的理想设计，联合国教科文组织 1970 年就提出"阅读社会"的概念。农家书屋在黔北湄潭等地的成功实践，

---

[1] 鲍小倩. 构筑书香社会 [J]. 阅读与作文，2012（1）：15.

为乡村治理提供了可以利用的文化路径。①

一、濡化与涵化：相互依存的机制

本节试用赫斯科维茨的"濡化"概念来描述穴塘坎实际发生的文化传递。濡化的核心是人及人的文化获得和传承机制，其本质是指年长一代向年轻一代传递文化。在穴塘坎，濡化是部分有意识、部分无意识的学习过程，靠族中长辈的指示和引导，年轻一代接受传统的思想观念和行为方式。它肯定年轻一代重复前一代的行为，譬如，昌字辈以光字辈的学业成就为目标，学习上一辈在艰难困苦中勤耕不辍的劲头和排除万难去刻苦攻读的精神。此外，还有"读书至上"的观念在下一代得以重复表达。而上一代对与自己濡化过程相适应的行为予以肯定，一是在族谱中得到书面的肯定，二是在家族团聚和家庭聚会的谈话中得到口头强化。

显而易见，穴塘坎是濡化的一个来源，② 因为马氏家族累世同居在这里，它是族人生活在其中并作用其上的一个环境，而穴塘坎这个环境的主要功效在于对家族成员行为的可能性的限定。濡化理论从联合和抽象两个维度来说明其基本模式，家族成员在穴塘坎生长或在穴塘坎所形成的集体记忆中成长，这种自发地获取知识和潜移默化的影响，就是联合。其所获得的知识和影响与成员本身的思想感情和先入为主的成见是

---

① 中国的乡村生产力水平低下，资源总量一直处于贫弱状态，这是家族和宗族得以顽强存在的原因。因为资源总量制约着社会选择的组织形式，一个社会没有足够的资源总量，则只能选择较为古老和简单的组织形式。亲缘关系就成为人们求助的首选。只有不断地增加资源总量，乡村基层政权才会超越家族的影响，才会有效地行使对乡村生活的调控职能。刘宜君. 农村社区建设中宗族因素作用与政策选择［J］. 宜宾学院学报，2011（10）：16. 笔者对于"乡村治理的优化设计"，即是从不同层面来谋划的资源添加路径。

② 濡化讨论的核心是人及人的文化获得和传承机制，由于穴塘坎马氏家族实际存在伦理文化的代际传递，所以说它是濡化的一个来源。

紧密相连的。但是，对家族教育习俗的初步认识与精确定义，并且系统地加以组织，则是靠抽象来完成，其最终结果是依靠进一步的受教育来成就较为完整的知识表达。以师范毕业在穴塘坎实教从学近四十年的马邦常为例，[①] 工资收入不高但始终坚守三尺讲台，公办教师身份迟迟未见落实却志得意满，生活简朴却以优雅的面目展现在学生面前。所有这一切，既有家族共同体的伦理召唤和劝勉，又有坚守基础教育经由自我教育所形成的内心信念的结果使然。在这样的濡化模式中，家族教化的语词和育人经验相互作用，通过成员的心理结构而与基本的信仰和价值连接在一起，这种基本的信仰和价值就是濡化的核心。

无论从濡化的概念还是实施方式来看，濡化与马氏家族的教育都有着密不可分的关联。家族中年长一代对年轻一代传递思想观念、行为方式的过程，从文化的角度而言是濡化的过程，从教育的角度而言则是人的社会化的过程。在乡村为了维系整个家族教育传统和伦理秩序的存在，年长一代必定会将他们的生活要素及内容整体地传递给下一代，这是一种典型的长辈影响后辈的后喻式教育方式。之外，个人经验贯穿了文化濡化的始终，遂成为濡化的重要来源，也是濡化的重要影响因子和濡化本身的结果。年长者比较重视自己经验的价值，常常根据自己独特的经验来教育下一代，同时也说明了自己的独特个性，如果这种经验的传递是濡化的重要方式，那么濡化实际显现为有意识的影响和无意识的影响。

重修祠堂、尊奉祖上的读书人，把祖上的美德行为编成故事，在族谱中可以记述先贤的功绩，就是典型的有意识影响的企图。至于族中前辈学业成就而树立的标杆，以及社会各界对穴塘坎教育成就的评点和期待，则列为无意识的影响范畴。我们认为就族谱所呈现的目的来看，穴塘坎马氏家族的家庭教育活动主要属于前一种有意识的影

① 在穴塘坎调查时，幸遇马邦常相助，邀笔者到他的家中详叙，了解马氏家族的基本情况，后马邦贤、马家之又加入进来，进一步询问相关情况。两位老人带笔者到残留的祖屋观看，并指点昔时私塾的设立位置。

响，实际表现出来的多手段、多形式的传递，充分说明其群体信仰和价值的转移企图。

接下来论述涵化在穴塘坎的表现。涵化指不同文化的个体组成的群体，因持久地集中接触，两者相互适应和借用，结果造成一方或双方原有文化模式发生了大规模的文化变迁。马氏家族于清朝康乾年间迁来余庆，相对于这里的原住民他们是外来者；后来祖居地又从乌江边迁至松烟穴塘坎，相对于觉林村的本地人来讲他们又是外来人户。马氏家族繁衍开来以后，因姻亲关系而再度扩大了共同体的规模，但内部实有不同文化的"他者"。马氏家族在穴塘坎起屋、定居、办学以后，异性人家亦逐渐迁入；以及子弟进校读书、干部派驻，都有不同文化的"他者"进入。还有学业成功而赴外地就读从业的家族成员，实际生发不同的文化基础。以上所述的背景，是我们讨论涵化在穴塘坎发生的基础，我们试着以文化差异的程度，接触的环境、条件、频率和深度为切入点，来考察家族因姻亲而进入的"他者"和因学业碰见的"他者"，[①] 是如何影响了马氏家族，及如何使得马氏家族伦理特性得到更为充分的彰显。

因赴外留学身居国外，配偶的文化差异就与马氏家族子弟有着更大的差异，就接触的环境而言，更多元更复杂，因学业进阶而获得准入社会上层的机会更多，与不同文化的人士接触的面更广，因婚姻关系而加深了马氏家族子弟与"他者"的联系。必须说明，讨论此种情形的前提是，把在外学子视为伦理共同体的成员，他们共享穴塘坎的心理文化积淀。在村小任教的老师中，除马姓老师以外，还有"三支一扶"志愿者、农村特岗教师和分配调入的人员，在学校教育的层面实际亦影响着马氏家族子弟。

正是由于马氏家族所经历的历史遭遇，使他们具有一种涵化的心理动力，求学问学的动机明显，兴学办学的兴趣强烈，历代学人的功成名

---

① 传统主体性思维的范畴内，"他者"意为边缘，这里的提法有别于当代人类学讲的"他者"是弱势群体的观点，这里所讲意为外来者。

就不断暗示之后的共同体成员，使得共同体整体具有较高的文化视野。文化视野越开阔，越希望通过涵化来获得新的文化内涵。当然，穴塘坎对于外来文化亦有高选择性，使得共同体呈现出一心向学的图景。它经过精心选择的文化元素，具有较好的效用性和适切性，我们在谋划新农村建设的实践中，实应从穴塘坎共同体的涵化机制中得到启示，统摄的文化同化为何没有文化抗拒情形？其原因在于文化接触者和被接触者之间既有文化的相关，又有文化的再造。

濡化可以使共同体成员继承所在共同体的价值观念的行为规范，并将知识、经验、情感、语言等有机地结合在一起，完成共同体成员的社会化。涵化则使共同体成员接纳不属于共同体内部的价值观念和行为规范，从而开拓了成员的文化视野。① 在穴塘坎民间伦理共同体的建构中，我们认为有濡化和涵化的并存，因为濡化共同体并没有失去根本，没有缺失长辈对晚辈的伦理文化的传递；因为涵化共同体并没有固步自封，没有停留在对于教育传统的维护上。总之，穴塘坎民间伦理共同体只有立足内源、兼收并蓄方能获得创造性的发展。

二、小传统：植根民间的伦理规范

人类学家罗伯特·雷德斐在 1956 年的《乡民社会与文化》一书中提出了"大传统"与"小传统"这一对概念，② 用以说明在复杂社会中存在的两个不同层次的文化传统。前者指的是以都市为中心，以社会中少数上层人物、知识分子为代表的文化；后者指的是散布在村落中的

① 何爱霞. 濡化、涵化与成人教育论析 [J]. 继续教育研究，2006（6）：47-49.

② "大传统"和"小传统"这一对人类学术语对于中国当下的学术格局产生了较大的影响，王元化、金克木、钟敬文、葛兆光、陈平原、李亦园分别从各自的学科出发，合理地借用了这一组概念。本书将民间伦理共同体视为"小传统"，以此区别于正统的国家伦理道德规范，亦算是一种学科互渗的尝试。

多数乡民所代表的生活文化。伦理文化不仅仅在上层精英文化中传播，更在基层民间代代传承，而过去的研究者只看到精英到民间的过程，强调大传统对于小传统的渗透，即精英参与了小传统，而农民却无缘大传统的构建。可是，我们必须看到植根于民间的小传统，更为真实地展现了民间伦理生活的实情，它更能够赢得村民广泛的认同，更能够在民间发挥实际的效用，它是乡村道德建设不可或缺的部分。

就质的规定和表现形态来看，作为小传统的民间伦理规范是不定型的、有民众自发形成的、缺少主流话语权的价值观念，它广泛地表现在人们的风俗习惯、生活方式等非理论化的现实生活中。① 譬如《马氏族谱》中多以道德故事的呈现方式展示来自民间的思想素材，② 通过族中长辈的口述行诸文字，反映着一个个家族成员的思想愿望、生活态度和价值信念，其间包含的伦理原则和道德规范，更贴近村民的生活实际，因而在民间得以广泛的流传。

从穴塘坎的田野调查来看，它并不是被动消极地接受大传统，也没有完全被大传统所替代，而是对大传统做出了必要的文化反应，使小传统在互动过程中成为具有某种决定力量的因素。过去认为民间伦理散落在村落之中，不成体系且无系统整理，登不了大雅之堂。这种观点忽视了小传统在村落社会中的生命力和主导地位。在社会主义新农村建设中的大传统向村落社会的渗透过程中，更应该关注小传统的实然样态，并充分意识到大传统和小传统之间的同构性和互补性。简言之，就当前农村实际形成的"复杂社会"的情形而言，两种传统同时存在并相互作用，对于这样的社会，两种传统都是理解和发展社会所不可缺少的知识。

---

① 贺宾．伦理文化研究不能忽视"小传统"［J］．湖北民族学院学报，2005（6）：31.

② 族谱在第四篇"祖德"中，以"绛帐风采"为题，收集了民国至今家族成员的各类事迹，既有正规出版物的材料，也有家族成员的回忆录；在"贤良榜"中，记载了垂教后昆的马光灼、泽润亲人的马昌维、口中屯食救亲的马令节、秉公守法的马邦举、育子成才的马昌原、坚守教职的马邦常等。这些道德故事，成为马氏家族教化子孙时可堪利用的典型事例，发挥着榜样的示范作用。

准确地把握传统伦理文化应有"眼光向下"的意识，不要满足于对正统经典文本的解读，将考察停留在精英文化的层面，而应该将研究的视野延伸至村落，去探求那些支配村民思想和行为的真实伦理精神。贺宾认为民间伦理的主要特征有：边缘性、实用性、包容性和地域性。① 我们可以在民间伦理的学理化表达方面下工夫，用合适的观念载体来传达底层的声音；可以对民间伦理的内容作精心选择，肯定它重实用、轻玄虚的总体价值取向；可以剔除那些与主流价值相悖的观念和言论，对尚缺乏论证的内容作必要的求证；可以保留必要的地方性伦理知识谱系，为民间社会的分而治之找到依据。

民间社会不仅存在由正统教化伦理和国家法律系统维护的社会秩序，也存在依靠民间伦理规范和乡规民约来维持的民间秩序。觉林村唐杰主任曾提及，村里十多年没有发生偷牛盗马事件，寨上至今无人打牌赌博，这实际上就是民间伦理在此地生发的无形的影响力。这种民间伦理规范来源于最直接的社会生活，是对社会实践的初步概括，是一种自发的社会秩序的维护系统。以下两例亦足以说明马氏家族成员受植根颇深的伦理规范的牵引。

马邦前"文革"时小学到初中的上课都不正常，加上老祖宗血缘的干扰，在"唯成分论"的政策压力下，很早就辍学游荡。他干过收购古币文物、拜游医卖风湿药酒等，但是始终没敢背离家族的教化，之后趁着改革的东风，靠收购农产品发家致富，建成马氏家族的第一栋砖混结构的新楼房。此例显示，家族中成员即便身处逆境，仍然不敢忘却祖上的教诲，在艰难困苦中守住"诚信经营、生财有道"的祖训。

马令节在 15 岁那年，母亲重病赴外就医，她负责看护两个分别 11 岁和 9 岁的妹妹，为了便于照顾，把她们接到自己就读的琊川中学同住，每餐用学校食堂发给她的一筒饭（半斤重），掺以两三倍蔬菜，三姊妹一道吃，在艰难中吊住性命。20 世纪六七十年代，她的母亲带着

---

① 贺宾. 论民间伦理的特征 [J]. 中州学刊，2006（3）：122-125.

两个妹妹在农村生活，家里没有主要劳动力，也没有经济来源，当时在凤冈黄荆树教书的马令节，用自己微薄的工资贴补家用，给家里买化肥、猪仔、油盐、衣服，帮助母亲和妹妹们渡过难关。在这个有 7 个姊妹的家庭中，马令节不是长子长女，但是她和丈夫却尽了类似长子长女的义务。这个口中屯食救亲人的感人例子，道尽了家族共同体守望相助、缓急相济的伦理规范。①

三、书香社会：蓬赖麻直的成德环境

随着新农村建设进程的加快和乡村基层管理体制的推行，农村社区成为乡村全新而富有活力的细胞。乡村要建成优良秩序、优良环境、优质服务、优化管理和具有安全感、亲切感、舒适感和文明感的社区，其文化服务是重要的一维，优质的农家书屋可为这一目标的达成增添助力。农家书屋的作用何在？作为一个费用低廉的机构，它可以作为终身学习的平台，提供非学历教育的机会；它只需投入适中的财力即可使数倍的乡民接受同量教育；它是没有围墙的学校，作为助推器，可使其辐射半径之内的乡民进入知识的信息港。

与城市家庭相比，乡村家庭的居住相对分散，给乡村治理带来联络上的不便和组织上的障碍。加上现时乡村各家各户的各自为战，若无亲情的联络，村民的交往便显得相当疏离。我们从马氏家族的先祖开办私塾、兴建学堂，从文化意义上对乡民的召集，以及其兴学育人、树俗立化的实践中获得启示，即乡村的治理还在于为风气的转移提供一个文化平台，使困学不倦、力学笃行的乡民有书可读，在书香弥漫的环境之中受到潜移默化的影响。农家书屋的兴建，不只是基于新农村建设的形象制胜的考虑，它作为建设学习型乡村的要素，可以起到转移风气、化民

---

①　马令节和丈夫邓炬的行为举止影响了他们的两个女儿，一位 1983 年以贵州省高考文科状元入北京大学中文系就读，一位后来考入武汉大学中文系就读，继承了父母力学笃行的品行。

成俗的作用。

什么是学习型乡村？学习型乡村就是有相应的机制和手段，促使乡村具有学习能力的所有乡民全身心地投入并能持续学习，体验到乡村生活、工作的生命意义，通过学习创造自我、创造未来的乡村。学习型乡村是学习型社会的重要组成部分，其特征是全民学习、终身学习。学习型乡村和农家书屋有其内在的逻辑关联，农家书屋在学习型乡村中的功用不可替代。

为使农家书屋的实施扣合新农村道德建设的内在要求，我们需要极力发挥农家书屋的效用，使乡民在书不释手、笃信好学的氛围中领受教育。乡村管理者当多谋善虑，投入必要的经费支持和技术支持，建立起值得效仿的书屋样板，以供各村各寨旁收博采。之外，注意总结书屋资金注入、图书选购、图书保有量、图书推介、运行管理、阅读动员方面的经验，尽早形成对于乡民的文化吸引，帮助其认识批文得意的心智技能，引导其缘文会友的交往行为，领会其书面文化的精神意蕴。具体地，我们可以参考中宣部、文化部、教育部在"知识工程"中的阅读指导，确定农家书屋的基础性书目，帮助乡民检验阅读的潜在价值，以及引导其认识阅读所具有的不断迁移的远效。

我们在农家书屋开办的基础上，再来引导各门各户的书房建设，就会使书香社会的建设得到平流缓进的推动。学者林清江希望每家每户能以书柜替代酒柜，让每一间房屋都有书香的弥漫。① 这是充满理想主义情怀的文化诉求，它寄希望于有知书达理的读书种子在民间涌现出来，并催生无数的书香家庭，使民间呈现移风崇教、井然有序的秩序，培养出通文达理、矩步方行的乡民，最终建构成涵养德性的民间伦理共同体。旧时的穴塘坎实际是一个抱素怀朴的书香社会，因为其良性势能的蕴蓄和美德伦理的倡导，实际是伦理关系彰显的共同体。各门各户在共同体的感召之下，力争做高尚的人，竞相过有德性的生活，他们对道德

---

① 林清江. 教育的未来导向 [M]. 台北：台湾书店，1986：305.

文章与瑰意琦行的追求，① 却是书香人家共同的追求。

从实践层面而言，设置农家书屋是构建书香社会的"抓手"。在湄潭核桃坝村、合同村、两路口村、龙凤村的农家书屋，走进了洗脚上坎的乡民，用读书替代打牌。乡民们通过阅读养殖技术的书籍，逐渐掌握青田养鱼的技术；通过阅读蔬菜栽培的书籍，逐渐掌握无公害蔬菜药肥的使用技术。② 这样的例子比比皆是，农家书屋在湄潭被喻称为"文化粮仓"。③ 作为社会主义新农村文化建设的基础性工程，农家书屋还有发展的空间。农家书屋的设置，实际是对过去"尊经重典"传统的回归。俄国作家赫尔芩说"书是这一代对下一代精神上的遗训"，叙利亚作家坎耶里说"书籍是人类的编年史，它将整个人类积累的无数丰富的经验世世代代传下去"。因此，我们在农家书屋要设置好书目，配置好经典，供村民自行选读。让这些承载了重要社会责任的典籍和实用图书，去净化心灵、熔铸情感，去感触生活的真善美。

在多媒体阅读形态并存的时代，乡村治理者更应该引导乡民体认书籍在自省思维、涵养性情上的不可替代性。书香社会应该有更多植根传统并兼具世界眼光的出版家，推出更多价廉物美、科技含量高的书籍，而农家书屋理应成为乡村的标志性建筑或村民汇聚的首选场所，它是人才济济、一觞一咏的亨嘉之会。更理想的状态是，乡镇、村委的书籍采买费用高过公务接待费用，让每个乡民家庭比照城市书香人家的藏书量藏书。

---

① 穴塘坎重视教育的传统代代流传，带动了本地乡民培养孩子读书和自学的好习惯。松烟镇镇长岳建宏称，松烟镇的乡民教育孩子读书，都是以穴塘坎的马氏家族的学子为榜样。

② 据统计资料，松烟镇每个村都设有图书室，主要开办乡民和乡村技术人员培训，普及乡民的科普知识，多媒体教学的效果很好，乡民看得懂、学得会，改变过去以会代培的方法。譬如，过去乡民种烤烟、种茶以及养家畜都没有科技含量，经过培训学习，解决了乡民的科盲问题。另外，组织乡民学习工场烘烤技术。烟农经学习培训，既是技术员又是质检员。

③ 戴聪. 农家书屋成湄潭农民"文化粮仓"[J]. 当代贵州，2011（9）：32.

不过，构建"书香社会"有待破题之策。时下在乡村，视觉阅读、网络阅读大有替代文字阅读之势。许多乡民坦言，学校毕业之后就很少去读一本真正有意义的书。如果农家书屋、农家书房的书籍没有因应村民的实际需要，其藏书资源就会成为半闲置状态或闲置状态。乡村公众阅读率走低的现实，应该得到乡村治理者的密切重视。村委会和乡镇机构可以利用其公信力对乡民进行主流文化、阅读方式和阅读习惯等方面的引导，从而营造乡民春诵夏弦的读书风气。

构建书香社会是营造成德环境的基础，乡民的发展需要文化环境提供保证和动力，乡民的实践活动也需要在文化环境中得以提高，乡民的创造性也必须有文化环境作为基础和动力。书香社会概念的提出，隐含了环境育人的理念。在更高的层面上讲，教育提供的也是一种育人环境。人的自然遗传只是为人的发展提供潜在的基础，其个性的发展、潜质的呈现、性格的确定、兴趣爱好的养成均离不开后天教育环境的影响。从穴塘坎马氏家族蒙以养正、作育人才的实际来看，它对共同体成员的全面发展起着范导性作用。

第五节　小　　结

各界对于穴塘坎"博士寨"之争论并非坏事，因为它起码提升了一个乡村的知名度，并使我们在探究得名之时可以持续深究它的内在学理。功名仕进的心灵投射何以影响乡民的价值判断？耕读传家的教育传统何以在家族发挥持久效力？家族谱牒又为何能够扮演道德教材的重要角色？家族关键人物又如何东冲西突以争取上层流动？濡化机制在家族伦理文化传递中如何发挥效能？经由小传统的睦族治乡的成德环境如何得以形成？以上这些问题均可从民间伦理共同体的构建逻辑中得到圆满的回答。

家族在一方一地会影响乡村治理，家族观念也会影响乡民对于集体利益的正确认识，如何做好积极引导，让家族在乡村治理中发挥积极作用，是亟待解决的课题。① 家族在繁衍的过程中，也有伦理文化的传递，② 应抓住这个契机，使它与社会主义精神文明的倡导一致；反映在族谱、族规、族约、族歌和祖训中的小传统，是一个家族比较恒定的民间伦理规则，应做好必要的甄别，让它发挥应有的教化作用；就乡村读书风气的营造而言，农家书屋是现时可以采纳的最有效路径，在乡村治理中具有旁推侧引、发蒙解惑的作用。

附录　穴塘坎马氏家族及姻亲学子名录

辈分	姓名	性别	毕业学校	留学	学位	职称
光	马光灼	男	浙江大学			园艺研究员
	马光煌	男	浙江大学			一级编剧、研究员
	马印秦	女	贵阳女子后期师范、省立高级医士职业学校			

① 以血缘为纽带的家族的典型重要特征是家族内部高度团结，对于外部事物和外部成员表现出一种强烈的排斥，这种狭隘的家族观念容易使乡民间的个体冲突引发为家族大战，从而破坏乡村的安宁有序。家族形成的民间伦理共同体，其成员之间达成的共识基本上是一种同质共识，而不同家族之间的共识则形成差异共识，这是由于各家族利益主体的价值判断和利益追求不同所致。但是，乡村社会需要的是和而不同的重叠共识，我们认为应该积极引导家族伦理共同体的道德情操升华，让他们谋求的利益指向更大的乡村社会乃至国家。

② 我们认为家族与乡村的主导规则都是伦理，离开了伦理文化，家族将不成其为家族，也不可能延续下去。陆树程认为，市民社会的本质是伦理，而不是道德。道德仅仅是道德主体的观念、原则和规范以及由此支配的道德实践，伦理则是由道德实践在市民社会领域内交往结构的整合形态。从一定意义上来讲，市民社会体系的重建，就是当代伦理体系的重建。陆树程. 市民社会与当代伦理共同体的重建 [J]. 哲学研究，2003（4）：32-33.

续表

辈分	姓名	性别	毕业学校	留学	学位	职称
昌	徐中隽	男				空军上校
	傅安龙	男				中学高级教师
	孙诗琦	男	重庆大学			水电高级工程师
	田应仪	女	贵州农学院			高级工程师
	周佐元	男	贵阳师范学院			副教授
	沈孝民	男	福州大学农学院			高级检疫师
	田敏	女				高级茶艺师
	邓炬	男	贵阳师范学院			副教授
	马令节	女	贵州师范学院物理系			高级实验师
	傅华忠	男	贵阳师范学院			副教授
	马昌亚	男	遵义教育学院			中学高级教师
	马昌和	男	贵州工学院			高级工程师
	夏晓珊	女	贵阳医学院			
	马费成	男	武汉大学信息管理学院		硕士	教授
	马昌霞	女	四川大学	美国	硕士	
	吕佚名	男		美国	博士	
昌	马蓉	女				高级经济师
	马小庆	男	北京大学	法国	博士	
	张保华	女	北京大学	法国	博士	
	马蔺	女	贵州大学	美国	硕士	
	马晓雪	女	贵阳师范学院历史系			
	毛秋实	男				
	毛立夏	男				
	李福辉	男	武汉纺织学院			注册会计师
	李福梅	女	吉林电气化高级专科学校			
	李福翠	女	贵州大学			

续表

辈分	姓名	性别	毕业学校	留学	学位	职称
邦	田维德	男	遵义师范专科学校			主任科员
	李林	男				副县级干部
	李辉宏	男				
	张太云	男				
	叶曦	男		美国	博士	
	何元兴	女		美国	博士	
	沈谦	男				高级检疫师
	邓坦	女	北京大学		硕士	编辑、记者
	潘振宇	男	中国工艺美术学院		硕士	编辑、记者
	邓圩	女	武汉大学		学士	编辑、记者
	朱曙光	男	遵义医学院			副主任医师
	周俊	男	西南财经大学		博士	
	周萱	女	贵州工艺院		硕士	
	傅秋	女	北京大学		硕士	
邦	刘象梅	女	贵阳医学院			中学高级教师
	谢恩臣	男				中学高级教师
	马宇宁	男	武汉大学	英国	博士	
	马冀	男	遵义医学院		学士	
	马可	女	贵州师范大学			
	马邦华	男				
	马邦忠	男				
	马真真	女				
	马秋霞	女				
	马强	男				少校军医
	马才	男	贵阳医学院			

续表

辈分	姓名	性别	毕业学校	留学	学位	职称
家	田勇	男	南京大学	美国	博士	
	陈丹	女		美国	博士	
	田硕会	女	北京邮电学院			
	曾胜隆	男				
	田淳	女	贵州商业专科学校			
	黄黔丰	男	贵阳师范学院			
	曹安念	男				
	曹安群	女	武汉大学		学士	
	田媛	女	贵州民族学院外语系			
	马家族	男	哈尔滨理工大学			
	马兴旺	男	长春工程学院电力系			
	马家君	男	西安电子科技大学		博士	

第三章　平家寨：村落美德 伦理的例案

作为"中国仡佬第一乡"的平家寨，地处遵义县西乡，春秋战国时代曾是鳖国的领域地。① 仡佬族即为当地的土著民族，他们开荒辟草、繁衍子孙，先人"月"立规婚配，使仡佬族人从群体生活改变为家庭生活，由穴居改变为茅草房居；先人"潜祖"由结绳记事开始创造了数符和文字；先人"山姑"和"达贵"发现茶和酒……如此，先贤辈出，不胜枚举。平家寨的仡佬族历经卜、濮、僚、仡佬的族称变化，经受了历史的风雨而顽强地生存下来，被遵义市人民政府勘定为"仡佬族之源"。②

---

① 鳖，音 bì，古县名，在贵州省遵义市西。平家寨的地理位置实际是在乌江水系与赤水河水系分界的山区地带。"蛮荒仡佬、开荒辟草""我们是黔山本人"等谚语和熟语说明仡佬族就是贵州的土著民族。唐末杨端入播州，成了治播 725 年的土官，其治下的主体民族包括仡佬族。明万历二十八年平播之后，平播总督李化龙招募外籍人来占籍耕织，部分仡佬族逃亡至播州和水西接壤的地区，即今天平正附近，借助石旮旯山地生存下来。平家寨的山、罗、平、苟、唐、李等大姓称他们的先祖是元朝充军而来，有学者指出，此说可能是免于受歧视的考虑，颇有附会之嫌。

② 贵州第一位研究仡佬族的专家田曙岚，史学界称其为"田仡佬"，他第一个提出云贵高原是古濮人的发源地，第一个提出仡佬族的先民是夜郎国的缔造者。过去平家寨地势山高谷深，交通闭塞，世居仡佬族人民的生活极端贫困，基本上在温饱线上挣扎，贫穷者甚至只能穿棕衣棕裤御寒遮羞，到中华人民共和国成立时平家寨是远近闻名的"棕衣乡"。平家寨仡佬族自称"哈仡"，汉族称其为"仡佬"，民族成分识别时恢复其为仡佬族。

　　将平家寨作为田野考察的选点，不仅因为它是全国最早建立的仡佬族乡和贵州的一类贫困乡，而且因为这里有独特的仡佬族风情，以及实然存在的民间伦理共同体的考虑。平家寨的仡佬族人制礼仪、讲团结、定七规（仁、义、礼、孝、忠、敬、让）、倡"和合"，以"六合"（团结、忍让、宽容、诚和、善处、礼敬）精神塑造人，他们信守道德规范的传统，一直延续至今；红军借道平家寨，留下许多乡绅乡民掩护红军的佳话；有志四方的学子和游子，用实际行动回报故土、提示乡亲；而坚守故土的乡村头面人物，身体力行，践行了道德模范的伦理观；道德评议会在平家寨的重建，唤起了人们对于先祖崇尚礼制的回忆。

　　为了更清晰地察知平家寨这个美德诞生地的实情，我们依旧采用道德叙事的方式，悉数陈述仡佬族的优秀儿女，是如何秉承先祖的遗志，是如何在新旧时代践行美德伦理，又是如何使其发展成为令世人敬仰的民族。研究拟选取典型事例来呈现它的道德意义，从而论证平家寨民间实际建构的伦理共同体，是如何敦促共同体成员一心向化，并听从共同体的伦理召唤。同时，这些道德叙事本身给我们提供了切身道德体验的新路径，从而于道德事件中实现意义建构。① 因此，本章所叙述的道德故事虽已然发生，但对其建构和重塑并不是寻求简单的因果关系，其间亦有透露需要体悟的"意会性知识"的意图，即民间伦理共同体的道德缄默知识的显现过程。②

　　鉴于平家寨至今仍处在扶贫帮困的受助角色，研究尝试从伦理共同体的精神指引和道德榜样的先行经验，来提示平家寨仡佬族脱贫致富的

---

　　①　道德叙事的理论依据是现象学。现象学是以个体的行为为基础思考人的生命、生活意义等问题与情境相关的个人行为哲学，它为道德叙事的研究提供了重要的认识论和方法论的启示。它尊崇面向事实本身的原则，通过对现象深描来揭示社会行为的实际发生情况以及事物中各种因素之间的复杂关系。

　　②　道德叙事的最大特点还在于：通过一个个道德叙事的描述，去追寻参与者的足迹，在倾听道德主体内心声音的过程中，发掘个体或群体行为中的隐性知识并揭示其隐含的价值及意义。

现实路径。为政者当认真反思自己的公仆意识和德性修炼，从平家寨人田兴才、黄大发、何子明、罗荣忠等地方精英的道德实践中汲取道德营养，并认真地践行自己的道德承诺，为地方经济社会的发展做出切实的努力。民间伦理共同体的成员亦应以道德榜样作为自己待人接物、立身处世的标尺，注重德行的修炼，在爱国家爱家乡的行动中出气出力，在乡风文明和新农村建设的实践中有所贡献，以此回应伦理共同体的道德呼唤。

第一节　平家寨仡家的美德故事

伴随着从濮人到僚人到仡佬人的称谓演变，平家寨的峰峦沟壑留下了先民的遗迹。① 这里有濮水、黑脚岩瀑布、干溪场峡谷、天宝山等自然景观，有仡佬天书、汉僚合魂碑、悬棺洞葬、比夷枚、红军足迹等人文图像，这是一块神奇美丽的土地。有电视节目曾以《一个正在消失的民族——仡佬族》来记述仡佬族的演变，意在说明其语言、文字和习俗的式微，使得这个民族逐渐失去整体的文化记忆，最终导致民族心理的消失。我们的观点刚好与此节目的判断相反，仡佬族的历史文化内涵厚重，其民族伦理有许多可供各族人民利用的形质要素，那些散落在民间的伦理碎片既有开掘的必要性，又有发扬光大的可能性。②

---

① 从现今平家寨发现的葬俗葬式，可以推断这里的确居住有仡佬族的先民。譬如，崖墓是古僰人的安葬方式，即为仡佬族的葬俗遗存，距今有两千多年的历史。悬棺盛行于古百濮、百越民族，亦为仡佬族的葬俗遗存，在平家寨发现有这样四种悬棺：搁木棺于绝壁岩腔的岩腔葬，用铁、木材料横插于绝壁之处放置木棺的悬棺，将木棺放置洞内木凳上或用铁链悬挂木棺于洞中的悬棺，石板墓内悬挂棺木等。后亦有洞葬、石板墓、火葬，最后仡佬族葬式转为汉俗，实行土葬，埋圆形或圆形鱼尾坟。借助这些民族残存的记忆，可以发现仡佬族先民在平家寨的遗迹。

② 这里有一个基本的预设，即民族伦理是一个民族的精神面相和内在要素，如果我们发现仡佬族还有许多保存完好的伦理原生质，那么这个民族就不只是一个称谓的躯壳。本章讨论的平家寨民间伦理共同体，就是基于对仡佬族内部成员的德性品质的梳理来实现共同体的建构。

平家寨仡佬族的"和合"思想算是一个大的发现，它可以作为我们破解这个伦理共同体安宁有序的"锁匙"。我们在后面会专事讨论平家寨道德评议会的运作，其运行的基本规则就是信奉人与人之间关系的谐和，它与流传至今的"和合"思想有没有内在关联？抑或是一种创造性的现代转换？1935年，红军在平家寨留下了辗转往回的足迹，红一军团和干部团驻扎达一周之久，之后中央红军又数度入驻，写下了一段"红军哈仡一家亲"的佳话。① 那么，仡佬族民间蕴蓄了怎样的伦理道德和价值观念，使它的成员敢于承担生命的风险去救助驻留的红军战士？

一、道德评价的民间渊源

以往的历史典籍和道德叙事显现，仡佬族处在社会的最底层。但是历经沧桑的民族个体为什么总是万事礼为先、诸事和为贵？为什么一直遵循古训——讲仁义、守规则、倡忠孝、明道理、重知识、行仁慈？我们试图以仡佬族人的"六合"精神与"和合"原则来破解这些疑问。

仡佬族民间有一个"六合"誓言，"六合"即团结、忍让、宽容、诚和、善处、礼敬，是仡佬先民的行为规范和道德标准，亦是仡佬族文化中最具典型性特征的精神依赖。他们认为人类社会发展若遵

---

① 1935年1月，红军到达平家寨以后，用自身的行为赢得了仡佬族同胞的信任，之后又向群众宣传红军实行民族平等的主张。有一些典型的事例，至今仍在民间流传，成为仡佬族人家不可多得的精神财富。譬如，红军到王超全家找水喝，喝水致谢后还给王大妈铜钱，没有钱的脱衣服送给她；田少周躲进山里后，发现红军为他家的牲畜添加青草和饲料，红军走后留下了这样的字条："你们干人不在家，红军来了驻你家；柜里腊漆两三斤，我们拿来点了灯；付给铜板十二吊，请你收下莫多心。红军北上打日本，领导干人闹翻身。"

循"和合"①，并始终保持以和为贵，以及和平、和处、和谐、谦和、祥和的态度，相互间团结、忍让、宽容、诚和、善处、礼敬，和睦就"顺"。他们相信无论是一个家庭，还是一个组织，甚至一个国家，只要大家遵循"和"与"合"的原则就能顺，"顺则强、强则万事升腾。"② 故在仡佬族居住的地方到处有提醒和告诫人们行为规范的"和合"图符。为了遵循"和合"原则的召唤，仡佬族村民每年都要在百合台上相聚，由大头人（会长）带头宣读团结、忍让、宽容、诚和、善处、礼敬的"六合"誓言。"六合"誓言是仡佬人最为强调的行为规范和道德标准。围绕"六合"誓言形成的民俗，试列举如下：

仡佬族人家的门称为"六合门"，凡有解不开的矛盾，只要人家主动进了"六合门"，矛盾就自然化解；逢年过节仡佬族人聚在一起吃喝，称为"六合宴"，此时，不管你来自哪里，都可坐下吃东西，无人问你的来由；旧时仡佬族聚居的地方多有一座廊桥，被称为"六合桥"，族中凡有矛盾只要上了"六合桥"就能沟通化解；旧时仡佬族习惯在自家的门前立一块大石，称为"和石"，有人来访，往往摸石喊叫主人；仡佬族人按居住户数选地树立的大石，称为"和林"，用石头堆成的一个"和"字，称为"和喜"；民间还有"和字上一坐，消灾又免祸""和林路上走，喜事天天有"的说法；仡佬先民和仡佬族人尊崇"六合"誓言与"和合"原则，并将其视为驱瘟镇邪、赐福吉祥的最大

① 仡佬族的和合图腾由仡佬文字"和合"两字组成，上部是和平的和，下部是合作的合，仡佬语读"喉喉"。"和"是"巫"和"术"的"托词"，意在要人自觉遵守的行为理念。这个行为理念的核心就是要人类社会团结、忍让、宽容、诚和、善处、礼让、共生、大爱、统一。目的是创造出一个和平、和处、和谐、谦和、祥和共进的太平社会。"合"也是仡佬先民在创造"巫"时的"托词"，其意在人类社会发展中对于结合、合作、协和、融合的美好诉求。

② 仡佬族先人"月"在创造的"九天天主训"中说："天地万事，多有不同，不同则争，争则乱，乱则败，败则衰，衰则亡。睿者讲和，和合生一，一生二，二生三，三生万物，万物生盛，盛则贵，贵则顺，顺则强，强则万事升腾。"仡佬和合图腾 [M]. 贵州原生态仡佬文化博物馆，2011：10.

灵符。因此，在仡佬族民间以仡佬文书写的"和合"图案广为流传、随处可见。

在中国古代史和世界古代史上，国家的扩张与统一多依靠武力征战，刀光剑影、尸横遍野、血流成河的杀戮场景，是我们对古代战场的印象。可是仡佬族先民不用刀枪，仅用"和合"两字即可化解矛盾，使它的国度安宁有序。譬如，仡佬族先民相继建立的大元国、普国、牂牁国、夜郎国等，其国家的法律与条规可浓缩为"和合"原则。"和合"图符的标识，在仡佬族先民的床头、板凳、桌椅、门窗、饰物上均有刻画。①

仡佬族民间流传的图案有上百种，而其中的十一种传统图案最常见，以这十一种图案为基础的变化图案也较为普遍。但是这十一种图案是谁最先发明的？为什么要发明它？它的作用是什么？为什么会广为流传并受人喜爱？所有答案都是未知，这些图案本来的功能被淹没，成为单纯的装饰图案。据最新的研究揭示，这十一种图案实际上是仡佬的文

---

① "六合"精神和"和合"原则派生出了仡佬族人"和合"万能的理念，他们相信房子上有"和合"图符的存在，不会遭到野兽的攻击和侵袭；睡在有"和合"图符的床上和坐在有"和合"图符的椅子上，心里会踏实安心，可以静心养神；头顶有"和合"图符的帽子和身着有"和合"图符的衣服就会平安无事。所以，"和合"图符在仡佬族民间非常风行，成为他们最早的器物装饰图案。之后，又将仡佬族文字的吉、祥、瑞、聚、汇、会等字陪衬"和合"图符，不但加深器物的美感，也加深了"和合"原则的文化内涵。还可以从仡佬族"百合台"获得更多的启示，"百合台"是仡佬先民"百王"一年一度召集先民的汇聚之地，是百王向人们宣扬和合、强调和合的圣地。相传仡佬族先民部落大头人大元，以"九天和训"汇聚各方头人商议建国，各方头人均赞成并交出了象征权力的权杖。为纪念这一"和合"的历史，从九天母石过河筑一台供奉权杖，以示永久"和合"之意。建筑的这个台被称为百合台，随着时间的延长，百合台上长出了不同色彩如权杖的鲜花，众头人见此以为是天意，众相颂扬称为百合花。把百合花定为国花，作为讲求和平、化解纷争的"和合"信物。还规定纷争中只要一方出示百合花就要无条件化解，不讲和与死纠葛要遭受众人的惩治。仡佬六合精神 [M]. 贵州原生态仡佬文化博物馆，2011：5.

字"和、合、吉、祥、瑞、聚、汇、会"和仡佬行包的龙鸟图产生的图符。按史料记述的时间排序，排在第一位的是"瑞"（瑞是最早的龙图案，读作"瑞"，但含义是龙）；第二是"聚""会""汇""回"；第三是"鸟"；第四是"和合"；第五是"吉祥"。

随着时代的发展和"和合"图符的结合与演变，已经很难一一破解它衍生的每一个文化符号的真正内涵，但是，它在一定程度上说明了它与外族文化的互融与共通，它的伦理文化构成中华民族伦理文化的重要一脉，从而永放光华。

民间伦理思想向前迈进，"和合"图符的标识不再是单纯意义上的辟邪消灾、赐福吉祥的灵符，而是时时刻刻提醒仡佬族人凡事讲究"和合"的原则，并使其成为化解人类社会生存危机的良方。"和合"图符的标识暗示了"和合万事兴"的结果，潜移默化地影响着仡佬族人的行为举止和思想观念，使人们意识到只要遵循"和合"原则，就会减少人为的灾难，就会达成民间社会的平安吉祥。之后，"和合"原则进一步成为仡佬族人文精神的精髓和首要价值，成为他们生命中的重要组成部分。① 它对仡佬族人的精神指引，成就了如申佑少年虎口救

---

① 我们在平家寨的考察中采集到了许多哭嫁歌，歌词句式整齐、有韵脚、易记诵，实际演绎为大众化的歌词，即说是哭实际是唱。哭嫁歌所言之事不是针对哪个人，所表达之情是大而化之的，因此无法调动个人内心的特殊情感，哭不出多少眼泪。但是，它是民间伦理共同体的伦理诉求之最有表现力的文化形式。譬如教育儿女如何孝敬公婆、侍奉丈夫的叮嘱，就生动地体现了仡佬族人家的"和合"思想。当娘的在女儿待嫁的闺房里这样哭道："孝敬公婆要会想，尊敬丈夫要慈良；婆家规矩你要学，做事一定要多想；洗碗不要把碗碰，洗锅不要刷把响；端茶递水要轻放，走路不要脚步响；大声喊来细声应，高声大气不应当。你要记住娘的话，时时刻刻放心上。女儿出阁外头客，不要随时牵挂娘；娘家饭，一路吃来一路饱，婆家的饭吃到老；你在婆家娘隔远，大小事情自主张……"平家寨访谈记录，2009-8-23.

父、青年击鼓救师和成年赴死救君这样的道德义举，① 他们是仡佬族人永远的道德榜样。

二、保护红军的瑰意琦行

"哈仡红军一家亲"，平家寨的村民始终在传颂着与红军患难见真情的交往，这些美德故事是不可多得的精神财富，也是伦理共同体可堪资用的道德素材。红军曾于 1935 年 3 月辗转于平家寨一带，在这里留下了珍贵的红色遗迹。除此之外，仡佬族村民保护红军 23 名伤员，将他们安置在黑脚崖"红军洞"的义举，一直在民间广泛流传。黑脚崖"红军洞"距离今天的平正乡政府 3 公里，那是地处半坡的一个石灰岩溶洞，② 洞又大又深，且洞中还有洞，分别被称作大洞、二洞、山家洞，这三个溶洞都是当年红军的栖身之所，洞中有一股清澈泉水，当年亦曾滋养过受伤的红军战士。在山泉直下深涧的山谷，我们听到了老人们讲述的仡佬族乡绅和乡亲在崖洞保护红军的感人故事。

1935 年 3 月，红军一军团、干部团和中央红军先后入驻平家寨，留下了一批伤病员。红军大部队离开以后，国民党的清乡大队长刘甲山

---

① "申佑少年时随父亲务农，在一只猛虎咬住父亲的刹那间，他用扁担猛打老虎，只身救父于虎口；在朝廷最高学府国子监学习时，他为无端被绑在校门口的恩师李时勉击鼓申冤，愿替师一死，感动了皇上，当场赦免了恩师；1449 年他当上监察御史，随皇帝御驾亲征在河北土木堡时陷入重围，他因身材相貌与皇帝相仿，被命换上龙袍乘着龙辇去骗开敌军主力，刀如林、箭如雨，可辇还在跑，车散架动弹不起时，只见申佑早就成为箭垛，血已流尽。事后，朝中大臣无不潸然泪下，慨叹申佑以 28 岁之短暂一生，救父救师救主，堪称中华民族千古一闻。"余文武. 民族伦理的现代境遇及其教育研究 [M]. 北京：现代教育出版社，2008：143.

② 黑脚崖距离平正乡政府 3 公里，因为当年牟直卿在这里救护红军，红军洞的名称由此而来。该洞天生为左洞、中洞、观音洞，三洞互为照应、互为犄角，便于人们躲避隐藏，当年的 23 位红军伤员，被牟直卿和村民分别安置在这三个洞中隐藏。

带着清乡队四处搜捕。整个平安乡（旧名，即平家寨）顿时阴云密布、血雨腥风，每天都在传说红军伤员被捕被杀的噩耗。可是，半坡黑脚崖"红军洞"中藏匿着的一批红军伤病员却安然无恙。这个岩洞一直以来就是平家寨仡佬族人躲避兵匪祸患的地方，因为山高路陡、人迹罕至，故较为隐蔽和安全。时任平安乡乡长的牟直卿，选中这个地方来作为掩护红军的藏匿之地。①

牟直卿虽为一乡之长，但为人比较开明、正直。他在遵义念书时，受革命者黄齐声的影响较大，加上其义父牟贡三管教严厉，父严子孝的良好教育使他自小就树立做言信行直、见善必迁的正派人的志向，并奉行孙中山的三民主义思想。彼时平安乡搜查红军伤病员的风声很紧，红军战士面临生命的危险。在这紧急时刻，牟直卿以乡长的身份，把寻找到的红军伤病员和投奔而来的红军伤病员聚集在一起，逐一藏匿在黑脚崖的洞中，并专门派手下运粮送药，好让他们在洞中静心养伤养病至痊愈。

牟直卿前前后后一共在黑脚崖的洞中救护了谭光荣、刘炳云、张家才、许瀛洲、唐治辉等 23 名红军伤病员。当红军伤病员痊愈后，有不愿离开的，遂留下来帮他家做工；要离开的，就慷慨赠与盘缠。据统计，牟直卿先后用银元资助了刘沅（副营长）、盛祝生（营长）、谢元

---

① 1999 年，平家寨人在红军洞立有牟直卿救红军遗址碑文："自古聪明为圣，正直为神，贤者博爱，能者多为，每当人间有难，岁月艰辛，总有人秉天地之正气，济困扶危。'九一八'事变，日本帝国主义侵略中国，蒋介石推行攘外必先安内，而中央红军则辗转遵义，四渡赤水，几经平家寨，北上抗日，地方势力到处搜杀红军伤病员及积极分子，在这民族存亡紧急关头，平安乡乡长牟直卿毅然于黑脚崖洞内外营救即将被杀害的红军官兵刘炳云、张家才、许瀛洲、唐治辉、谭光荣等 23 人，并以银元资助刘云等 7 人回队。牟君扶正压邪，兴教办学，奉行孙中山倡导的民族平等，未刻薄少数民族。民间传为佳话，皆有其义父牟贡三教诲之功。我辈鉴于人类灵魂，要以高尚精神塑造，中华民族之传统美德必须弘扬，故刻石启示后人。又五言律绝：春秋寓褒贬，善恶竟浮沉，濮僚山河壮，桃花事业兴。"

高（连长）等 7 个伤愈的红军官兵去追赶红军大部队。① 在此，选择一个当年牟直卿救助过的红军战士的故事，来展现平家寨乡绅和乡亲们的道德义举。

谭光荣，湖南湘潭人。在红军四渡赤水回师遵义的途中，不幸摔伤了腿。当部队行军至平家寨附近的野彪时，队长林合、指导员方刚动员谭光荣就地隐蔽，由战友送他去鱼塘半坡的张婆婆家养伤。十多天之后，谭光荣的伤仍未痊愈，可是他急于归队。张婆婆只好给他换了装，并指点他朝花苗田、苟坝、纸房方向去追赶大部队。追寻大部队没有结果，谭光荣借宿苟坝贫苦长工明绍清家。明绍清对谭光荣说，听说平家寨的乡长牟直卿压得住邪，保护了不少红军，不如去那里试试看。

谭光荣离开明绍清家朝平家寨走去，到纸房当坝，被徐廷邦、胡朝臣、罗章林三个手提刀棒拦住搜查，把他的一套军装、布伞、电筒、皮包、皮带、苏维埃红军币逐一搜去。并叫谭光荣去会坡上的乡长，实际是想在押送过程中杀害他。这时，恰好遇上一个老人，老人问徐廷邦、胡朝臣、罗章林三人：这人有什么没有？三人说没有什么。老人便说，没有就不要害人，何必背命债。并对谭光荣吼道：喊你往上走，还站着干啥？后来谭光荣才知道，那位搭救他的老人叫徐兰之。他按徐兰之指示的道路往上走，那三人没有再跟上来。谭光荣走到平家寨找到了牟直卿，牟直卿派人把他送到黑脚崖的山洞里，和那里的红军伤员一起养伤。伤病痊愈之后，牟直卿安排谭光荣到白果槽王吉安家，在那里做挑水长工四年；1939 年又转到李村独自谋生，1949 年枫香解放，谭光荣当上村长。

---

① 刘沅后来在解放战争时期，随刘邓大军挺进贵州，解放遵义路过枫香坝时，他还专门给当时的区长高明政写信，希望不要杀曾经救过红军的开明绅士牟直卿。

除牟直卿之外，还有多位乡亲保护红军的事实。① 山登铭冒着生命危险策划保护红军的义举，亦是值得我们考察的案例。山姓是平家寨的望族，山登铭也是平家寨土生土长的本地人，他自小听太平天国旗子手山满的故事，并学习《四书》《五经》，算是知书识礼的乡村知识分子。成年以后曾研习理学，与牟直卿切磋过风水，在遵义仁怀边境地带有一定的名声，成为山、罗、平、苟、唐、李六姓的吉安寺祠堂的代表人物。1932—1935 年，山登铭在遵义与革命者黄齐生先生来往密切，并常常在遵义老城的牟直卿家中秉烛夜谈。后曾聘请四川人梁汉安来吉安寺，在保国民学校教授新学，这所学校后来培养了一批中华人民共和国成立初期的仡佬族干部。

1935 年春，山登铭与牟直卿组织保护三渡赤水留下来的红军伤病员 23 人。山登铭四处奔走，打听流落下来的红军战士。请仡佬族罗顺成、邱大妈把红军送到黑脚崖的洞中；请街上卖酒的高五娘通知场头的王大汉子，把红军伤员舒营长背上山躲避清乡队。之后，红军又四渡赤水，再次辗转平家寨，多位仡佬族同胞给红军官兵带路、备粮食、打草鞋。在山登铭的带领下，将纸房、大坪、费家坟、沙土、小毛坡等地留下来的红军伤病员 12 人安排在黑脚崖岩洞保护起来。之后曾有长岗的皮树恒带领地方武装来与山登铭交涉，要求红军交出枪支，山登铭义正词严地呵斥皮树恒，警告其不得在平家寨扰乱百姓，皮树恒慑于山登铭的为人和影响力，无奈地撤走了清乡队。

红军官兵伤病痊愈后，山登铭又组织红军归队，他扮成国民党军官把盛祝生营长、刘云连长送走，其余的由牟直卿以银元资助归队。留下来的红军战士谭光荣、张家才、许瀛洲、唐治辉（中华人民共和国成立后任平正农会主席），由牟直卿安置到可靠的人家直至当地解放。山

---

① 1935 年 3 月，红军三渡赤水、四渡赤水，数度进驻平家寨，谱写了一曲曲感人至深的雨水情谊之歌。

登铭与牟直卿桴鼓相应，成为仡佬族民间保护红军的一段佳话。① 乡绅和乡亲们忠肝义胆的道德义举，实可作为民间伦理共同体利用的美德素材，从而具有诱掖后进的范导性功用。

第二节　仡乡游子的道德逆传递

本节讨论的反哺故土的主体力量是在外工作生活的游子，以担任重要职务的高级干部和取得学业成就的学子为样本，借他们的事迹来呈现其与故土的血缘和地缘联系，以及在民间实际产生的影响力、感召力及不可比拟的公众示范意义。他们的反哺行为，有助于祛除村民的惰性心理和小农意识，使之获得道德上的助力，进而内省自身的道德修养，最后归附到平家寨民间伦理共同体的召唤之下。

游子身处城市的优势和资源的便捷，使他们具有潜在的道德逆传递的可能，通过他们的"优势扩散"向故乡渗透，从而深刻地影响着乡村的物质文明与精神文明建设。此外，相对于耗时长、效率低的思想教育的现实，带有感情因素的反哺行为更容易获得广大乡民的认同，更容

_____

① 红军留存的标语、布告，是考察红军与村民鱼水情深的重要凭据。据遵义县党史记载，红军 1935 年突破乌江天险之后，在遵义县境内停留了 44 天。屡次入驻平家寨，活动时间长达半月之久。为了宣传发动群众，使仡佬族同胞明白红军干革命的宗旨，他们采用书写标语、张贴布告等多种形式，向仡佬族同胞传播革命道理。在今乡政府王永龙家西厢顶端石壁上及西厢灰壁上、火烧坡全国庆和全万章家堂屋神龛左右及木质面壁、山罗平苟唐李大姓人家的家庙正堂面半壁上，都有红军和布告的遗迹。另外，刘永书记述的歌谣也表达了仡佬族同胞对红军战士的敬佩与怀念之情："红军来到平家寨，家家户户忙起来；女为红军来站米，男为红军打草鞋；有为红军当向导，有人又把担架抬；红军纪律甚严明，把我阿仡当亲人；开腔老乡多客气，买卖东西又公平；红军阿仡一家亲，阿仡红军鱼水情；红军北上打日本，红军是咱大恩人；红军打倒国民党，盼望亲人早回程。"（《红军阿仡一家亲》）红军实物也是红色记忆的重要组成部分，红军在平家寨赠送有行军锅、棉衣、红毡、毛绒帽、毛呢大衣、扁竹筒、马鞍等实物，部分存在村民家中，部分上交至省博物馆。以上为平家寨刘永书讲述。

易在改变乡民的思想观念上取得事半功倍的效果。

当亲代的道德力和影响力式微之时，反哺行为实际上显示为一种道德逆传递，它不再遵循由长及幼、自上而下的渐进传递序列，而是将自身受教育、环境、修炼等多重因素作用之下的道德精神面貌回传给故乡。游子的活动范围多在城市，城市的社会控制多是规则、法律、章程等正式控制手段，而乡村则多是宗教、习俗、道德等非控制手段。游子对故土的文化观照和反哺实践，有没有为故土的旧乡风、旧习俗改造助力？有没有为民间伦理共同体的构建提供警策性的信号？① 答案是肯定的。反哺故土深刻地改变了游子和乡亲的关系，打破了传统的"衣锦还乡"图式，使寻常的乡情乡谊得到升华，从而重构着民间伦理共同体。②

一、感念乡亲的反哺之情

何子明③，干溪人，退休后一直从事社会公益事业，协助省旅游开发与保护促进会和平正乡党委政府，使平正乡荣获"中国仡佬第一乡"

---

① 反哺行为在乡村的道德建设上具有一定的教化功能，游子实际开展的引资投资、智力支持、道义支持、扶贫帮困、慰问老人都会在不同程度上影响乡民，在经济上扶持寒素人家，在道德上启发落后分子。

② 这里讨论的平家寨民间伦理共同体与另外两个样本应有区分。民间伦理共同体的建构在何种程度上是可能的？家族伦理道德在特定的历史时空背景之下，其内部会表现为较为一致的趋势，家族成员对其认同感和知识贡献，使其呈现为边界清晰的共同体范式；族群伦理道德在有外力抵制和精英引领的情形之下，其内部亦会表现得较为统整，从而成为可堪审视的共同体范式。本章讨论的平家寨民间伦理共同体虽以乡村命名，但实际是一个乡民共同体。仡佬族是一个知恩必报的民族。其祭祀活动和节日多达 50 余个，几乎每月都有节日安排，最著名的"祭祖节""敬雀节""吃新节"，均表达了他们对于世间人事的敬畏和感恩之情。我们由此推知游子感恩故乡受这样的风俗习惯的影响。

③ 何子明，1939 年 11 月生于干溪。曾任黔西南州委组织部长、第一副书记、省人事厅常务副厅长、省直工委书记。何子明认为故乡原生态的自然环境和人文氛围给他留下了太多珍贵的记忆，使他终生不能忘怀。他记得家乡的第一个大学生走出村子时，他痴痴地送了他五里路，直到看不清对方的身影才不舍的归去。何子明读书非常勤奋，也感激对他的学业有过帮助的前辈。他的老师赵 （转下页）

的光荣称号，为平家寨仡佬族的发展赢得一个良好的机遇。在众多平家寨籍游子中，何子明是一个典型的代表，他虽然身居高位，心却念及故土，作为贵州滋根基金的发起人，他活动频繁、成果丰硕，成为退养之后为民间疾呼的榜样。下面我们拟以何子明策划的慰问家乡老人、筹办回乡演出、资助家乡儿童赴京观光等活动记述，来呈现"故土恩深重、游子恋乡亲"的实情。

2010 年正月初二，平家寨的气温非常低，山地高处还积着一层薄薄的凝冰，乡亲们处在过新年的喜庆之中，没有谁会想到有人从外地赶回来给他们祈福拜年。下午 1 点左右，几辆载满了慰问礼品的小车缓缓驶入平家寨，那就是在外游子何子明率领的回乡慰问团。参与那场活动的罗荣忠告诉我们，电视台的记者、《贵州日报》的记者也闻讯赶来采访，共同见证那温暖人心的感人场面。下午 2 点，何子明与乡友代表王正权、张正刚、田开强、雷小丽、王德强夫妇等一道，约请道德评议会的代表罗荣忠、张良、王志立开碰头会，介绍活动开展的目的和意义，简述活动的准备过程和慰问品、慰问金的发放安排，以及走访的路线。①罗荣忠说，慰问团在短时间内筹集 3 万元、棉衣 30 套、棉被 30 套、菜油 50 桶，对于分居各地的乡友来讲，这是十分不易的善举。

（接上页）宗洲先生，每次到贵阳去都会买回很多书籍，供何子明和同学们阅读。1954 年，何子明以优异的成绩考入遵义四中，但家境贫寒无力供养他升学。这时乡亲们伸出了援助的双手，一位叔叔资助了他五万块钱。何子明讲那时还是旧币制，一万相当于一块钱，五万块钱也就是五块钱，在当时可是一笔巨款。何子明在初中获得了两年的丁等助学金，在高中获得了三年的甲等助学金；大学在贵阳师范学院又获得了国家助学金。所以，何子明对乡亲、故土、国家充满感激之情。1965 年，他带着这种感激之情投身到兴义的社会主义建设中去，一干就是 25 年。1990年到贵阳，并在省人事厅任常务副厅长；1993 年 6 月，离开人事厅到省政府机关工委做书记；1995 年，省委机关工委和省政府机关工委合并，又担任书记一职直至到 2000 年退居二线。

① 何子明带领的慰问团，在寨里乡亲的带领下，拟用三天的时间分赴葛藤片区、平正片区走访 80 岁以上的老人共计 258 位。其中，对 80 岁以上的老人发放慰问金 100 元，配偶健在的加发棉衣、棉被和菜油；对 90 岁以上的老人酌情加发棉衣、棉被和菜油。

何子明坦言："人生易老天难老，岁月沧桑不等人，一方水土养一方人。我们的'根'在平家寨，'魂'也在平家寨。我们这一小小的行动，在于倡导全社会尊老爱老、敬老助老的社会风气，营造一种青年关心老人、子女孝敬父母的道德风尚，为传承儒家'孝悌'文化和中华民族的爱心美德，为促进社会主义道德建设、构建和谐社会出一点微力，尽一分责任，献一份忠诚。"他倾肠倒肚的真心话感动了在场的每一个人。我们在探究民间伦理共同体的构建时，会特别注意奉为楷模的善举和整躬率物的榜样，以上两者都离不开精英代表的作用。

初二下午，何子明和乡友们首先去看望王永福老师，他家是四世同堂的教育世家，王永福老师脚力不健，不能出来迎接慰问团的乡友们。可何子明抢先进屋，紧紧地握住王永福老师的手，寒暄并祝福，王永福老师夫妇连声感谢，称乡友们想得太周到。之后，何子明又与乡友们马不停蹄地驱车到黄泥堡，慰问杨泽环和山龙碧两位老人。山龙碧老人邀请何子明和乡友们入家宴聚餐，何子明与百岁老人互相敬酒、互致问候，山龙碧激动不已，称自己一生中从来没有非亲非故的人来看过她。

初三早上，何子明与乡友们去慰问九旬老人张瑞珍时，她亦说了那番相同的话语，称何子明等与她非亲非故，却想得这么周到。之后，何子明一行穿行在泥泞的山路上，跌跌撞撞地赶到洞湾看望罗炳文老人，何子明发现罗炳文家的孙媳妇敖小芬尽孝服侍卧病在床的老人13年，家里收拾得整整洁洁、干干净净时，何子明不停地称赞敖小芬的孝亲行为，让他们一行也深受教育和启发。接着，何子明一行不辞辛苦，赶在天黑之前走访了百岁老人孔凡宇。

初四早上，道德评议会牵头召集乡民们开会，乡政府四楼的会议室聚集了前来参会的老人、回乡大学生和村干部，罗荣忠带头发言，充分肯定了何子明和众乡友的慈乌反哺般的真情厚意，称乡友们捐出的物资虽然微薄，但他们在外拼搏也不容易，集资返乡慰问活动，真实地反映了乡友们对故乡的眷念和深情。

初七平家寨赶集，乡民们在客车站的门前贴了三张感谢信，其中有这样一段表达乡亲们对何子明的称赞："高龄志亦高，发尽光和热；得失等轻尘，殷血濡人福；奋蹄不息老牛心，梓里乡亲总关情。"

何子明报效乡亲的行为活动，不仅仅限于返乡慰问老人。他和乡亲们一道到深圳福田求援，说服福田区教育基金会出资 30 万元在平家寨捐建希望小学；小学顺利竣工之时，何子明又邀请省花灯剧团的 28 位演员为父老乡亲演出精彩的剧目。他顺势对家乡的孩子们提出要求与希望，鼓励他们从小立下远大志向，争取走出平家寨，改变命运。他亦希望，走出去的孩子，有一天也能尽己所能，回报家乡。

早在 1993 年，何子明就利用自己的各方资源，在平家寨召开"平正社会经济发展座谈会"，邀请省内农业、水电、民委等部门的领导，为平家寨的发展"把脉诊断"，以便寻求政府支持和政策倾向；1996年，经何子明的熬心费力，帮助家乡把遵仁公路延伸到家乡；之后，又寻求省财政厅等部门支持，把高压线架到了干溪、野彪等地，改写了家乡不通电的历史；带着家乡的领导干部联系水利厅，由水利厅等部门支持几十万元，解决家乡的引水灌溉问题……由此，何子明用自己的无形资源，身体力行，再加上政府部门的支持，把水、电、路三样最基本的东西送到了家乡。何子明少时心怀走出大山的理想，很想看看山外的世景。于是，他便萌生了帮助孩子们看看外面世界的想法。经何子明的筹划、企业家代春林的资助，2008 年，他们安排平家寨 20 名优秀学生到北京，何子明和孩子们同吃、同住、同玩、同游，足迹遍布北京城。

所有这些活动，何子明尽了自己最大的心力，其间遭遇的挫折与误解、苦难与悲伤，从来都是默默地藏在心里。1999 年 4 月 24 日，福和希望小学奠基完成后，何子明偕夫人雷以珍、夫人的侄女及侄女婿一道回乡商谈学校的水、电、通信等项目事宜。但不幸的是，一次愉快的返乡之旅却发生意外。当晚何子明一行乘坐的车发生车祸，夫人雷以珍不幸罹难。他的伤痛非局内人不能明了，但伤痛并没有让他停下建设家乡、服务家乡的脚步。从 1993 年到现在，何子明在反哺家乡的道路上，已经走了 20 多年。

二、莘莘学子的励志榜样

仡佬族学子田奇的学业人生是平家寨人引以为豪的榜样，他的故事在仡乡人家的茶余饭后成为时常提及的谈资，他在学业上的后发赶超和砥砺奋进，当是一种催人向上的精神力量。他信守伦理共同体的约定，即便身处大洋彼岸也念及哺育他成长的故土，曾用长文记述他在海外的学习生活，寄给家乡的父母官，希望给仡佬族的莘莘学子以笃信好学的启示。

田奇，1971 年 9 月生于平家寨李家沟，6 岁多时因父亲在外工作，由母亲送至平家寨民族小学念书。田奇在姊妹七个中排行老幺，大家平常就叫他"老幺"。① 他的妈妈送其入学时不知道怎么改名，老师问妈妈田奇是排行第几，妈妈回答："他是第七。"老师顺口而出，就叫"田奇"吧。启蒙教育对田奇而言是空白，从小学一年级到四年级，他从来没有弄清楚数学的加减乘除，而他的哥哥姐姐们却时常因为学业优秀而获得钢笔或笔记本之类的奖品。

田奇说他上课时所有的心思都集中在课间十分钟，因为成绩很差，对他来说，课间十分钟是他小学阶段的所有回忆，在课间十分钟的活动或游戏中才能找到自信。他认为自己有很强的课外阅读能力，认为自己不算太笨，还知道一些历史地理方面的东西。其最大梦想就是成为一名卡车司机，因为平家寨很少看到卡车，而且卡车司机每每出现时都是志得意满的样子。

---

① 据刘明远讲述，田奇是田家的第七个孩子，他的母亲朱星英刚刚怀上他的时候，由于家庭担子的沉重，其父田兴才已无意要他。遂专门找中医配了一副打药（泻药）。他母亲刚服了两道药，值枫香区的区长张远富来他家，把药当成茶来喝，刚喝一口就吐出来，问这茶为什么是这个味道？田奇的父亲解释那不是茶，是打药。张远富就批评田兴才乱开打药，万一把大人害着了怎么办？于是田奇的母亲朱星英未再服药。之前服的两副药好像也没有影响，最后田奇得以出生。由于是其父不想要的孩子，名字也不愿意给他取，大家就用"老幺"来称呼他。

　　田奇称，自己的小学生活是浑浑噩噩的五年，因为小升初时的语文数学总分才 82 分，觉得进入平正民族中学的学习也无任何意义，因为他既听不明白语文课，又听不懂数学课，几乎不明白负数的任何含义。他用中文来注解英语的发音，自以为是自己的创造发明，英语成绩从来没有超过 30 分。如果照这样下去，不但会无缘于中考或高考，也不会有今天远在美国的著名麻醉师田奇。

　　由于成绩太差，被迫在初中二年级留级一年。也就是这一年，他在学业上赢得了转机。首先能理解一些以前学过的东西，作文被当成全班范文，这对于几乎从未受过表扬的田奇来说是莫大的鼓舞。之后，伴随自信心的提升，田奇的语文、数学、物理的成绩也步入全班前列。田奇的父亲在 70 公里之外的县城政协工作，遂将他转入遵义县二中的初三毕业班。他的父亲给他定了铁一般的纪律，周六晚七点至周日上午十点可以在政协会议室看看电视，其余时间一律用来学习；不准在县城与街上不三不四的人来往，一经发现有不良行为即送交公安局看守所。

　　由于田奇是插班入读，二中这个毕业班在假期内上了一个月的课，他根本跟不上学业进度；加之坐在最后一排，基本上听不懂老师的讲解，不了解化学元素代表的含义，也不懂新的代数和几何知识。田奇不敢当面对他的父亲哭诉，只有悄悄地抹眼泪。他的三姐曾向母亲讲述田奇在二中的情况，家里一度决定将他从二中转回平家寨。车票本已备好，准备送他回家的民委副主任马德先因故未能成行，田奇就又留下来，以后再没提起回平家寨的事。

　　田奇讲他在南白镇没有朋友，也不敢擅自上街，怕迷了路，称自己看上去像一个乡巴佬，所以他把所有的心思都放在了学习上。不懂英语，他就强行死记硬背单词；不懂发音，就通过默记字母的顺序和组合来记单词。这种强行的记忆，似乎有了一点效果，第一次期中考试，他的英语成绩考了 42 分，成为他有史以来最高的分数。田奇从这 42 分中得到了足够的自信，在初三第一学期，他强行记住了初一到初三的五册英文课本,① 期末考试成为二中初三最耀眼的一匹黑马,其英语成绩在五个月之内成为全班的第一名——92 分!

之后,田奇的物理、化学、语文等科的成绩也一并领先,这给了他莫大的自信。自此,自觉学习的理念一直陪伴着他,直至留学海外。经过初三这一年的努力,田奇成为遵义县二中初三 7 个班近 500 名毕业生中的第一名。他欲报考县一中,但是二中不想放走尖子生,用不发毕业证书的方式来阻拦他。他的父亲田兴才略施小计,才使他得以顺利进入一中学习。

在县一中,田奇将自己的目光放在清华和北大,其他的事一概不多想。他严格遵守自己的作息时间,早晨六点半起床,之后上学,中午午休半小时,晚上十一点准时上床睡觉,周末必须整天休息,长假日绝对不看课外书。在整个高中期间,他都是班里的前五名。1989 年高考,田奇总成绩在县一中是第二名,因在农村的母亲一人负责八个人的田土生产,其父亲的月工资只有 80 多元,便不让他报考花销高的清华、北大,退而选择不收学费、生活费低廉地区的大学,在李惠超老师的建议下,他最终选择成都华西医科大学的七年制本硕连读。之后,他的父亲戒掉每天抽两包香烟的习惯,节约着供田奇完成华西医科大学的七年学习生活。

田奇所在的华西医科大学七年制临床医学系,实际也集聚了全国各地的高考状元,是全校重点培养的班级,授课老师几乎都是当时全国有名的专家教授,而且多数授课是全英文。田奇注重知识和能力的双向提升,实习期间其临床能力优秀,处事和判断能力优于其他学生。田奇认为自己秉承了乞佬族的淳朴和善良,而缺乏都市人的聪明。经过四年的磨砻砥砺,他成长为一名优秀的麻醉科医生,在医院 150 名住院医生中,通过临床操作、学术答辩、英语考核等多项指标的评估,其成绩名

---

① 那时人教版初中英语课本应有六册,但第六册篇幅少,无新的语法现象,考纲就规定主要考查前五册的内容,这是那个时代学子的共同记忆。

列第四，被评为"优秀住院医生"。在四年的时间里，他做了近4000例麻醉手术，同时具备各种各样的应急能力，成为最受欢迎的麻醉医生。

2000年7月，田奇入读澳大利亚墨尔本皇家理工大学医学科学系。他的博士论文结构严谨、语言清晰，对有关心脏代谢的研究有重大突破，成为该校极少数论文无需修改而通过的博士生。答辩评委称他为其他的研究生树立了一个优秀的榜样。博士学业完成后，田奇再赴位居美国前十名的医学院——贝勒医院做博士后研究。那里云集了世界顶尖的医学专家，其分子生物学水平更是名列全美第一。田奇如鱼得水，潜心钻研，在较短的时间就步入了分子生物学的研究领域，并创建了三个基因鼠研究模型，该模型对心衰的机理有重要的启示意义。田奇的导师对弟子的研究结果非常认同，并认为田奇是来自智慧的故乡。

田奇认为仡佬族人世代居住在大山石旮旯之间，他们有着艰苦朴素、吃苦耐劳的本色，一旦拥有走出大山的机缘，便会大有作为。他坦言自己只是他们中间幸运的一员，仡佬族民间还有许多同胞的智慧远胜过他。他认为，任何一个民族都有其优越的本质和落后的一面，只有扬长避短，民族才有希望进一步发展。他在澳洲耳闻目睹当地土著人的详情，政府给予他们优厚的福利和教育，可许多土著人却沉溺于酗酒和颓废，从而导致了整个族群的沉沦。田奇希望自己的自述可以鼓励仡佬族学子立下鸿鹄之志，不要因简陋的教育环境和闭塞的信息而放弃自己，而是要经过踏踏实实的努力，走向世界。①

田奇曾被平家寨人称为走向世界的"夜郎之裔"，以此夸赞他的学业成就，以及给后生学子带来的荣誉感和自信。的确，迄今榜上有名的仡佬族大学生寥寥无几，从1960年起到1999年为止的四十年

---

① 田奇回忆录（未刊）. 此回忆录曾寄回平家寨，乡志等文献有节选。2007年7月，美国心脏研究学会募员，68人应试，只取前7名，田奇榜上有名，最终在美国安家落户。

间，只有李开才、王立志、李开庸、商顺学、李荣杰、田奇、王伐云、李开武、田明富九位平家寨人跻身大学之门。虽然人才产出很少流回原地，表面上对乡村并无实际贡献，但接受更高级别教育的乡友可以启发在乡的读书人，并被引作砺世磨钝的楷模。从晋升高等学府的人才总量即可推断平家寨的教育水平，在堪称教育之乡的遵义县，平家寨的教育成绩实在是处于末流之列。教育之不振成为制约乡村经济社会发展的瓶颈，我们希望乡民们不耻最后，能从田奇磨砻浸灌般的勤学苦练中获得启示，不可妄自菲薄，亦不可妄自尊大，无论身处何种岗位，都应尽心竭力，不辱勤劳勇敢仡佬族人的光荣称号。

第三节 民间砥行立名的急先锋

这里以仡家山乡的罗荣忠和黄大发的工作实绩为例，重点陈述两位乡村精英的政治先导性和道德示范性，从而说明其践行伦理道德的进路。罗荣忠和黄大发实际是乡村精英的代表。乡村精英指什么呢？它指乡村社会中的头面人物，因其卓越的工作能力和强大的道德影响力，而拥有获取和分配社会资源的优势资格和社会地位，并对政策产生直接和间接影响的杰出分子。① 本节所论及的罗荣忠和黄大发就是这样的头面人物。

平家寨至今仍是是贵州省典型的贫困村，脱贫任务非常繁重。我们深入该地调查访谈，重点考察了知识精英如何以村落为己任、如何担负社会教化使命、如何引领社会发展潮流，以及在乡村治理上的身体力

---

① 李良平. 试析知识社会中精英与民众的知识分工 [J]. 大学时代，2006 (9)：20. 我们根据李良平对知识精英的定义，试对乡村精英做一个描述性定义。

行。罗荣忠算是平家寨知识分子的代表，亦是远近闻名的"教师明星"，① 我们从乡政府一路打听去他家的路，竟然毫不费力，因为整个平家寨人都非常熟悉这位辛勤的园丁。他本人除了在平正民族中学担任教务主任的职务之外，在民间也有不小的影响力，一是他在仡佬族人中整躬率物的示范，二是他牵头建立的道德评议会。

黄大发至今仍然过着简朴的生活，省报的记者曾经以《本色》为题，专门报道了这位平家寨"现代愚公"的典型事迹，成为仡佬族及兄弟民族推崇的道德模范。黄大发的出身不过就是普通的乡民，并没有太多的文化优势，也不可能对所在共同体的伦理文化有深切的理论把握，他立身处世的原则就是不负恩昧良，凭天理良心为村民办点实实在在的事。研究欲获知平家寨伦理共同体的实情，借这样一位卑微身份人物的活动，来考察仡佬族伦理文化对他的熏陶成性，及其在道德追求的实践中是如何服从伦理共同体的召唤。

一、矫世励俗的头面人物

罗荣忠，平家寨人，1938 年生，1961 年毕业于遵义师范学校，之后在桐梓县工作，后被下放回家，1984 年落实政策时才回到教书育人的岗位，曾任平正民族中学的教导主任，是远近闻名的优秀教师。平家寨最近获得的良好名声源于道德评议会的建立，而道德评议会的发起人就是罗荣忠。罗荣忠磊落不凡，坦诚地告诉我们，袁荣贵副省长在公民道德建设促进会上，反复提及安龙民间道德评议的故事，再加上乡友何

---

① 罗荣忠在家里接待我们，他待人接物颇显谦谦君子的风度，端茶倒水也很客气，家里挤满了节假日返家归来的儿孙，房间里显得异常热闹。罗荣忠从人群中抽身出来接待我们，耐心听我们的访谈题目，并一一作答；之后，又去书房翻出当年记述的道德评议会的记录本，逐一给我们讲解说明；当我们提出索取这些资料时，他又用他家的复印机给我们备份；最后送我们一册《平正仡佬族集》（第一册），吩咐认真阅读，今后再行讨论。

子明的提示，给了他和村民们发蒙解惑般的启示。之后他们又借鉴江苏省的做法，在多位热心人的合力作用之下，终于在 2006 年建起了民间道德评议会。

这里拟围绕罗荣忠参与道德评议会的工作实情，援引一些具体事例来说明乡村精英在乡村自组织活动中的主导作用。罗荣忠述，没有成立道德评议会还是会有人来找他们这些在地方上有一定威望的长者出面，居间调停、处理纠纷，而且每年要处理的案例很多，几位老同志一商量，与其这样不如成立一个能够处理民间纠纷、为政府排忧解难的组织，一来为乡村道德建设找到一个突破口，二来可以使乡村讲信修睦、安定团结。

我们在道德评议会的记录本上，看见了罗荣忠组织召开的一次例会的记录，他和乡村的退休教师表达了为平家寨贡献余热的心愿。尤其是以罗荣忠为代表的退休教师群体，有当好乡村建设参谋的良好愿望，希望参与中心学校组织的各项活动，关心下一代的健康成长。乡里对道德评议会亦有经费支持，所以这次会议亦涉及了如何合理使用经费、如何使其发挥最大效用的问题。罗荣忠自始至终掌握着会议的节奏和内容，他带领大家学习李朝文老师和罗启森书记在道德评议会成立时的讲话，和大家一起讨论道德评议会的公开倡导信，学习发起点——共心村道德评议会的章程，提出创办道德评议会季刊的设想。

罗荣忠告诉我们，道德评议会在成立之初主要解决四类民间纠纷：一是不孝的情况，如不给老人吃饭、两兄弟打架争夺父母的土地、不赡养老人等；二是邻里边界的纠纷，如因征地搬迁起纠纷、修房屋被索取遮阴费；三是夫妻的婚姻关系扯皮；四是打架斗殴。最初的道德评议会由罗荣忠任会长，由老教师、老干部、老党员和群众代表共 19 人组成，这些人就是道德评议会的义务评议员。由于生活在群众中间，能第一时间了解村民发生的纠纷和矛盾，有将矛盾化解在萌芽状态的可能。道德评议会除了刑事案件不介入以外，罗荣忠和评议员们参与了各种纠纷的化解。一般由义务评议员先行了解情况，经评议以后写出评议意见，再交村委会处理，使调解工作落到实处，收效显著。下面选取四个罗荣忠参与评议处理的案件，来审查评议会的工作实效。

案例一：凤丰村民组向清明喂的鸡跑到雷富强家的菜地里啄食，结果鸡死掉了。向清明的妻子认为是雷家投毒所致，提着鸡到雷家理论，一方欲索赔另一方拒绝赔付，两家互不相让，最后到派出所解决，派出所认为事件太小，构不成案子，叫他们到村委会寻求处理。罗荣忠和评议员得知这个情况以后，分别到两家做工作，指出邻里之间相处以和为贵、凡事不能只顾自己利益的道理，应站在别人的角度思考问题。最后罗荣忠又把两家人召集在一起，指出各家不对的地方，以委婉的语气相劝，以中听的语词开导，最后两家人心服口服，当场便和好如初。

案例二：山木坎村民组一村民的媳妇跑了，怀疑是该村的付某造成的，于是两家发生纠纷。罗荣忠和评议员用了两天的时间去了解事情的原委，没有发现付某拐跑别人妻子的证据。又提问该村民了解事件的细节，该村民说不出证据。罗荣忠对该村民进行了安慰，耐心细致地帮助他分析情况，指出要用事实说话、要从多个方面找原因、搞清楚原因之后再想办法的道理，接着罗荣忠把两人召集在一起，开展调解工作，化解了两人的矛盾。

案件三：春耕时节，阳孔村民组袁某嫌妻子干活太慢，动手打了妻子，妻子一赌气跑到了娘家，袁某一生气也跑到法庭要求离婚。罗荣忠知道后首先找袁某了解情况，和他谈心，策略性地指出他的错误，告诉他婚姻是人生大事不能草率，为一点小事离婚不值得的道理。袁某慢慢意识到自己的错误，为罗荣忠的耐心开导而感动，对打妻子使她回娘家的事后悔不已，罗荣忠趁热打铁地相劝："你媳妇那么辛苦，你不但不体谅她，还打她，这个脾气一定要改，还不赶紧去把媳妇接回来。"经过罗荣忠的一番教导，袁某第二天就去把媳妇接回了家。

案例三：蒙油公司两兄弟，由扯皮发生提刀厮杀。罗荣忠接手对这个纠纷进行处理，他弄清楚扯皮的根源在于经济纠纷。弟弟开有一家公司，哥哥家的儿子在里面打工。儿子挪用公司的钱买车，引起弟弟的不满，就把儿子给解聘了，矛盾就此生成。在一次弟弟家的乔迁新居的宴会上，哥哥邀约了一些人来理论，最终导致打人致伤需卧床医治。罗荣忠和调解员一道，费了大量的时间和精力，多方说服，讲明和气致祥的道理。两家人看到外姓人来耐心劝解，最后深受感动，两兄弟就此化干戈为玉帛。

案例四：共心村王家有位老人，由小儿子接去赡养，可是老人常年被关在楼上，楼上是几根竹竿撑起的棚子，吃饭是塑料盆，连筷子也没有，老人就用手抓着吃饭。罗荣忠知道以后，批评小王没有尽到赡养老人的义务和责任，告诉他国家法律和伦理道德对赡养老人的规定，指出其应该改进的地方。罗荣忠为了使这件事得到圆圆满满的解决，约请了记者以增加声势，请村委会介入以增加行政干预的力量。最后小王意识到自己的不孝，决定改正错误表明自己的罪过，小王还帮她的母亲缝制了一套衣服，老人的境遇就此改变。

经罗荣忠处理的评议案太多，不能一一列举。以前乡政府、村委会每年要收到群众来访事件 100 件以上，道德评议会成立以后，基本上没有了群众上访事件，这是道德评议会工作开展有效的最好说明。与罗荣忠交谈发现，他是一位言辞犀利、精明能干、身体力行的长者。当初评议会刚刚建立，他就和评议员们立马参与牟光君建房与邻居王其贵寻求遮阴费的纠纷，之后又处理潘本淑与金芳的打架纠纷，以及王茂远与王德强的兄弟纠纷，其工作实效在民间很快传开，老百姓口碑载道，道德评议会就此赢得很好的名声。

罗荣忠认为他牵头的事业并不是孤军奋战，道德评议会有众乡亲和乡友的鼎力支持，方才彼唱此和、名副其实。他反复强调人的因素，评议会的建立有在外工作的乡友如何子明的出谋献策，何子明讲到道德评议会要开展一些卓有成效的工作来彰显"中国亿佬第一乡"的道德风范，称赞罗荣忠作为一名乡村教师，有这样立意高远的道德建设的谋划，是十分难能可贵的事情。他还认为道德评议会的建立，意在调动一切积极因素，吸纳诸方力量，发现村民道德建设的缺陷，积极消除在新农村建设中的不和谐因素，适当开展一些晓之以理的说服教育，在村民中树立一些标杆性的道德榜样，让人们有主动调节自己心态的意识，能够策略性地处理邻里间的小矛盾、小摩擦，形成和谐共处的民间社会环境。道德评议会的工作内涵，经由罗荣忠的屡次解释，得到较为充分的扩展和阐发，他提出道德评议会要配合平家寨的综治工作、治安工作、教育工作、计生工作、医疗卫生服务工作、市场营销工作、未成年人德育工作，始终以助手的面目来推动乡村的大环境建设。正如罗荣忠在成立大会上的发言，道德评议会的建立是仡佬族山乡的大事件，是仡佬族人的光荣和骄傲。①

　　作为一名乡村教师，罗荣忠的口才是公认的，但透过他不凡的口才和文采，其背后实有他对于仡佬族深厚的情感，和对故乡人民、风物的热爱，他一生勤恳工作、身先示范，为平家寨民间伦理共同体的构建做出了突出的贡献。从家庭的纠葛和乡邻的矛盾来看，血缘或地缘关系并不是乡民恪守道德规范的唯一因变量。若乡民不依共同体的规范行事，那他们与共同体的关系是疏离的，共同体本身也成为一个极难理解的社会现象，更不要说在共同体的框架之下设计乡村的美好蓝图。为此，我们很有必要进行民间伦理共同体的重建，理顺共同体的伦理关系和道德关系，强调伦理共同体的同质性和共同利益，在乡村精英的开导之下，对自己的共同体身份保持必要的自觉自识。

---

　　① 罗荣忠谈及平家寨仡佬族，始终充满自信心："我们可以自豪地说，长征文化在这里传播，毛泽东等老一辈革命家率领中央红军在这里驻扎。濮水清流远，正气日月长。仡佬族人在这里踏歌而舞。邱大妈、牟直卿护卫红军，茅酒与仡酒同源，地下有煤炭资源，金银花发出幽香，杜仲药材的名声也不赖。汉僚合魂碑巍然耸立，太平天国旗手山满的故事激励后人，全国人大代表田兴才、仡佬族第一个大学生李开才、仡佬族第一个博士田奇都值得夸赞，潘氏家族的族训载入县志，夷民碑不畏强暴，大沟洞群反映人间沧桑，千年银杏有美丽的传说，黄大发修渠无私奉献，王强二慷慨解囊，玛瑙山下，干溪河畔，平家寨上，人才辈出，它有首善之乡的气象！"罗荣忠在道德评议会上的发言（未刊，2006）。

二、敢勇当先的现代愚公

黄大发，今年已是 80 岁高龄，住在距离村委一个半小时路程的山里。他精神矍铄、思维清晰，很愉快地接受了我们的访谈。老人一生勤劳朴实，靠自己艰辛的劳动在草王坝勉力生活。两个儿子分家出去独立生活，四个女儿亦出嫁他乡，他和老伴至今坚持劳动、自食其力，早晨起很早去割草喂牛，中午下午则去田地里干活。① 就是这样一位老人，出以公心、身先士卒地带头兴修水渠，重新书写了草王坝的灌溉史。

按黄大发自己的话说，他入党四十年，"执政"四十五年，历任大队支书、村支书。他所在的草王坝极度缺水，庄稼收成十分贫瘠。在 20 世纪 90 年代以前这里有一段顺口溜："草王坝是个名，包沙饭哽死人，土多田也多，三十晚夕难找米汤喝。"因为地处山沟河谷高地，稻田多是望天打田，遇天旱缺水灌田，庄稼的收成就没有保证，草王坝人为此穷得一塌糊涂。为了改变这一穷二白的面貌，时任草王坝村支书的黄大发，决心带领大家改变这里的农业环境。他带领乡亲们奔走呼吁，联络各地的乡友协力，终于使政府投资的灌溉项目落户草王坝。

水利工程被村民们称为"螺丝水"，即把 20 多公里外的螺丝河水引到草王坝，这需要建一个小二型沟渠。但在这地势险要、岭高谷深的山区怎么修建呢？当时的村民心中是一个个疑团，若要引"螺丝水"，建的沟渠大部分要在悬崖上走。黄大发没有被眼前的困难吓住，既然工程项目已经得到，就要立马开工建设。于是他自任指挥长，兼任技术员，②

---

① 黄大发的一个在遵义县三中读书的外孙女告诉我们，他身体很好、热爱劳动，现在还下地薅草干活。

② 团结村（以前的草王坝村）的村主任徐舟告诉我们，这条水渠至今还灌溉着草王坝的稻田，发挥着它应有的作用。草王坝曾经纳入县里的水利工程项目，在悬崖绝壁开渠和施工线路走向的勘探等技术有上面的指导，具体的修建开凿则由黄大发任支书的草王坝村的村民来承担，上面拨了专项款 320 万元左右，村里自筹了部分资金（不详），县政府用 38 万斤包谷籽折抵工程款，大家投工投劳，开始了长达三年的修渠工程。徐舟称当时他还是十几岁的少年，随大人去工地，也曾经参加了修建水渠的劳动。

带领300多名社员披星星、戴月亮，苦战苦干，历时三年（1991—1994），硬是在悬崖峭壁上修成一条全长7200米的"大发渠"，① 草王坝从此结束了滴水贵如油的历史。回顾修建水渠的经历，令人感喟不已。

"大发渠"的穿行线路好似神话故事里的描述，要绕三重大山，要过三道绝壁，要穿三道险崖。譬如，岩灰洞一段，一般人都不敢在修成的渠堤上行走，因为渠堤外是真正的百丈悬崖。在乡村缺少施工保护措施的情况下来修筑这样的危险工程，需要多大的胆量和毅力？又如全长200米的擦耳崖，只能够扶壁而行，行走在上面简直可以用胆战心惊来形容；再如120米长的隧道，那是用脑袋和前胸后背测量出来的，是一钢钎一铁锤凿出来的。那绝壁险崖的艰险，绝非一般信念与毅力可以克服。另外，草王坝不通公路，工程施工全靠人背马驮。这引来的希望之水，其间蕴含了黄大发和村民们的多少心血！②

"大发渠"修成以后，确实让草王坝的乡民大发起来。修建水渠之前，全村仅有100多亩稻田，若遇天干还不能保证收成；水渠修通之后，现有稻田700多亩，整渠灌溉面积达到1200亩。③ 如今，草王坝已今非昔比，村民因为这个水利工程的灌溉，稻田的收成有了保证，生活开始逐步富裕起来，家家户户还建起了小洋楼。

---

① 村民们对黄大发支书带领修建的水渠，亲切地称它为"大发渠"。水渠在400米长的悬崖上走，有7000米长的主沟，2000米长的支沟，沟渠深1.5尺，宽1.8尺。我们发现这条人工开凿的水渠，其文化价值没有得到足够的重视，在乡政府草拟的文化旅游规划上，居然没有"大发渠"的一席之地，这实在是一个很大的疏忽。黄大发讲，水渠修成以后，成为村民们发家致富的"金银水"，生活得到极大的改善；这股水也是几百户人家的人畜用水。他也提及，水渠修建了近二十年，有些地方有风化破损，需要及时地维修。

② 我们认为"大发渠"的修建之难，在于全凭手工开凿，现代建筑技术和现代化机器用不上，因为当时草王坝还没有公路，它的修建完全是拼死拼活的毅力和发奋图强的精神作用的结果。

③ 黄大发讲，水渠修成之前，望天打田的庄稼收成是10万斤，水渠修成之后的庄稼收成是70万~80万斤。

黄大发支书亲自告诉我们，他从1958年起干到2004年退休，在村里当了四十五年的村干部，坦言自己没有多少文化，主要是在党的教育下做些实事，带领乡民们奔小康，其言辞非常谦虚。当我们问及他起念修筑水渠的动机时，他说昔日主要吃包谷沙沙饭，腊月三十晚过大年都没有米饭吃，这种艰苦的生活迫使他下决心把螺丝河的水引到草王坝来。他说二十几岁就在村里当大队长，曾指挥过修水库，退休之前把水、电、路修通，算是圆满完成了党交给他的工作任务。

小沈就是平家寨人，他讲道施工那几年，他在老家的学校读书，经常利用星期天去工地看看，对黄大发老支书的情况比较了解。老支书任工程总指挥长，可他却成天在工地上和村民们一起抢大锤打炮眼。他在工地上整整吃住了四年，其间家中的耕牛被盗，小女儿患病无钱医治死亡，小孙子玩火烧掉房子，他为这个工程付出了太多的代价。但他仍咬牙奋战在工地上，直到螺丝河水流进了草王坝的稻田里。① 多家媒体报道螺丝水水利工程，将其比喻为仡乡"红旗渠"，黄大发精神被定义为"仡佬魂"。

"大发渠"的修建体现了齐心协力的团结协作精神，以黄大发为代表的共产党人，不计报酬、不怕牺牲的奉献精神，披荆斩棘、力争上游的雄心壮志，是艰苦创业、自力更生的真实写照，是对未成年人进行爱国爱家乡教育活动的生动范例。黄大发支书不善言辞，始终用实际行动来体现他的精神境界。我们审察平家寨伦理共同体的构建，对这样的乡村精英的凝聚力应予以特别重视。

---

① 小沈讲当时他还不是记者，但是被黄大发的精神感动得直哭，动情之下曾经写下2000字的文章投寄给《贵州日报》，文章在重要的版面发表。黄大发的事迹随着多家媒体的采访报道而传布开来。2010年2月，小沈再随何子明带领的返乡慰问团，慰问了黄大发。他讲当慰问团要离开他家时，黄大发不住地挽留大家吃个饭再走，急迫之下说了一句话："你们要走，我心情很悲痛。"这句话惹得所有看望他的乡友们都笑了，唯独小沈笑不出来，因为小沈知道，老支书不善于表达，经常错用一些生硬的书面语。20世纪90年代小沈在工地上看见他时，刚好痛失女儿，他抽着叶子烟，双眼迷茫，面容惨淡，那时他的心情真是悲痛，但是并没有说出"悲痛"这个词。小沈认为这就是老支书黄大发的本色。后来小沈以《本色》为题撰文讴歌大发精神。

　　在黔山秀水之间，像"大发渠"这样的乡村农业水利，可谓是数不胜数，但如平家寨乡民一般饮冰茹檗、风餐宿露苦干的情形并不多见。若平心静气地计功程劳，它不只是乡村精英的劳苦功高，共同体成员有力的贡献，才是"大发渠"大功告成的主体力量。一旦个体归属于自己认同的共同体——平家寨草王坝，那他就不会退隐到个人主义的狭小空间，相反的，他们会在中坚分子的牵引之下，体认共同体的处境，参与共同体的讨论，承担自己应尽的责任，从而使得乡村成为可以造就的乡村。

第四节　道德评议会的虚功实做

　　道德评议会是中国农民的一个创造，① 它在法律法规管不到、村规村约管不好的地方发生作用，学界有多位学者称，应重视这个乡村道德建设中的新生事物。乡村设置道德评议会，实际是推进社会主义新农村精神文明建设的突破口，它让乡村道德建设的工作落到实处，成为可以观测和评估的实践活动。道德评议会夸文明事、断纠纷事、诉不平事、评缺德事，其工作的开展可谓如火如荼，尤其是调解纠纷的有效性，成为评估道德评议存在的合理性的重要指标。"乡亲家长里短，道德评议也管"，这种民间的仲裁，逐渐成为村民喜闻乐见的方式。② 它在道德

---

　　① 实事求是地讲，道德评议会并非平家寨首创，它在东部地区的江苏开展得既早又成功。平家寨在吸纳外省经验的基础上有所创新，主要体现在评议内容增加、评议范围扩大、寻求外援资助多，以及利用游子反哺故乡来教化村民等。对大事、急事、难事的速效处理成为政府首肯、民间认同的重要机制。

　　② 这种"当面锣对面鼓"的评价方式，在平家寨得到村民的认可。通过道德评议，增强了村民自我管理、自我约束、自我教育的素质，村民被称为社会主义新农村建设的新型农民。我们在平家寨期间，发现这里尊老爱幼、邻里团结、助人为乐、家庭和睦渐成风尚，道德评议会成立以后村里出义工难、村容村貌治理难、老人赡养落实难、婆媳关系协调难等一些老大难问题基本上得到解决。

建设上的价值也慢慢得到学界的认可，在警察管不上、法律够不着的空白地带，实际发生着不可替代的效用。

道德评议会是由村民公推出来的评议员主持工作，那些为人正直、办事公道、威信较高、说理能力强的乡村精英被推举出来，成为道德评议会队伍的替补，从而使得乡村精英的产出具备一个良好的孵育机制。① 从理论上讲，道德本身需要靠社会中的舆论力量来评价、调整人与人之间的关系，道德评价正好扣合了道德的内在规定性，成为乡村转移道德风气的重要工具。本书研究考察了平家寨道德评议会的成立动因、建立过程、主要活动、对风气的转移、对经济的影响、促进民主化进程等方面的内容，以期对社会主义新农村道德建设提供一定参考意见。

道德评议会可以将道德形象感染法作为教育工作推进的支撑点，通过平家寨的典型事例来直观形象地对村民进行说理、引导和感化，以便他们获得直接的社会主义价值观和民间伦理共同体的道德规范方面的经验，形成正确的道德认识和健康的品德情感。来自平家寨的道德榜样，有利于道德评议会利用本土的人文环境和评议会自身的教育因素，对村民进行潜移默化的熏陶和感染。

一、以德立村的自治组织

我们在平家寨调研时，干部群众对道德评议会耳熟能详，好像就在他们的身边。可什么是道德评议会？这是它的发明人也不容易讲得清楚

---

① 从目前道德评议会的人员组成来看，主要是老教师、老干部、老同志在参与日常工作。其年龄结构偏大，出行、上门评议多有不便，应斟酌考虑在评议员队伍中增加年轻的教师和干部，老人们做好传帮带的工作，年轻人亦步亦趋，听从民间伦理共同体的召唤，并从中接受共同体的教育，使之成为乡村道德评议会的"接力手"。

的概念。① 现代中国道德评议会的最早起源在江苏省，它是当地乡民的一个创举，所以并不是平家寨乡民的"发明"。平家寨道德评议会最早在共和村建立起来，它是在"村两委"的领导下，依据国家法规政策、村规民约和道德规范，对村务和村民行为在道德层面进行评议的群众自治议事组织。从政治学的意义上讲，它是群众性的自我教育的组织机构，是社会主义新农村精神文明建设的有力助手。

设置这个道德评议会的初衷是什么？罗荣忠坦言，在农村有许多现象，国家法律法规治不了，村规民约管不住，"村两委"难管好。在平家寨籍在外乡友的提示下，在乡的老干部、老教师、老同志借鉴国内其他农村地区的经验，决定开展以评扬德、以德立村的工作。它是平家寨较有成效的探索，是与农村基层组织相得益彰的有力助手。道德评议会的建立，有这样三个步骤：第一考虑对《公民道德建设实施纲要》的落实问题；第二总结了平家寨基层工作的经验，制定了《平家寨村民道德评议会章程》；第三成立了道德评议会建设领导小组。在共和村试点的基础上，召开全村的工作现场会，最后正式成立道德评议会。

道德评议会的评议内容是村民的道德，但并非说明它的工作是虚式的。在道德评议会活动与基层组织建设、村务管理的结合上，主要抓了这样一些规范性活动：一是规范了评议会人员的组成，按照"为人正直、办事公道、威信较高、说理能力强"的要求，由群众推荐"三老"模范（老干部、老教师、老同志）担任会长，根据群众推荐、"村两委"确定会员、颁发聘书，道德评议会由 19 人组成，各村民小组跟进建立评议小组。二是规范了评议内容，平家寨道德评议会的评议内容包括：爱国爱党、履行义务；遵纪守法、品行端正；文明礼貌、诚实守信；崇尚科学、重视教育；勤俭持家、自强自立；团结友善、乐于助

---

① 当我们就道德评议会的定义询问其中的一位发起人时，他侃侃而谈，但内容主要是围绕着道德评议会的工作职责和活动效果，以及一些典型事例来叙述，始终在做类似描述性定义的讲解。其原因在于，没有伦理学方面的知识和训练，道德评议会中亦未见此类问题的讨论。

人；计划生育、服从管理；讲究卫生、美化环境；移风易俗、健康娱乐。各村民组还提出了可操作性的具体内容。① 三是规范了评议方法，重大村务集中评，突发事件现场评，家庭问题上门评。

道德评议会开始工作以后，各界对其运行效果比较关注，特别是它的教育效能问题。因此，随着此项工作的推进，村民的道德风气发生了哪些变化，成为我们调研的一项重要内容。屡次亲临这个仡家人聚居的山乡，都能感受到他们对外乡客人的真诚相待。至于社会风气的转移，最明显的就是：不孝敬老人、婆媳闹矛盾、酗酒闹事、封建迷信、偷牛盗马、邻里不和睦的减少了，崇尚厚养薄葬、反对封建迷信、爱护村容村貌、保护公共设施、救助困难群众、关心弱势群体的多了。以上列举的这些事项，我们从访谈、调研和见闻中得到求证。

道德评议会对经济的正面影响亦成为一个重要的观察点。通过道德评议会的工作，村民意识到了乡风文明在新农村建设中的重要作用；村民的道德意识加强、道德观念得以巩固；通过道德评议，评出了发展经济的好环境。平家寨有多个煤矿的开采，有仡佬族风情园的建设，涉及许多外来投资建设者，村里根据道德评议会的提示，公平对待外来客商，以评议促进文明，以文明促进经营，以经营谋求发展。

罗荣忠、张冰等向我们讲述了一些典型事例，来说明道德评议会工

---

① 罗荣忠、张冰等人认为，道德评议会的章程应体现如下内容：一，是否坚定不移地贯彻执行党的路线、方针、政策，自觉履行公民义务；二，是否遵守国家法律法规，敢于同违法犯罪行为和不正之风作斗争，有无违法乱纪行为发生；三，是否文明礼貌，诚实守信，有无欺骗、欺诈、违约行为；四，是否崇尚科学，重视教育；五，是否勤俭持家，自强自立；六，家庭成员之间关系是否融洽、和睦；七，邻里关系是否融洽，有无搬弄是非、损害他人利益的行为；八，是否自觉遵守计划生育政策，做到晚婚、晚育、优生、优育；九，是否注意讲究卫生，美化环境；十，是否坚持移风易俗，积极参加村里开展的各种健康文明的娱乐活动。或简述为：品行端正不违法，应缴税费不拖欠，保护耕地不乱占，计划生育不超生，家庭和睦不忤逆，邻里互帮不生非，崇尚科学不迷信，健康娱乐不赌博，热心公益不落伍，保护环境不污染。这些内容实际上也可以看做道德评议会的标准。（对罗荣忠、张冰的访谈记录）

作开展的实效。夫妇扯皮闹离婚、兄弟之间打群架、邻里争论遮阴费、赡养老人起纠葛等都得到妥善的解决；村里出义务工难、浪费水电的问题解决了；粪土乱堆、柴草乱垛、污水乱流、鸡狗乱跑的现象不见了，村容村貌难管理的问题解决了。评议会抓住一个个典型，用语言说理、形象感染、品德评价等教育方式，认真开展道德教育，取得了丰硕的成绩。如今，平家寨文明创建进入各家各户，垃圾收集、果壳箱设置得到落实，村里的绿化、硬化、亮化得到全面建设，赌博现象被多种休闲娱乐方式所代替。

道德评议会被认为是推进新农村道德建设的一个抓手，主要是因为道德评议会增强了农民自我管理、自我约束、自我教育的素质，通过看得见摸得着的道德建设活动，村民成为新农村建设的新型农民，乡村更加文明、和谐；道德评议会抑恶扬善，树起了道德标杆，起到了正民心、树新风的积极作用。

就道德评议会的评议方式而言，它是"当面锣对面鼓"的正面教育方式，评议会成员的策略水平和工作技巧，以及道德人格都直接促进了工作的正常开展。道德评议会组织评事的原则是：急事先评、大事大评、一事一评。不唱"高、大、全"的调子，把社会公德、职业道德、家庭美德的要求具体化，让村民记得住、易对照、学得上。对倾向性问题和群众关注的热点问题，通过会议集中评议；对家庭问题或涉及隐私的问题，由有关人员上门评议；对急公好义的好人好事，利用广播、板报公开评议；对老大难的顽疾问题，由评议员负责跟踪评议；对不可预见的突发事件，随时集会评议。由此可见，道德评议会之所以成功，在于它的工作内容的完整性与严密性，以及工作方法的科学性和艺术性。

当我们就道德评议会的相关问题询问村民时，他们认为道德评议会尊重人、启发人，他们摆事实、讲道理、解疙瘩。的确，以评立德、以德兴业，是值得肯定的善举。罗荣忠和一大批评议员，以德律己、不计报酬、身子正、说话响，是"村两委"的好帮手，是村民的好榜样。

道德评议会实际也促进了农村的民主化进程，使村级管理更加完善，村务活动更加民主、公开和透明，满足了人民群众参政议政的需要。一方面，村党支部根据各个时期各个阶段的工作需要，向道德评议会确定评议内容和评议重点，村委会通过行政手段保证评议结果得到公开落实；另一方面，更多的村委还赋予了道德评议会一定的督察职能，不仅能够对群众的日常行为实施监督，而且可以按规定对党支部、村委会的工作进行评议，从而把村级管理有效地纳入群众的监督之中，使群众真正成为村级管理的主人。

村民道德评议会的产生不是偶然，它是平家寨落实党中央以德治国基本方略、贯彻实践社会主义荣辱观的必然，是丰富和推进农村民主化进程的重要抓手，是建设和谐社会、和谐农村、和谐家庭，全面实施"四在农家"的有效途径，是提升乡民思想道德素质和乡村文明程度、塑造和谐文明乡风的实践载体。道德评议会作为新农村道德建设领域的一个新生事物，给乡村思想道德建设组织形式的创新带来了一股清新之风。它反映了山区乡村的乡民在物质生活达到一定水平之后，对建设和谐社会的一种向往和追求，给乡民的思想道德建设与和谐社会的建立带来重要的参考价值。

二、仡家儿女的轨物范世

平家寨人口在 22000 人左右（除去外出务工的人员，实际在乡的人口低于 2 万人），可是初中以上文化程度的劳动力只有 8000 人，这就是其人口学统计上的现实。其农业劳动力转移的潜力并不大，经由职业教育和技能培训向第二、三产业转移的机会亦不多。由于这样的文化制约因素，农业机械化水平的提升和土地流转的意识，以及实行规模化生产和集约化经营的观念基本上不具备。我们认为，现时平家寨的建设者应该度德量力，从仡家儿女的优秀代表那里去获取道德模范上的启示，认真深究他们在所处特定历史时期的表现，以及因应本族历史境遇的创造性发挥，从中察知他们在民族现代化进程中的金石之计，以便为平家寨仡佬族社会的发展开拓出有价值的新思维。

"仡佬，仡佬，开荒辟草"，这是仡佬族先民创造历史的真实写照，一大批仡乡人发扬仡佬族先辈的精神，在建设平家寨的过程中，做出了不可磨灭的贡献。道德评议会可成立专门的研究队伍，将平家寨仡佬族中的优秀分子全盘托出，组织编写力量归纳他们的优秀事迹，通过村民们喜闻乐见的宣传方式，使之成为社会主义新农村建设的道德榜样。①一生为民疾呼的田兴才，在仡佬族村民的眼里，他不但是一位严厉的父亲，培养了一位漂洋过海求学的学子——田奇，更是一位仡家人的贴心人，他的整躬率物与言传身教，是仡佬族人永远的道德楷模。

田兴才，生于 1929 年 11 月，平家寨李家沟人，其父田海安曾是私塾老师。田兴才的私塾老师是曾经保护过 23 名红军的牟直卿。1943 年平家寨高小毕业。1950 年 9 月当选为农协会主席，时年才 20 岁，可谓老成持重，少年有为。1951 年 2 月被选送到中央民族学院第一期军政干部训练班学习，和参训学员一起受到毛泽东、刘少奇、周恩来、朱

---

① 根据我们的调研统计，有如下人物值得统计：牟直卿、山登铭、山海清、李开才、田金华、商德华、田兴才、田金海、何子明、黄大发、潘本正、商高梅、商顺模、牟连伦、代兴梅、罗顺模、田奇。山海清：著名的木匠师傅，待人彬彬有礼，晚年在吉安寺居住守护平正民族小学的校产；李开才：平家寨仡佬族的第一个大学生（北京邮电学院），邮电部劳动模范，曾参与第一颗人造卫星的"701"通信工程的工作；田金华：平正仡佬族乡人民政府的第一任乡长，后来他的儿子田玉洪在五十年后成为平正乡人民政府的乡长；商德华：曾参与平正仡佬族乡的成立，1957 年被选为北京天安门现场观礼代表，在中南海怀仁堂受到中央领导人接见；田金海：贵州仡佬族学会副会长，平家寨走出来的"仡佬族学者"，是仡佬族研究者的"资料库"；潘本正：高级农艺师，培养乡土农科户 5 万余人，推广农业技术80 余项；商高梅：平家寨仡佬族的第一个女兵，曾作为青年联合会的仡佬族代表出访日本；商顺模：曾任西双版纳军分区炮兵营教导员、营党委书记；牟连伦：1979 年在对越自卫反击战中荣立三等功；代兴梅：在漆树播种、栽培、生长方面的研究取得突出成绩；罗顺模：在农作物的配套种植、玉米品种试验方面的实践取得突出成绩。

德、董必武、邓小平等党和国家领导人的接见与鼓励。① 1952 年参加遵义专区民族访问组，在少数民族中宣讲《共同纲领》。1953 年组织申报仡佬族，经周恩来总理过问确定民族身份。1956 年参与筹划平正仡佬族乡。1965 年 6 月出席第三届全国人民代表大会，当选为人大常委会民族委员会委员。1969 年后历任遵义地区统战部干部、遵义县民政科副科长、干溪公社书记、野彪公社书记、枫香区委副书记、县民委主任、县政协副主席、省政协委员等职务。

1971 年曾参与组织恢复平正民族中学的工作；1979 年向省水电厅申报平正通电问题，架设了白龙至平正的高压线路；1982 年曾向县里要教师充实平正中学；1983 年争办遵义地区民族师范班，在南白师范为平正培养师资 11 名；1992 年建并撤乡时，据理力争将乡政府设置在平家寨，并冠以"仡佬族"之名；1998 年参与"汉僚合魂碑"的建设；2001 年支持建立"世界杜仲发源地"碑；2006 年指导罗荣忠等人向上申诉要求高速公路的匝道在邻近平家寨的地方设置。

田兴才 1993 年退休，不愿留在县城享受优裕的生活，执意定居平家寨李家沟的老宅，决心把全部的精力献给仡佬族同胞。以上列举的不过是田兴才一生成就的片段，他还参与平家寨的公益事业，为仡佬族文化的传承当好顾问。尤其值得一提的是，他参与调解群众矛盾和各种不利于团结的纠纷达 100 件以上，成为平家寨各族人民的贴心人。②

---

① 田兴才讲，当遵义县通知选派他赴北京学习时，心头既高兴又不踏实，他的父亲说，"舍不得家妻，奔不得好汉"。于是，在父亲的激励下出发去遵义报到。经重庆、三峡、汉口至北京。当时中央民族学院尚未正式招生，在国子监负责培训少数民族干部。田兴才参加的军政干部训练班有 180 人，来自西部 38 个少数民族，他任二班四组副组长。他们的任课教师中，费孝通讲过《社会学理论》，艾思奇讲过《社会发展史》，胡绳和万宪章讲过《共同纲领》。1952 年 2 月结束学习，历时一年整。

② 由于田兴才的热情好客与乐于助人，群众有什么困难和化解不开的纠纷，都会上他家来找他商量或请他评断，家里门庭若市、应接不暇，退休以后在家颐养天年的清闲日子，实际被各种事务给打乱。

从田兴才的事迹中可以看出，他一生都在为本民族的振兴奔走呼号，他外出工作之余始终没有忘记家乡的发展大计，随时随地利用自己的资源优势和工作便利，为家乡父母谋取发展的机缘。一件件造福乡梓的实事，是他的能力智慧和德性修炼相结合的结果。他来自仡佬族民间的寒素人家，深受仡佬族民间文化和伦理道德的影响，他日后的立身处世方式与他接受的民间道德教化吻合，充分说明了民间伦理共同体对个体成员规约的有效性。他热爱故土并身体力行的行为示范，值得现时在外的游子们反思与效仿。

除田兴才外，平家寨还有许多道德榜样的事迹值得追述。他们中有保护红军伤病员的乡绅，有守护校产直到生命最后一刻的老木匠，有仡家的第一位大学生和博士生，① 有仡佬族人家前后五十年的父子乡长，有参加北京观礼的民族代表和全国人大代表，有出身平家寨的仡佬族研究学者，有担任国家高级干部的乡友，有带领村民修建水渠的现代愚公，有一生做农业推广的农艺师，有平家寨的第一个解放军女战士，有平家寨的第一个解放军军官和战斗英雄，有潜心农业林业研究的技术干部……这是一幅群星灿烂的画面，是平家寨伦理共同体的道德群英谱。

道德榜样具有具体形象性和典型性，道德评议会的季刊，可以刊载这些道德榜样的先进事迹，使之起到扬清厉俗、警策世人之效，亦是榜样示范法的优长之所在。因为这些来自平家寨的道德榜样把社会主义的核心价值观和伦理共同体的道德关系表现得更直接、更亲切和更典型，这种有血有肉、有情有理的示范，能催人以奋进、给人以力量，成为民间道德教育永远可用的绝佳素材。

平家寨仡佬族的历史源流和现实症候启发了乡民，一方面可从远古

---

① 平家寨仡佬族的第一个大学生李开才，少时家境贫寒，8 岁时其父过世，为帮助母亲分担家务农活，曾经辍学一年。后在老师和村民朋友们的支持下，重新返回学校就读。他天资聪明，学习刻苦，1961 年考上南白一中就读，高中成绩在班上前三名，1964 年以优异的成绩考入北京邮电学院通信工程系。考上之后也曾为路费犯愁，在县民政科和乡亲的资助下踏上往北京的求学之路。

的"和合"精神那里寻到民族和谐、注重礼节的源头，另一方面可从现时的道德榜样那里采获精神滋养。对平家寨的考察，左右采获、俯拾仰取，颇有研究心得，其间伦理共同体成员的奋发有为，使我们更进一步领悟到"只有人民才是创造世界历史的动力"的真谛。

社会主义新农村建设是解决"三农问题"的新思维，其建设内容既包括发展生产力，又包括完善农村的生产关系和上层建筑，其间有道德建设的内涵。在经济社会的发展过程中，仡佬族民间社会怎样开展道德建设？道德评议会的建立可以为乡风文明的建设找到一个门径，换言之，道德评议会的目的与意义就在于树立良好的乡风民俗。

农村家庭关系的变动是引发家庭道德问题的关键，道德评议会可以在评议的基础上引导村民养成与践行家庭美德、构建和谐的家庭。① 乡村道德建设的难点在于不易寻找工作的突破口，道德评议会强化了民间自组织的道德建设功能，重构了村民约定的道德公约，更新了乡村道德教育的内容与方法，在一定程度上完善了乡村道德评价机制，从而具有旺盛的生命力。

平家寨是贵州 100 个重点扶贫的乡村之一，政府及社会各界有比较完整的帮扶计划，加上当地政府和各族群众的共同努力，其经济发展状

---

① 平家寨民间传唱的《劝世歌》可以纳入道德评议会的宣讲，从中找到民间道德教化的有效途径。"娃儿是树林，从小管得严；树大已成形，人大难收敛；读书要用心，学艺得认真。哄师难成才，误了好光阴；莫学风流崽，牢门为你开；吃喝嫖赌抢，码头与民宅；爹妈难劝阻，吸毒又霸街；他日被逮住，蹲监落脑袋；一年在于春，一生在于勤；误了好时节，哪来好收成；人心隔肚皮，饭甑隔筲箕。静坐常思过，闲谈莫论人；盘古到如今，孝顺理当先；细心又周到，四海都扬名；人是三节草，不知哪节好；贫富要自俭，勤俭时时要；只有千年树，未见百世官；当官要廉洁，爱民万代春；昙花难见日，得势莫欺人；富贵朋友多，贫穷人缘少；相识满天下，知心有几人；君子要爱财，取之应有道；为人不做亏心事，半夜敲门心不惊；良药苦口利于病，忠言逆耳利于行；是非只为多开口，挨打只因嘴伤人；居安常思危，行事看行情；是财它不散，无缘不强行；耗子惊惊慌慌，不见搬几仓；癞蛤蟆一纵一坐，不见得饿死几个。"不过，其中的部分内容还有待修正，以期符合现实的要求。

况已有明显的改善，但脱贫的任务还很艰巨。① 平家寨的贫困有其历史原因，水、电、路基本设施的建设相对滞后，民间保守势力依然比较强劲，除读书、参军、招工、打工、经商的村民外，留守原籍的村民实难改变其不利地位，因为他们无法自由选择职业与身份，各级政府需要优化制度来改变其结构性贫困，这是从外力注入因素来提出的思路。

若从内源发展的因素来审视，怎样才能让平家寨脱贫致富？本章实际上提出了我们的个性化解答方案。道德评议会这个乡村自治性组织，不仅限于对民间聚讼的分辨和对民间纠纷的调解，它实际上对村落伦理文化建设和村民个体的精神引领还应有所作为。道德评议会应立意高远，着力去建构乡村伦理共同体，提升人们的"类"意识，从"小我"的狭窄视域中解放出来。道德评议会解决了什么问题？它解决了社会主义新农村道德建设的主体问题。它使村民个体对所在共同体有所觉醒，并听从共同体的伦理召唤，为伦理共同体的重构做出实与有力的贡献。在伦理共同体的精神指引之下，其中的道德榜样会成为民族个体困而学之的对象，以及完成乡村建设的历史性跨越的精神动力。

第五节　平家寨脱贫致富的进路

"十二五"规划期间是扎实推进扶贫开发、摘掉"贫困帽子"和缩小发展差距、构建和谐社会的攻坚阶段，各界应加强对平家寨的扶贫开发工作的指导，争取各级党政和有关部门的经济支持和政策支持，整合

---

① 平正仡佬族乡（平家寨）属于全省一类贫困乡，有一类贫困村 3 个，二类贫困村 2 个，贫困人口 1674 户 5635 人，其中扶贫户 303 户 1113 人，低保户（五保户）464 户 913 人，扶贫低保户 265 户 936 人，贫困残疾人 150 人。近期的统计显示，平家寨自 1958 年来为国家培养的初中毕业生近 5000 人，高中毕业生 450 余人，本籍学子考上大学的只有 50 余人。

资源，合力推进扶贫开发工作迈上新的台阶。① 本节基于平家寨的现实，梳理其贫困落后的原因，分析其现时的有利条件和不利因素，开出诉诸道德评议会的扶贫帮困的有力措施。

道德评议会对此应有发挥的空间，按照"全力跨越发展、全面实现脱贫"的要求和"开发扶贫、连片开发、整体推进、因地制宜、分类指导、规划到村、扶贫到户"的原则，以减少贫困人口和增加群众收入为主要目标，围绕农业产业化、工业化和旅游产业带动战略，采用参与式的方法，以贫困村和贫困村民的需求来因地制宜地制定方法与策略;② 以产业发展和能力建设为重点，生态建设、基础设施和社会事业相结合，力争用五年的时间摘掉贫困"帽子"，使全乡经济综合实力迈上台阶，人民群众的生活水平和质量上档次，生态环境保护超水平。

此设计应充分联系道德评议会这样的民间智库，力求使设计做到科学性与可行性的统一。政府应分析平家寨贫困的现状、发展潜力以及扶贫开发面临的形式，确定好新一轮扶贫开发的运行机制和保障措施，估

① 坚持开发式扶贫的基本方针，以"开发扶贫、生态建设、人口控制"为主题，"加速发展、加快转型、推动跨越"为主基调，科学发展为主线，围绕贵州省委省政府实施工业化、城乡化和农业产业化带动战略，以贫困村和贫困人口为主要对象，以贫困人口增收脱贫为主要目标，产业发展和能力建设为重点，构建党委领导、政府主导、部门配合、群众主体、社会参与、龙头带动的大扶贫格局。整合资源、连片开发，以资源为依托，市场为导向、基础设施建设和社会主义视野发展为保障，实行因地制宜、分类指导，培育主导产业，促进全乡经济、社会全面、协调、可持续发展。

② 开发式扶贫的总体目标中，提及全乡在产业培育、基础设施建设、社会事业发展、环境治理和生态建设等领域的全面发展。譬如，农民人均纯收入年均递增15%以上，2015 年达到 6450 元，3626 名贫困群众脱贫，人均纯收入越过国家扶贫标准线，贫困人口脱贫率达 60%以上。特别是，有劳动力的贫困户通过扶持，每户实现"三个一细胞工程"的目标，即每户拥有 1 亩经济林或经济作物，每户就近或向外转移 1 个劳动力，每户有 1 人掌握一项增收致富门路。人口自然增长率严格控制在 5.5%以内，人均有效灌溉面积达到 0.9 亩，人均基本口粮达到 0.5 亩。到2015 年农业生产总值达到 1200 万元以上，年均递增 20%以上，使绿色 GDP 占主导地位。这些目标的达成，离不开集体引导和个体间的相互帮扶，道德评议会可拟出具体的办法。

算扶贫开发资金的需求和可能筹措的渠道，激发乡民投身乡村建设的认同感和自信心。

一、贫困落后的归因分析

平家寨共有少数民族 3576 人，其中亿佬族就占到 3018 人，其余为苗族、侗族和彝族，占全乡人口的 18.7%。平家寨的人口自然增长率为 6.1‰，人均耕地面积仅为 2.3 亩，且大部分为 25 度以上的坡耕地，土层薄、土质差，旱涝不保收，故人地矛盾特别突出；除草王坝"大发渠"覆盖的区域得到有效灌溉外，其余地势的灌溉条件极差，有效灌溉面积尚不足 0.5 万亩，若旱情严重则"靠天吃饭"，产量低而不稳，单产仅 377 公斤。这样的天干旱情，往往造成生产受损、乡民减收、贫困加深，返贫现象突出。整个平家寨的生产结构单一，乡民经济收入来源少，"水稻、玉米和养猪"模式是乡民的主要生活支柱。除此之外，经济作物方面只有 2000 余亩烤烟，林业资源方面仅有团结林场的少量经济林木可以开发，可见其经济的发展后劲不足，村民开拓资源环境的意识不强。

平家寨的贫困村及贫困人口主要分布在高寒地区，无基础设施，使乡民感受不到富足的生活；无力养护公路，使乡民进出不便、运输困难；无水利设施，使乡民多广种薄收、靠天吃饭；无社会事业的统筹发展，使乡民面临上学难、看病难、就业难的困境；无增收渠道，使乡民主要依靠稻米种植和传统养殖为业。以上因区域位置约束而致的区域型贫困的现实，导致平家寨生产成本高昂、商品率超低、市场化空白；生活资料进入极度困难，农产品输出极为不便，导致第二、三产业的收入极少；产业结构极不合理，增收渠道非常单一，现金收入主要依靠出售少量农副产品和外出务工来获得。再加上自然环境和气候条件的劣势，绝大多数乡民陷入生产难发展、贫困难摆脱的尴尬境地。

由于返贫现象频现，乡民对资源的利用缺乏科学的引导，从而导致资源滥用的情况。部分乡民对自家山林和集体林木的过度采伐，以及坡耕地的开垦，使水土流失异常严重，生态环境十分脆弱。这里有一组数据足以说明贫困与生态的相互作用，平家寨的石漠化面积达 35150 亩，25 度以上坡耕地 5550 亩，森林覆盖率只有 36.2%。由于乡民本身缺乏资源环境的自觉自识，遂陷入越穷越垦、越垦越穷的恶性循环，使经济发展与环境资源的矛盾非常突出。

平家寨的所有劳动力中，文盲半文盲劳动力占 1.74%，小学及以下文化程度劳动力占 63.87%，绝大多数劳动力无农业实用技术，亦未见接受非农职业教育培训。就业结构主要以传统农业为主，乡民思想观念陈旧，主观脱贫意识差，缺乏生存危机感，思想观念还停留在自给自足的自然经济；部分乡民怠于思考、惧怕困难、担心风险，存在不同程度的"等、靠、要"思想；部分乡民的信息渠道狭隘，接受新知识的机会少，掌握新技术的能力差，致使生产力水平滞后，农产品科技含量不高，生产效益始终在低水平徘徊；由于文化水平无优势可言，平家寨的多数主要劳动力选择外出务工，但是多集中在脏、累、苦的体力型劳动，劳动报酬非常低。由此可见，平家寨因劳动力素质的劣势，自我发展的后劲不足，致使乡民家庭经济缺计划、缺技术、缺经营能力，缺扶贫致富的信心和决心。

由于经济区位较差，生产力发展水平低，社会事业发展滞后，加上自然灾害频繁，经济发展一直停滞不前，部分乡民的自我积累相对不足，建房、教育、疾病、婚丧嫁娶开支巨大，另有生产项目的失误和市场的波动，常常造成收不抵支的情况。加上部分村民的守成意识和小农意识，加剧了他们的贫困，使返贫现象在平家寨的僻远地带极为普遍。① 乡村看病难、看病贵，几乎成了众所皆知的常识，由于患病医治

---

① 应考虑在全乡建立新型农村养老保险制度，且力争覆盖率达到100%，对贫困人口实行低保政策全覆盖，重点将丧失劳动能力的贫困人口的补助金额提高到国家扶贫标准上，做到应保尽保、按标施保，完善农村临时救济救助制度。

会影响家庭的开支计划，乡村医疗制度的改革势在必行。①

政府在扶贫开发上给予了平家寨大力支持，特别是市直党建机关的帮扶和整村推进项目的实施，给全乡经济发展带来了一定的起色，但这仍然是杯水车薪，难以满足贫困户的真正需要。部分乡民解决了温饱，但普遍没有现金收入，县乡金融机构对乡民的贷款金额十分有限，不少乡民担心无力还款而不敢贷款，使资金短缺成为制约发展的关键因素。由此，农业生产的投入不足，无钱购买化肥、农药等基本生产资料，新技术、新品种的推广力度不够，多种经营的路子不广，使得乡民的困境不可移易。

仔细分析起来，平家寨部分乡民的家道消乏，关键还在于人的因素。乡民们对环境、生态、资源和扶贫的理解，都存在或多或少的歧见误会。人类认识活动的目的是要发现周围世界事物的相互作用关系，而人类实践活动本身就是一个主客体相互作用的过程，相互作用是人类认识活动和实践活动的前提和基础。事物之间存在着无限多样的相互作用形式，存在着无限多样的可能关系，这些相互作用的形式和可能关系只有通过人的认识的自组织性，才能建立起来，并且只有通过人的科学实验和生产实践才能实现。② 我们寄希望于乡民的自觉自识，在共同体的统摄之下力学笃行，不甘处下流，早日步入小康社会。

二、有利条件和不利因素

我们唯有找到平家寨的资源优势，辨明其发展的有利条件和不利因素，方足以开出达权知变的助画方略，以及随机应变的万全之策。就土地资源而言，境内的耕地主要以坡耕地为主，水田主要分布在乡境内的

① 乡里拟新建卫生院住院大楼，增加床位和卫生技术人员，完善村级卫生室的医疗设备，配强医技人员，逐步提高补助标准，并确保新型农村合作医疗的覆盖率达到100%。

② 郑祥福，等．马克思主义哲学教程［M］．上海：上海三联书店，2001：104-105．

沿河两侧；① 就水资源而言，因为受喀斯特岩溶地形的限制，形成无数地下暗河，水资源相对贫乏；就生物资源而言，有珍稀树种银杏和伞花木，且坡耕地和草地适合发展畜牧业；就矿产资源而言，境内煤矿探明储量为1.2亿吨，是鸭溪电厂的主要能源；② 就旅游资源而言，有"中国仡佬第一乡"的声名，有踩堂舞、阳戏、红军洞。③ 以上是对平家寨的资源优势最精炼的概括，接下来试对其有利条件和不利因素作简要的区分。

　　有利条件。平家寨的绿色农产品发展势头良好，各种绿色农产品基地发展较快，主要源于乡党政提出的"发展生态畜牧业、建设'石漠化示范乡'"的方略。④ 还提出大力发展种草养畜、种植金银花和香

---

　　① 土地资源的开发潜力依然很大，可考虑改革耕作制度，合理搭配农作物品种，解决好农作物茬口的衔接问题，实行区域化布局、专业化及规模化生产，分带轮作、合理套作，增加复种指数，最终提高土地的产出率。还可合理开发3.15万亩荒山草坡资源，发展经济林、果林，重点发展已选好的金银花。

　　② 自2004年运煤公路建成以后，给平家寨的经济和煤炭开发带来了商机，先后有七家企业在平家寨开发煤炭资源，目前已经验收三家煤矿。我们认为，与其让引进的企业成为煤炭开发的主体，为何不以村里自筹资金、国家资助的方式联合开发？否则，就说不上村民成为真正的受益者，扶贫帮困变为让外来者掠夺资源。

　　③ "中国仡佬第一乡"的牌子还不够响亮，在仡佬族人和关注仡佬族发展的人士那里出名，其余社会各界知晓的不多，对既有文化品牌的开掘和参用不够。譬如，乡民道德建设评议会办公室，本来有比较好的建制，但是乡法庭没有办公地点，就挤占了前者的办公室。而实际上外来文化学者、大学生暑期社会实践团及有兴趣了解道德评议会的各界人士，都希望一睹道德评议会的办公地点。余文武2008年8月23日曾在张冰的带领下参观过，可是2013年再度访问时，已经将牌子取掉。这实际上是对这一道德文化符号的漠视。再如，红军遗迹的恢复和再造不完备，黄火青在大石板召开团连级以上干部大会传达遵义会议精神的地址，刘伯承在天宝山智慧战斗的住所，林彪、聂荣臻在平家寨的指挥处等都没有得到很好的恢复。

　　④ 力争森林覆盖率每年得到提高，以发展金银花为重点，合理开发利用草山资源。3.15万亩岩溶面积通过绿化治理，完成25度以上坡耕地的退耕还林任务。实行农牧结合，在巩固提高粮食单产、稳步发展养殖的同时，实行粮饲（肥）、烟饲（肥）、菜饲（肥）、药饲（肥）、果饲（肥）结合，大力发展冬春青储饲料，积极推广秸秆氨化为重点的农副产品综合利用技术，着力解决牛羊冬春饲料缺口问题，增加牛羊存（出）栏规模，可考虑积极发展林下养禽和林下经济。

椿等特色产业，决定实施了三年生态科技扶贫养殖业。目前全乡种草
30000 亩，存栏羊 25000 只，金银花 2000 亩，具有很强的市场潜力。
因县政府"三化一业"战略和"两基"攻坚战等系列工程的引导，以
及市直机关记挂帮扶和整村推进等项目的带动，全乡城乡化、沼气化、
小型农田水利、人饮工程、乡村电力等基础设施不断加强，农业生产条
件得到较大改善。① 以"四减免、四补贴"为主要内容的强农惠民政
策出台，为平家寨的经济发展营造了更好的环境；国家扩大内需的战略
为发展乡村经济创造了条件，其战略重点就是加快民生工程、基础设施
和生态环境建设等，与此相关的系列扶贫政策直指类似平家寨的贫困乡
村；市县两级针对平家寨的实际，制订了切实可行的帮扶计划，为其扶
贫攻坚战略奠定了坚实的基础，平家寨的发展迎来百年一遇的机会。

　　不利因素。区位条件差主要表现在：交通滞后，现有公路承载力
差，交通运输成本高，农产品加工和销售难，乡民参与市场竞争的能力
弱；境内山多田少，且多系陡坡高山，田多为贫瘠的干旱田、冷浸田；
基础设施及社会事业发展滞后，尤其是水利设施成为制约乡村发展和乡
民生活条件的"瓶颈"。② 产业结构的劣势主要表现为："水稻、玉米
加养猪"的单一结构，农业产业化程度低，尚未形成农业特色品牌，

---

　　① 可考虑依靠科技主攻单产，变粗放经营为集约经营，提高良种的覆盖率，
良种良法配套，实行测土配方施肥，可期望大幅度提高玉米、马铃薯、烤烟、中药
材等主要农作物品种的单产和品质。其中，科技在农业中的贡献份额达到 60% 以
上，良种普及率达到 99% 以上；创建绿色食品、无公害农产品基地，培育乡农业龙
头企业，重点产业区的主要农产品基本实现标准化生产，特色主导产业带动作用明
显，农产品质量安全状况明显改善，农产品加工率达到 30% 以上，综合效益进一
步增强。需改造低压线路、高压线路，确保农村电力保障，并逐步实行城乡同网同
价。

　　② 坚持水利建设、生态建设和石漠化治理的"三位一体"与产业化扶贫有
机结合，做到生态效益与经济效益的有机统一；坚持植树造林、封山育林、退耕还
林（草）相结合，不断提高森林覆盖率；实行污染治理与美化村庄、小乡镇规划
整治相结合，美化、绿化和亮化生活环境，做到"四在农家"。在水利建设方面需
修建沟渠、水窖、拦河坝等来改善灌溉面积，确保基本农田的旱涝保收；需治理河
道来确保防洪保护面积，需修建人饮工程来解决村民的饮水安全问题。

整体的竞争力不强；现有主导产业的规模太小，农业服务领域不宽，产业化经营水平低，无龙头企业带动；农产品生产、加工和流通诸环节相互隔离，贮运、保鲜等后续产业基本未见成形。人口素质不高主要显现为：文化科技教育落后，劳动者素质较差，农民普遍缺乏市场经济观念；难以接受新思想、新技术，缺乏科学的经营方法，生产方式陈旧，生产效益低下；科技服务体系不健全，科技人员少，畜禽疫病防治和良种繁育体系不健全，饲养管理技术手段落后，影响产业的稳步发展。①

三、扶贫帮困的保障措施

此节拟出的扶贫帮困的保障措施，准备从组织保障、资金保障、机制保障和技术保障等方面提出切实可行的建议。这些措施的提出是基于平家寨的实际，以及业已开展的扶贫帮困的工作实情，实际是对已有措施的修正。但它又不同于以往注重资金注入的单向度策略，而是强调精神、道德的力量与这些措施的关联，以及伦理共同体的统摄之功。国内多个小康村的建设实践显示，乡民的集体认同与全员参与、乡村精英的道德引领与身先士卒，以及乡村建设机制的配套成龙与便宜施行，才是乡村步出贫困而迈向小康的关键因素。在这四个保障措施的推行中，我们特别强调道德评议会的重要作用。

扶贫帮困工作需要健全的机构来统领，乡村治理者应物色优质人力，负责总体规划的制定、监控和落实，乡、村、村民组、户四级都有具体的人员专事负责对应的工作，一级抓一级，级级有内容，且内容必须对应乡和村两级的年度重点推进项目，做到乡民有事业可做、有实惠可见、有幸福可享。在工作启动之初，乡、村两级管理者应注意将扶贫帮困工作融入日常事务，使其成为乡村政务的主线。具体可采取党员干

---

① 要严格控制人口，在改善生存环境和减少社会问题上取得突破。要严格执行计划生育政策，遏制人口过快增长势头，缓解人口与土地、资源、环境的压力，提高人均占有经济指标和生活质量。

部带头包村包户、明确目标任务的办法，基层党组织适时跟进指导，提供强而有力的组织保障。道德评议会在党组织的领导下，可评出可堪效仿的道德榜样，利用传媒工具在仡家山乡广为传播，以期达到外宣制胜之效。

扶贫帮困工作需要充足的资金来保证，在平家寨内源发展的动力不足之际，当以国家财政资金投入为引子，用招商引资拉动社会投入，制定优惠政策以吸引企业投资，从而调动乡民参与建设的积极性。具体的，乡村两级应确保扶贫资金总量的逐年增加和引资项目的安全落地；应鼓励乡民自力更生、投资投劳，充分发挥信贷扶贫的杠杆作用；为使扶贫总投入得到实质性增加，当由道德评议会提出倡议，乡村两级组织负责具体落实，使乡民的自筹资金能够作为参与建设的物质力量。此举可以激发乡民热爱家乡的感情和发展乡村的积极性，又可以有效地激活社会投资，实现投资主体多元化，真正地发挥"启动内力、根治贫困"的作用。

扶贫帮困工作需要健全的机制来督促，道德评议会要启发乡民对规划实施情况的监督检查，将规划的目标、任务和建设内容纳入政府的年度工作计划；通过设置专项规划，有序地落实总体规划中的诸项目；通过建立乡民监督和项目公示制度，对诸项目的资金、物资、管理、投工投劳予以公示，接受社会舆论和乡民的监督。为推进第二、三产业的发展，应为入驻企业和基地种植农户提供充裕的资金，建立政府、干部与乡民互助的贷款担保机制。乡政府与各村委签订责任状，将现时的工作目标量化，按照项目的包保责任定人、定点、定户，实行年度目标管理考核。道德评议会在机制运行的流程中，应起到一喷一醒的督促作用。

扶贫帮困工作需要先进的技术来推动，平家寨因区位劣势、交通阻隔、资金短缺、设施缺乏、理念滞后等因素，长期处于贫困落后的境地。我们认为现代乡村的发展必须启发乡民的现代意识，借助科学技术的力量去改造乡村，推动乡村的科学发展。乡村治理者应基于本地的产业实际，着力延聘、引进、培养乡村科技人才，专事负责农业产业的全程指导；还应调动乡民学习农业技术的积极性，抓好产业技能的培训，使大多数劳动力转变为拥有一技之长的技能型人才。道德评议会应当引导乡、村两级干部和全体乡民学技术、用技术、传技术，使其成为德才兼备的乡村治理能手，且能为乡村的发展出谋划策、为乡民的生产规劝指导。①

经过多方论证，开发式扶贫的规划书已经做得比较完美，许多指标都非常具体，便于建设者宏观把握。落实这些指标应是当政者和全体乡民责无旁贷的义务，道德评议会可以在工作议程中加大对开发式扶贫工作的关注、监督和指导。诚然，乡村治理和开发式扶贫工作的主体力量是当政者和全体村民，而且当是政府的首要职责，认清这一点有助于道德评议会的工作定位。

在乡里的重点工作任务中，提及举全乡之力全力实施发展脱贫，努力增加群众的收入，提出了一个工程口号——11355 工程，即确保 1 万亩脱毒洋芋、1 万亩辣椒、3 万亩金银花、5 万亩优质饲草、5000 人的劳动力外出务工。② 这些数据的落实，不但需要财力和政策支持，而且需要人力和精神支撑。道德评议会完全可以协助乡、村两级做好畜牧养殖户的调查，做好能人强人的带动示范工作，通过大户和能人带动一般户。道德评议会还可介入合作社的建设，使之成为村民得以受益的群众性组织。

第六节　小　　结

平家寨的优势在于，它在村落现代化的发展史上有多位乡贤的身体力行和道德示范，是后来者可堪资用的精神指引。这些道德示范为乡村

---

① 本节内容得到平正乡人民政府张冰的帮助，在此特致谢意。
② 参见平正乡"十二五"扶贫规划。

的振兴呕心沥血、情满故园，今天仍然可以追随他们的足迹，在扶贫帮困、文化反哺的道路上走下去。① 在乡的当政者应认识到道德评议会的社会影响力，使它成为一个可以外包化的文化品牌。②道德评议会应该恢复它原有的建制，并提高到社会主义新农村道德建设的高度。③ 道德评议会当不辱使命，做好干群关系协调的助手，用跨越发展的共同目标来凝聚全乡各族人民的智慧和力量，激发全乡上下干事创业的活力和干劲。

仡佬族文化广场、仡佬族文化原生态博物馆的兴建，从一开始就有道德评议会的介入，使之成为宣扬民族伦理文化和倡导乡风文明的重要宣传阵地，成为外乡客人体验仡佬族伦理文化的窗口。不过，我们应避免文化搭台、经济唱戏，最终沦为纯粹的商业机构的境地。譬如，乡村旅馆的开建，一要使村民得到经济收益，二要获得可持续发展。要让客人感觉到仡家旅馆住宿干净整洁、饮食可口卫生、出行方便快捷、交往文明有序，使之成为吸引游客感受民间伦理文化的风景线，既为乡村经济增长增加权重，又为伦理共同体的构建产出德性力量。

---

① 乡贤田兴才、黄大发和何子明就是典型。他们在平家寨基础设施建设、改善群众生活条件方面真是费尽心力，经他们跑来的项目，极大地促进了平家寨的经济社会和文化事业的发展。我们认为当下应树立项目就是生产力、项目就是发展的理念，围绕"立得起、争得到、建得好"的思路跑项目、争项目、落实项目。譬如，雨水积蓄工程、烟草农业基础设施、安全饮水工程等都需要尽快落实；新一轮农村电网的升级改造亦需要积极申请资金；乡通环路、村通油路、组通公路的目标要争得上级部门的支持；集镇的配套功能如幼儿园、信用社、烟站、司法所、法庭等都要尽快立项审批，老街改造和风情建筑亦须及早纳入议事日程。

② 非常遗憾的是，由于领导班子更换，对道德评议会工作的重视程度有所降低，乡法庭占用评议会的办公场所就是明证。罗荣忠告诉我们，道德评议会的工作没有2006—2008年那时开展得正常，有时候就停下来了。遇到有事情才出面调停处理，有组织性的工作因场地、经费、人员问题而搁置。

③ 伴随道德评议会的建设和推介，乡里应考虑全面启动语言培训、服饰普及、手工饰品加工和销售、民族歌舞编排、商业汇演等工作，使道德评议会的相关事项可以找到可观察点，以平家寨的仡佬文化、红军文化、区位优势、气候优势来吸引人，去感受这里安宁有序、移风崇教的氛围，借此打造有别于其他地区的旅游品牌，寻求新的经济增长点，真正藏富于民。

第四章　石门坎：民族教育
兴邦的范型

　　本书所指的"石门坎"，是"石门坎现象"① 所指涉和内涵的地域范围，既包括现今石门坎乡政府所在地——荣和村与周边的村寨，以及以石门坎为中心的 3 个管理区下的 14 个村，也包括石门坎光华小学教育系统覆盖的整个乌蒙山区的苗族村寨。石门坎地处古时被称作乌撒蛮的乌蒙山腹地，曾经先后隶属于川、滇、黔的管辖，由此不难理解它为什么被称为"边疆之疆"。本研究的时间跨度仅限于循道公会开办光华小学到朱焕章辞世的五十余年，这样的历时性研究意在锁定石门坎教育顶峰时代的成就，从中察知苗族民间伦理共同体建构的林林总总，为今日之民族教育与道德建设提供可资借鉴的本土经验。

---

　　① "石门坎现象"是指 20 世纪前半期，中国西南石门坎及其周边的苗族地区大面积的基督教皈依行为，以及石门坎从一个"蛮荒不驯、落后偏僻的苗族小村落，发展为西南三省苗族的文化中心"这一历史与文化事件的现象。参见：周志光，雷勇. 从边缘崛起：石门坎文化现象背后的驱动力 [J]. 教育文化论坛，2011（3）：122. 文献显示，20 世纪 80 年代有张坦的《"窄门"前的石门坎——基督教文化与川滇黔边苗族社会》的开山之作，之后东人达、张慧真、游建西、沈红都有专著论及石门坎现象，且都成为博士论文的选题；新近有余文武、马玉华、张霜、杨曦、何嵩昱论及石门坎现象，其中余文武、马玉华、张霜是博士后出站报告有所涉及，杨曦是博士论文有所涉及，何嵩昱则是国家哲学社会科学基金项目课题有所涉及。除此之外，CNKI 上显示有若干研究石门坎现象的论文，具体参见本书后附录部分的参考文献。

石门坎研究者沈红曾说，石门坎现象代表一种绝地求生的另类经验。① 从石门坎苗民生存环境的险恶和发展水平的低下而言，借力循道公会的办学和各族知识分子的集体参与而引发的教育发展与整体的社会改良运动，当属符合历史发展规律的特殊事实。但它是不是一个曾经走出了历史困局的贫困社区仍值得商榷。它走出了怎样的历史困局？如果说在经济上有所改观，这与当时的历史事实并不相符，1949 年前石门坎地区的苗族社会经济并没有获得实质性的发展。我们只能说在一定程度上它的受教育状况一度步出了历史的困局，全体苗族的文化水平和民族自信心伴随伦理共同体的圆成而同步提高，但教育产生的效能或教育对经济的促进有时间上的规律性，在短时间内难以获得可观的成效。因此，研究石门坎现象，最值得讨论的应是事关教育发展的经验和伦理共同体建构的模型。石门坎的整体发展状况并非因教育的发展而"一俊遮百丑"，这一基础性认识有利于我们客观公正地审视石门坎现象。

为什么研究选点在石门坎？当然不是因为学界在集体讨论这个文化"异数"。石门坎推行新式教育的发轫之初，苗族还没有知识分子可以介入当时的教学秩序，当时被称作"读书爷爷"的四位受过初小教育的苗族人，实际也在文化的边缘徘徊，不可能成为石门坎光华小学的教育者。作为唯物论者，我们无意放大宗教的作用，之所以选择石门坎作为研究对象，根本原因在于其文化教育与医疗卫生事业的开创性贡献，以及现代教育固有的反宗教内涵。所以，石门坎现象无论如何绕不开宗教的因素，毕竟参与改善苗族社会地位的知识分子最初受教于循道公会开办的光华小学，并在学业、事业上获得巨大的成功；另外，在传教和教育上双向用功的伯格理、高志华、王道元等外国传教士确实殉职在石

① 沈红. 结构与主体：激荡的文化社区石门坎 [M]. 北京：社会科学文献出版社，2007 (6).

门坎地区，① 这些事实一度激发了普遍的信教读书的热情。当时平均每万人中 10 名大学生的事实，较之于贵州少数民族平均每万人中 0.8 名大学生的数据，的确是令人兴奋的正面信息。

讨论石门坎的意义在于，它集中了中国农村贫困的全部特征，它跃升为"苗族最高文化区"的经验值得效仿，虽然石门坎并未因教育的发展而真正步出困局，但教育本身的发展实可推动经济社会的发展。另外，在乡村建设和扶贫发展上，曾经作为先锋的石门坎，对今天的社会主义新农村建设亦可提供一个时代的历史性经验。边陲山乡奏出的现代音符，自组织求发展的动因仍有值得深究的必要。

我们倾力证明石门坎在吴性纯、朱焕章时代是一个伦理共同体，而非彼此隔离的乡村社会；② 考察的重点不仅限于乡村精英的办学活动，

① 胡锦涛在贵州省委书记的任上，曾肯定伯格理的敬业与奉献精神："公元1904 年，一个名叫伯格理的英国人来到了贵州毕节地区威宁县的一个名叫石门坎的小地方，那是一个非常贫穷、荒凉的地方。他带来投资，就在这块土地上盖起了学校，修起了足球场，还建起了男女分泳的游泳池。他用英文字母仿拼当地老苗文，自编'我是中国人，我爱中国'这样的教材，免费招收贫困学生。后来，一场瘟疫，当地的百姓都逃走了，他却留下来呵护他可爱的中国学生。最后，瘟疫夺走了他的生命。伯格理去了，在中国一个荒凉的小村里，留下了他的一个坟墓，留下了培养出来的一代中华精英。有人统计，这里出过 3 个博士，培养出中共厅级干部 20 名。他传播了知识和西方文化，留下了奉献和敬业精神。至今这个小村，老人们尽管不识字，居然能说上几句英语。伯格理用实践告诉人们：进步的科学文化和艰苦创业，可以在贫困的落后地区，实现教育的超常规发展。"参见：马玉华. 发现石门坎 [J]. 南京晓庄学院学报，2008 (9)：123-124. 2005 年 9 月，贵州省委书记钱运录调离贵州之时，胡锦涛专门打电话要钱运录去石门坎一访，关注它的发展状况（文献参考同上）。以上说法在石门坎研究的圈子里多有耳闻，但马玉华在原文中没有标明文献出处，其史料的真实性待查。

② "共同体"一词从产生之时起即作为描述一个社会类型的概念而出现，且以"社会"一词作为参照。对此概念的重要阐述有三本书，滕尼斯 1881 年的《共同体与社会》，涂尔干 1893 年的《社会分工论》，韦伯 1909—1920 年未完成的《经济与社会》。滕尼斯认为"共同体"是自然形成的、整体本位的，而"社会"是非自然的，即有目的的人的联合，是个人本位的。"共同体"是小范围的，而"社会"的整合范围很大。"共同体"是持久的和真正的共同生活，"社会"只不过是一种暂时的和表面的共同生活。因此，"共同体"本身应该被理解为一种生机勃勃的有机体，而"社会"应该被理解为一种机械的聚合和人工制品。参见：[德]斐迪南·滕尼斯. 共同体与社会——纯粹社会学的基本概念 [M]. 林荣远，译. 北京：商务印书馆，1999：54；王海英. 儿童共同体的建构 [M]. 北京：高等教育出版社，2008：6-7.

而且会围绕兴学育人的动因、过程与实绩，深究平民教育运动的前因后果，还原作为世俗社会的乡村社会，是如何结成民间伦理共同体。研究基于田野调查和口述史，试用伦理学原理、德育原理、人类学原理，重点讨论乡村精英在共同体之中的表现，以及共同体证成自身的逻辑。

具体的，以石门坎花苗族群精英朱焕章为代表，寻查他在所处时代的前言往行和整躬率物，以此探察乡村头面人物是如何助推共同体的成型；于石门坎的道德教化中归纳其德目教育的路径，以及共同体之德性蕴蓄的有效性；从石门坎乡民的群威群胆和众志成城中，求证共同体实际具有的公共精神。研究判定，石门坎民间伦理共同体的构建，有三个因素值得深究：一是乡村精英清身洁己的道德示范；二是民间德目流布而致的作用；三是乡民之公共精神的向心力。我们视石门坎平民教育运动为其伦理共同体构建的实践，它有乡村精英结合族群现状的努力，以边区平民千字课的推行为经，以民间伦理和公共精神的唤起为纬，在苗族境遇的改变上"日夜兼程"，成就了一个时代的神话。

研究借教会资助落空和精英脱离教会的实情，以及对办学主体的确认来重识石门坎教育系统。研究简述"苗族最高领袖人物"的事迹来察知伦理共同体构建中族群精英的主体作用。研究还从苗族文字的传统中找到老苗文创制的根据，揭示老苗文集体创造的真相与苗族自组织的秘密。研究认定，熠熠生辉的高原文化明珠石门坎，原初的发轫之功是循道公会，但其教育系统的渐次完备与社会改良运动的蓬勃兴起，则是苗族精英与伦理共同体的双重作用使然。

第一节　共同体圆成之三因素

石门坎地处滇黔交界的崇山峻岭之中，环境的险恶使它始终处于边缘地位。① 民谚"抬头见天是白天，弯腰望底是夜间，隔山说话听得见，走到眼前要半天"的描述似有夸大之嫌，但基本囊括了它僻远高寒的生态；另一民谚"山高雾大细雨多，庄稼一种几遍坡，到了秋收一算账，种一坡来收一锅"的描述确是事实，那是地瘠民贫的现实写照。就是这个地区，曾经成为国民党政府眼中的异文化区，从那时起就有几代学者的频繁关注和持续研究。天远地自偏的石门坎，何以成就多个国内第一？它创制苗文、首倡双语、男女同校，每一项都值得中国教育史深究。它不但做到统同群心、跃居时代前列，而且受教育程度一度超过乌蒙山区的彝族甚至汉族，形成那个时代特有的文化现象。

　　对于石门坎现象的成因，学界有不同种类的说法。一说苗族文化特质是其产生的内在动因，认为语言文字、文化观念、原始宗教均有探察苗族文化表现的视角；② 二说内源性发展是其动因，其核心是人民的创

---

　　① 马玉华研究称，1904 年伯格理先后到罗布甲、陆家营、水塘子、天生桥等地调查，准备在这些地方建教堂，但因为生活不便或地主不肯出让土地，而未能如愿。后来，得到彝族土木安荣之赠与的石门坎一块 80 亩的偏坡地。这块偏坡地原来叫狮子洞，因为修建教堂和学校需要从昭通运来材料，伯格理为了缩短去昭通的路程，打通了一条山路，在这条山路左侧有一方天然岩面向一扇紧闭的大门，石门坎因此而得名。参见：马玉华. 发现石门坎 [J]. 南京晓庄学院学报，2008 (9)：120. 我们在论述"平民教育运动之动因"时，曾质疑"石门坎"一名的多个说法。马玉华为了说明伯格理叩开石门，把教堂建在狮子洞的艰辛，采取教会开山凿路的说法。我们认为，此地起先已有苗族百姓居住，西侧的大溪沟应是出入昭通、彝良的通道，不可能之前没有人通行。石门坎山麓的驮马大道，一般五六尺宽，两匹重载马可以对过，这条路北通宜宾、成都，南接昆明、大理，车辙相重、马蹄相印，属于秦汉古道。石门坎老人回忆，过去的石门坎大道上驼铃悠扬，赶马人歌声不断，每天要过二三十店马，每店十二匹。此路应是苗族百姓千百年来修筑的结果，若伯格理有所贡献，应在于拓宽路基、平整路面。新发现的文献这样讲述石门坎：石门坎有两根石柱矗立，顶端横木平铺，更见层楼其上。下有大栅门，两边悬崖陡壁，正是"一夫当关，万夫莫开"的雄关险隘。更下至河滨，有石阶 110 步，据说在历次赈灾中得以修补。参见：威宁县政协. 石门坎史话·高原明珠威宁 [M]. 贵阳：贵州人民出版社，1997：123.

　　② 何嵩昱. "石门坎现象"与苗族文化关系研究——从苗族文化特质角度探析石门坎现象产生的内在动因 [J]. 教育文化论坛，2011（3）：116-121.

造力和自主性的提高；① 三说动因在于传教士用慈善事业吸引苗族同胞，提倡文明风俗，开展社会改良运动。② 我们认为石门坎现象的重要表征是苗族大面积的基督教皈依行为，当然有苗族文化的崛起、苗族自身内源发展的动力和传教士的良苦用心，这实际是合力共振的结果。在石门坎发展的不同时期，各因素交替登场，分别扮演主导、次要和边缘的角色。

在石门坎现象成因得到勘定后，我们将视点转向其背后实际建成的伦理共同体。假定它是苗族族群精英和共同体成员归依的"大本营"，其在伦理共同体召唤之下有身份的认同和伦理的担当，在艰难险阻之中苦苦寻求族群的迈古超今之道。我们极力规避宗教是石门坎振兴的唯一要素的观点，③ 别开生面地抛出共同体圆成的三要素之论，希望族群精英、民间德目和公共精神皆可作为破解元素而获得最充分的

① 杨曦．柏格理与朱焕章教育思想之比较——兼论民族教育的内源发展[J]．民族教育研究，2007（2）：103-107.

② 马玉华．发现石门坎 [J]．南京晓庄学院学报，2008（3）：119-124.

③ 何嵩昱研究称，希望有意避开西方优势文化对石门坎落后苗族文化的影响和改造，抛却将基督教视为石门坎教育成就获致的单一因素的观点，而专注于分析苗族文化的特质在石门坎现象中的作用和功能。参见：何嵩昱．"石门坎现象"与苗族文化关系研究——从苗族文化特质角度探析石门坎现象产生的内在动因 [J]．教育文化论坛，2011（3）：16. 我们认为何嵩昱用苗族文化的特质来注解石门坎现象本身，其解释力稍显不足，并且只用苗族文化的特质来解释，本身又犯了单一因素的失误。在考察此类论题时应注意：一是石门坎现象本身有外力的嵌入；二是苗族自身的文字失势；三是苗族精英在伦理共同体的构建中领有殊世之功。对于石门坎这一段"飞云卷雨"的特殊历史，用宗教的进退来解释石门坎现象固然失之偏颇。同理，杨曦用内源发展的观点来解释，虽在表述"发展是人民的发展"上有其合理之处，但是对于"苗族教育的发展只能走内源发展的道路"的论断，忽略了特定时期的外力嵌入和文字失势的史实。以上两种单因素解释有可质疑之处。参见：杨曦．柏格理与朱焕章教育思想之比较——兼论民族教育的内源发展 [J]．民族教育研究，2007（3）：106.

阐释。①

一、苗族精英的整躬率物

石门坎研究者沈红认为，因石门坎形成一股不可低估的文化力量，辐射乌蒙山腹地方圆七八百里地域，遂成为彼时乡村建设的中心。② 这实际上指的就是依循教育、医疗而引发的社会改良运动。余文武在其博士后报告中曾经提出相反的观点，认为这场运动及其教育成就不仅是苗族文化本身的因素，③ 因为文化更多地以守成的传统面目出现，其突围仍需借力新的因素。倘若没有乡村精英吴性纯、朱焕章、杨汉先等一拨人在族群道路上的昂首阔步，以及在立身处世上的道德示范，就不可能为伦理共同体开出足以资用的资源。

石门坎光华小学百年校庆时，余文武与香港的张慧真、张兆和和贵阳的张坦等石门坎研究者曾拜访朱焕章的故居。因有后人的精心护理，

① 笔者在指导学生郭晶撰写本科毕业论文《儿童村德目审察》时，曾经与他探讨德目这种德性之目在民间有怎样的呈现。本书不讨论苗族主体如何进入德性之目，主要探究苗族知识精英的德性与规范（德性之目）之间的关联，以及苗族民间伦理共同体圆成之后苗族伦理规范体系的图式。譬如，石门坎中学的八字校训"忠诚、义勇、刻苦、勤劳"，后来被朱焕章写进石门坎初级中学的校歌里面，这八个字实际就是四个精致的德目。朱焕章借 Robin Redbreast 的曲，写成如下歌词："昆仑山脉乌蒙东麓，石门侧有一清泉，潺潺声泱泱长流，合江东下大川同源，交通利赖文化沟通。八方天地乱纷纷，侵略野心正勃勃，自治种子方萌芽，建设基础更宜坚，忠诚义勇培尔志，刻苦勤劳健尔身，力到此疆树边黎，服膺主义臻大同。"参见：东旻，朱慧群．贵州石门坎：开创中国近现代民族教育之先河［M］.北京：中国文史出版社，2006：332．朱焕章的女儿朱玉芳在总结其父的教育思想时，论及朱焕章"力到此疆树边黎"的理想和志向，认为它不仅仅是为全校师生创作的歌词，更是广大苗族知识分子可堪遵循的思想基础。由此，我们可以清晰地看到朱焕章个人的美德与共同体的规范之间的完美契合。

② 沈红．石门坎文化百年兴衰：中国西南一个山村的现代性经历［M］．沈阳：万卷出版公司，2006：3-4．

③ 余文武．民间教育共同体研究［R］．上海：华东师范大学博士后出站报告，2008：16．

五十余年后祖屋依旧，虽茅茨土阶但拾掇无遗。当年朱焕章的子女们在他的启发下，即便身处逆境也勉力勤耕不辍，成长为国家的专门人才。我们有幸得以拜访从威宁、贵阳和昆明赶来的朱焕章的三个女儿，她们的外形与其父亲的形销骨立颇有神似之处，但其丰神异彩却是我们始料不及的。曾在昆明理工大学执教的朱玉芳，言及其敬重的父亲，眼睛里闪着泪光。我们从她的娓娓道来之中，得以清晰地了解朱焕章身显名扬背后的真相。

作为寒素人家的子弟，朱焕章三岁时其父病逝，很晚才由其养父资助他发蒙读书。他耳闻目睹苗族啼饥号寒的悲惨生活，很早就立誓要和乡民们一道勉力改变苗族的生存境遇。因此，当他自昭通宣道中学完成学业之后，立马投身到光华小学的实教从学之中，希望用一己之力去唤醒暗弱无断的草木愚夫。期间，在中寨、官寨、偏坡等地鼓动乡民读书，用歌诗的方式来启发儿童上学，在最底层的民间作铁杵磨针的功夫。之后，他身怀教育兴邦与救民水火的理想，远赴成都求学，在华西协和大学教育系积蓄力量，以期为日后救亡图存与匡时济俗的实践奠定根基。

朱焕章在协和大学读书期间，曾获得"朱圣人"的雅称，那是何等的荣光！问题是，为何以圣人之名来称道一个学子？这要从朱焕章的洁身洁己与躬体力行来考察。我们认为，就他的胆识与眼光、德性与人品，足以作为石门坎苗族的启蒙者而存在。所谓启蒙，就是以族群的觉醒为目的，普及新知识、宣讲新观点，使族群个体摆脱愚昧和迷信。为实现这样的目标，朱焕章约请同在成都求学的乡友王建民、张超伦和杨汉先，谋划借助扫盲识字而兴学育人，再而寻求乡村突围的大计。他们以暑期编写的四册《滇黔苗民夜读课本》（又名《西南边区平民千字课》）为基础，思考召集、夜读、助学、筹资等推广办学的细节，以便尽早启动石门坎的平民教育。关于此次平教运动，那是一段有血有肉有深度的教育史，以朱焕章为首的乡村精英颇具"武训精神"，① 书写了兴学育人、力学笃行的佳话。

朱焕章曾在昭通明诚中学任职五年，但他始终牵挂积贫积弱的石门坎。从杨忠德的记述中亦可获得求证，当时的光华小学薪金微薄、设备简陋、生活艰难、人心涣散，朱焕章一家八口栖身在陋室茅屋之中，成天以土豆南瓜当粮，人人都是面黄肌瘦。② 朱玉芳称，其父回到石门坎给了同事们以莫大的鼓舞，因为他是苗家的贴心人和领头羊。他不只是在教务上严格管理，在教师生活细节上也体贴入微。譬如，将自家所剩无几的包谷撮出一小簸箕，吩咐大女儿送到揭不开锅的陶开群老师家，以解其燃眉之急；食盐在旧时是非常珍贵的生活必需品，为了解决光华小学教师的"食盐荒"，朱焕章牵马至昭通变卖换成食盐，分发给每一位老师。③ 就是这样一些细微的事项，反映了朱焕章品德的高洁和胸襟

---

① 山东民间兴学家武训，因苦于自己是文盲而受人欺侮，遂通过乞讨举办三处义学，以此提升乡民的文化水平。陶行知生前认为，武训一无钱、二无靠山、三无学校教育，但能把学校办起来，靠的是"为兴学而生，为兴学而死。一切为兴学，兴学为苦孩，鞠躬尽瘁，死而后已"的"武训精神"。参见：孙孔懿. 论教育家［M］. 北京：人民教育出版社，2006：4.

② 杨忠德. 西南边疆私立石门坎初级中学的创办及其教学活动［G］//威宁文史资料第三辑，1988：403.

③ 参见：杨大德. 中国石门坎（1887—1956）［M］. 北京：人民日报出版社，2005：500-501. 朱玉芳回忆说："我的父亲虽然是校长，但待遇和其他教员一样。我们家有一个约一米高的背篓，放置在楼梯下，专门用来装包谷。当背篓快见底时，事务员王学章老师又分来几升包谷倒在里面。每次父亲都要询问王老师，包谷还有多少，并叮嘱他，哪位老师家庭困难大就多分一点，互相调剂着维持生活。为了帮助教员解决生活困难，教会把学校周围的土地划归给学校，学校又把这些土地分给教员们，各自种植一些包谷、洋蔬菜和亚麻。学校还建了一座磨房，内安两盘大小不同的石磨，供教职工磨面。教员们还在附近建起了一个有七八孔的木桩茅草猪厩，让家属养猪，解决吃油吃肉的问题。""父亲是一校之长，但他从不摆架子，对人和气且很礼貌，若遇教员不能按时完成任务，他从不乱加指责或训斥，工作先由大家分担，事后再分别处理。有一次，几位教员建议父亲辞退一位教员，但父亲认为不能因工作中的一些失误及意见不合就辞退一位教员，这会引起教师们的思想波动，不利于教学工作，因此，他一方面找那位教员交谈，要求他改进工作，另一方面又说服这几位教员搞好团结。"

的开阔。他使同事们认识到即便生活艰难，只要大家和衷共济，亦能过富足的精神生活。这里，我们可以认定作为个体的教师与以光华小学为中心的共同体之间，是互为支撑的逻辑关系，其间的同心同理是个体与群体结成伦理共同体的基础与前提。

在张坦、张慧真、东人达、余文武等新近的著述中，均可发现他们对于朱焕章的怀瑾握瑜的记述，以及以他为中心的学人群体的躬耕践行。我们屡次到访石门坎，均能听见年长者对于朱焕章等人的称赞，视他为枵腹从公、两袖清风的典范；可是，年轻的乡民绝少知道朱焕章，几乎不能承袭父辈的遗教，去夸赞朱焕章一生光明磊落、绝无半点拜金主义的精神。那么，我们这个时代是否抛弃了朱焕章？对于这样一位"拳头上立得人，胳膊上走得马"的先贤，一位为民族的前路奔走呼号的精英，一位深受彼时各族人民爱戴的本土教育家，我们应当怎样继承他进种善群的遗志？这是我们当下必须切实思考的问题。

朱焕章倾注心血来编写"千字文"，其间不只是识字扫盲的问题，更有借助读本启发爱国意识与民族意识，以及化解乡民的不知进退的蒙昧的初衷。他用"平民歌"来陈述职业不同但人格平等、国家兴亡匹夫有责的道理，苗族同胞亦须努力立下治国平天下的志向。[1] 而这样的志向要得到落实，就要"你读书、我读书"，通过读书识字来解蔽，不做瞎子做新民。做新民就是要对兴邦有所担当，要自立、自新、巩固国家的根本，群策群力，和衷共济。为什么"千字文"在石门坎具有教育效能并成为统同群心的一个工具？除了朱焕章个人的人格魅力之外，还有石门坎苗群的同心同理的作用使然。前述提及，石门坎作为一个伦理共同体，好比是一个庞大的家族，虽然成员众多而庞杂，但拥有共同的血统（同心同理），从而使得这个伦理"世系"代代遗传、生生不息。

朱焕章服从国家的安排到教育厅任职，后不堪受辱与心理压力而不

---

① 《黔滇苗民夜读课本》第二册第十课。

幸辞世，我们在后面的章节会专门分析他的极端行为的来情去意。当朱焕章发现有人在住宅门外监视他，心理压力大到无法排解的极点，于是由后窗离开，在夜色弥漫的黔灵山森林中，选择离开混沌不开的世界。人们在两周之后才发现月桂树上的他，面容已然模糊难辨，家人从其身着的羊毛家织内衣才得以确定其身份。杨大德用一种冷幽默的口吻说，中国现代教育史上的失踪者终于被找到。①

就是这样一个简明的文学叙事，其间潜藏了对于朱焕章的德性之美的褒扬。朱焕章担心吓着进山的游客和孩子，用手绢蒙住脸面，面朝故乡乌蒙山的方向自缢。② 其细微行为的周全考虑，反映了朱焕章克己慎行、先人后己的思想境界。之后，贵州省教育厅在20世纪80年代恢复他的名誉，90年代学者纷纷展开对他的研究，不久前朱焕章的遗骨已迁回石门坎安葬，许多至亲好友和石门坎研究者齐集在朱焕章的墓前，追溯他的遗风遗教，感受他的嘉言懿德。这个瞻仰群体多是朱焕章及其同事的后裔，显示了伦理共同体的血脉相传。

朱焕章毕业于华西大学教育系，是真真正正的科班出身，从其学养与德性的蕴蓄而言，足以堪当办学的重任。他十分清楚自己在共同体中的责任担当，并力图在石门坎初级中学的开办中申述自己的教育理想。作为以教育为志业的先知先觉者，他十分明了教育的功能，一如教育家孟宪承所言，"学校是专教育而存在的：行为的变化，技能和知识的获

---

① 杨大德．中国石门坎（1887—1956）［M］．北京：人民日报出版社，2005：547.

② 杨大德．中国石门坎（1887—1956）［M］．北京：人民日报出版社，2005：547．临近中华人民共和国成立时，朱焕章曾经说过，"只有中国共产党才能救苗族和全中国，现在是出来为国家和民族干革命的时候了。"并大力支持石门坎中学的青年教师张斐然，当张斐然1949年秋面临遭逮捕的危险之时，朱焕章挺身而出，冒险掩护张斐然，让他伪装成传道员，离开石门坎去大关、盐津等地躲避。杨明光称，朱焕章在留在人间的最后的话有："共产党的政策是好的，只有依靠党，紧跟党，才能跟时代前进！"杨明光．潜心为民族教育事业献身的朱焕章老师［M］//东旻，朱慧群．贵州石门坎：开创中国近现代民族教育之先河．北京：中国文史出版社，2006：247.

得，在学校里有计划地进行。在别的社会环境里：刺激是很复杂的，在这里却化为简单；刺激是互相冲突和混乱的，在这里却选择而组成秩序；刺激和反应的联络，原须经过浪费的尝试，在这里也因指导而可以经济地构成。总之，学校是一个控制的环境。学校的发生，是人类教育上的一大经济。"① 这个可堪控制的环境，当然不只是朱焕章的良工心苦，之前有刘映三、吴性纯的开创性贡献，之后又有杨汉先的承上启下，方才成为一个可持续性的教育系统。因时代的久远，我们无法获知光华小学与石门坎初级中学当年勃勃生机的实情，仅能从口述史和文献描述中捕捉和勾勒彼时学子云集、书声琅琅的情景，当有坚定的教育信仰、高度的责任感、健全的教育内容、可贵的科学精神、因材施教的艺术性和因地制宜的灵活性，这一切均出自苗族精英的轨物范世与教导有方，他们既造成共同体，又服从共同体，成为民间伦理共同体圆成的硬核。

经由石门坎光华教育体系走出去再回返的学子，成为石门坎后人津津乐道的对象。他们在石门坎的聚集，有如众美毕集、相得益彰的灿烂星河。华西大学社会历史系毕业的杨汉先，华西协和医学院医疗系毕业的吴性纯、张超伦，华西大学教育系毕业的朱焕章、吴善祥，华西大学数理系毕业的杨忠义，南京政治专科学校毕业的李学高、张斐然、张有伦、王建明、王建光、陶仕伦，武汉神学院毕业的李正文、李正邦、张洪猷、吴忠烈，华西高中部毕业的杨忠德，成都护士学校毕业的朱明义、张仁义，贵阳师范学校毕业的王德春，青岩乡村师范毕业的韩绍纲，青岩乡村师范毕业的王聪灵，榕江师范毕业的杨荣传、韩俊明，黄埔军校毕业的朱明亮，昭通国立师范毕业的张恩德、李瑞、王惠泽、王常义、张美玉、吴忠美，计31人，不同程度、不同时间参与了石门坎教育体系的建构。② 其中杨茸惠、张洪猷、张志诚、王霄汉、吴性纯、杨汉先、朱焕章、李正邦、王德椿和韩绍纲均实际到任执教，成为石门

① 孟宪承. 教育概论 [M]. 上海：商务印书馆，1937：47.
② 威宁彝族回族苗族自治县民族事务委员会. 威宁彝族回族苗族自治县民族志 [M]. 贵阳：贵州民族出版社，1997：266.

坎光华教育体系的职员。这里，我们检视共同体呼唤而至的还乡队伍，就是要描绘一张全体学子的集结阵图，以便达成对民间伦理共同体的整体感知。①

当年传教士借力教育来传道的目的，固然不能被一般乡民所觉察，有此觉悟的苗族精英自然也是族群中的极少数。之后这些极少数的精英因文化和眼界的提升，而起念兴学育人，继而借力平教运动来达成他们教育兴邦的目的，当然也不被世俗予以充分的理喻。其实这里暗含了一种预设，即伦理教育当是共同体构建的助力，它会因应社会变革而与时俱化，并向共同体成员传递共享共有的价值观念和伦理原则。沈红认为，石门坎乡村教育运动的真正主体并非传教士，而是经由教育得以提升的各族乡民。光华教育体系派往成都的男女学生，竟然全部回返石门坎任教，成为接续教育传统的主力军。② 前述所列之"集体还乡"的石门坎学子，更是以受过高等教育之身份，介入石门坎的乡村教育运动之中，成为改写苗族命运的"贤士功臣"。自此，"以苗教苗"的目的达到，尊师贵道的传统形成，以族群精英为中心的共同体成为压倒宗教的反制力量。

石门坎乡民个体对以光华小学为中心的共同体的归附，和共同体所具有的超强的归化作用，是诸多学子向石门坎回归的内在动力。石门坎民间伦理共同体的呈现，时而强劲时而虚式，均在情理之中，因为石门坎在民族发展的进程中自然有迂回曲折，从而具有不断的变动和反复。石门坎伦理共同体对伦理关系的协调多有富含人情意味的人伦原则，而少有形而上的道德原则，故其民间底层显现为熙熙融融、讲信修睦。如此富含美德的乡村精英和奉公守法的众多民族个体，共同组成了涵养德性的成德环境，使石门坎成为可以明察细究的"期望集"。有鉴于此，

---

① 东人达. 滇黔川基督教传播研究（1840—1949）［M］. 北京：人民出版社，2004：3-4.

② 沈红. 石门坎："炼狱"还是"圣地"？［J］. 中国国家地理，2004（10）：92-93.

我们很有必要对苗族精英在伦理共同体中的身份与角色进行再辨识。

在此，我们承认教育实践是石门坎民族社会的展开形式，若从主体地位来认识和把握，就必须意识到苗族及各族群众是创造石门坎历史的决定力量，是石门坎社会历史的主人。就石门坎苗族而言，教育实践的社会历史性和主体性说明，光华教育体系的建成与石门坎苗族民间伦理共同体的构建不是个别人的活动，而是苗族族群的类本质的创生活动，它落实到吴性纯、朱焕章、杨汉先这些乡村精英的个体身上，并由他们带领全体苗民去落实。但是，乡村精英之所以能够具有巨大的创生力量，是由于通过社会性的教育实践积淀了苗族所共有的创造成果，把诸多苗族精英和苗族个体的力量凝聚为一体，并以内化的方式去直接转化，并运用外部力量的结果使然。

二、基础德目的通行效能①

共同体的道德规范是一种非制度化的规范，它不是被颁布出来，因为不是每个地方都像遵义平家寨一样出台具体的行为规范和道德律令；相反的，处在同一共同体的成员们在长期的共同生活过程中，会渐次形成一定的要求、秩序和理想；我们在口述史和访谈中得以"耳闻目睹"石门坎伦理共同体成员的视听言行，从中发现共同体的道德规范的具体表现形式，并潜藏在他们的品格、习性和意向之中，成为我们可堪深究的德性品质。换言之，伦理共同体的整体品格由个体的德性集合来予以展示，而个体的德性品质则通过一定的道德规范的恪守与践履来呈现。

---

① 有一种观点认为德目是台湾学者的说法，事实并不是这样。依循德目的教育方式就是德目教育，德目教育是古今中外道德教育最重要的形态。作为道德教育的初级阶段，它又可称为品德教育、品格教育、美德教育、人格教育或德性教育，它是把品德的条目通过德育手段教给受教育者，德目所构成的总体，叫德目表。那么，比德目更高层次的是什么呢？它既不是康德的"善的意志"，也不是麦金太尔的"整体人生的目的"，而是道德理想、道德信仰、道德标准和道德价值观。

其间的个体行为成为我们考察主题德性的观察之维，道德规范不仅在规约个体的行为，而且成就主体的德性。①

道德规范作为一种内化的规范，唯有在共同体成员真心诚意地接纳，并转换为他们的情感、意志、信念和行为时，才能得到实施。这一点与德目教育的宗旨何其相似！德目若指德育内容的条目（如勇敢、公正、诚信等），那道德教材或德育课本就会对应性地安排条目内容，并有条不紊地进行条目概念的阐释。又如教师按照德目逐条讲授，忽视情感、意志、信念和行为时，它就会落入德目主义的窠臼，从而失去应有的教育效果。

德目乃德性之目，亦可看做共同体之道德规范的具体形式，它说明德性品质与道德规范之间的关联，以及个体作为道德主体进入德性之维。我们用德目更能说明它的规范的本质，因为它是德育目的和德性成就的具体化。② 德育目的和德性都是非常抽象化的概念，不便于在共同体成员的道德实践中得到落实，而细化为一个个含义明确的条目，意在实施和操作的便利。我们认为应该区分德目与德目主义的含义。前者是道德规范的完整、有效和合理的规范体系，是伦理共同体成熟的表征；后者指的是道德教育仿佛是一个"美德袋"，从中精心择取条目，沦为灌输抽象道德知识的模式。对于类似"美德袋"表述的批驳，迪尔凯姆、赫尔巴特、杜威和柯尔伯格都提出过非常强硬的意见，本身并无过错的德目因德目主义的困境而受困其间。德目本身是一个褒义词，其制

---

① 樊浩.伦理精神的价值生态［M］.北京：中国社会科学出版社，2001：179.要从石门坎民间伦理共同体里找到清晰可见的德目，并不是一件容易的事情。但是从昔日对于"吃平活饭""宿寨房""姑娘房"等原始群婚制残余的规制，似可发现一些隐藏的德目。此外，对于人畜共屋、不洗脸、不理发的陋习也多有约束。石门坎校友朱艾光曾举例，每当客人来访，苗民都要礼貌地迎送两三里，师生们不卑不亢，粗茶淡饭招待宾客。老师们都注重为人师表、爱岗敬业。进入石门坎，风气纯正，路不拾遗，夜不闭户。参见：朱艾光.私立石门坎初级中学的创建［M］//东旻，朱慧群.贵州石门坎：开创中国近代民族教育之先河.北京：中国文史出版社，2006：216-217.

② ［法］迪尔凯姆.道德教育［M］.陈光金，等译.上海：上海人民出版社，2001：23.

定是出于善的初衷，并无不当目的；① 而德目主义妄想确定先验的道德价值，强加给受教育者，其合理性和合法性都会受到质疑。

石门坎伦理共同体的构建，是否有清晰可辨的民间德目的助力？答案是肯定的。德目的呈现需要借助语言文字载体，但因苗族文字的成型稍晚，其理论的形而上表述并不完备。加之民间德目并不适合用强制性的手段来推行，而是依循传统习惯、社会舆论和内心信念来达成，所以它显现为共同体成员认同与奉行的习俗性规范。因它通行民间底层，缺失伦理学的修正，故通常显现为直白、朴实的表述。不过，民间德目作为伦理共同体的道德规范的具体形态，并非是正统伦理规范的附庸，其价值在于它连接内在德性与外显行为，是共同生活的积累，是经年累月的集成；由于它的生动与贴切，更容易为共同体成员吸纳，在口碑相传、聚讼纷纭之中转化为共同体成员的躬体力行的道德实践。下面我们以两首校歌的歌词为例，来分析它的德目模式。

"拍七数风琴，吹芦律笙簧，音克谐兴悠长，齐声高唱大风泱泱。好男儿当自强，天下一家共乐一堂。学优长寻光明，要日就月将，要学那惜阴大禹寸晷无荒，要如何名副其实为中华之光。"这是吴性纯谱曲的《石门坎光华小学校歌》，歌词简练、旋律悠扬，其中透露出对学童自强、惜阴的德目教育；"忠诚义勇培尔志，刻苦功劳建尔身"，这是《石门坎初级中学校歌》中的两句歌词，从中可以窥见朱焕章等人对于学子立身处世的希望，当以忠诚、义勇、刻苦、功劳的德目来规约莘莘学子。②

德目模式在道德教材上的形式，或散乱、或罗列、或体系、或精

---

① 唐钺，等. 教育大辞书·"德育" [M]. 台北："商务印书馆"，1984：286.

② 张坦. "窄门"前的石门坎——基督教文化与川滇黔边苗族社会 [M]. 昆明：云南教育出版社，1992：191. 我们可以从这两首校歌中深究其间隐含的德目：忠诚、勇敢、立志、刻苦、勤劳、自强、惜时。但实际上这是一种整体性的把握，如前所述，校歌已经涉及道德理想、道德信仰、道德标准和道德价值观的内容，实际显示为较高层面的道德教育。不管怎样，校歌罗列式的德目呈现形式，强调的不是德目的内在联系或德目的完整性，而是德目对于当时苗族社会的重要性，它传递的是上层知识精英对于核心价值或基础价值的理解和认同。

选，其目的是要能够在民间顺畅通行。借助歌词来传递伦理共同体的道德原则或道德规范，这是多谋善断的伦理教育智慧的展现。德目的表现方式有个定论，或依据逻辑罗列的枚举式德目，或依据核心边缘之分的主次式德目，或依据流派追踪的源流式德目。① 不过，这样颇具学理的归综，似乎对于石门坎伦理共同体的伦理谱系略显失效。譬如，前述的歌词中透露的德目诉求，实难纳入上述三种德目形态之中。它更多地以缺失逻辑、序列和体系的方式而散乱地存在。可为什么这样的散乱安排反而奏效？为什么理论形态最低的模式能谱写出最和谐的道德音符？这是因为民间伦理共同体的教育实施总是贴近生活，它对应伦理关系的诸多法则，其方式是共同体成员喜闻乐见的歌诗和谚语，可谓屡试屡验、行之有效。

我们从屡次到访的访谈记录和亲见亲闻中，得以发现旧时通行在以石门坎为中心的十里八乡的道德规范。它没有宣传机构和大众传媒的优势工具，唯有光华教育体系的便利，使它得以约束其麾下的莘莘学子，启发他们的良知，使其成为共同体成员之思想、言行的标准、尺度，再而由良知形成特定的动机、意图和目的，促使共同体成员去遵守共同约定的道德规范。譬如，"不"字句式的劝勉语，隐藏了诸多事关价值取向的"应该"："不怠慢宾客""不好逸恶劳""不弄虚作假""不诋毁别人""不嫌弃老人""不吵吵闹闹""不投机取巧""不搬弄是非""不可不学无术""不砍伐公有山林""不得弄脏水井""不得看不起异乡人"……②这些句式没有玄虚的理论分析，没有复杂的概念堆积，没

---

① 刘次林. 德目与道德教育 ［J］. 全球教育展望，2006（6）：33-34.
② 余文武. 民间教育共同体研究 ［R］. 上海：华东师范大学教育学博士后出站报告，2008：42. 这些"不"字句式的道德劝勉话语，的确难以勘定它的德目表述。不过，德目的命定本身就含有教育者的预制，一方面是知识精英的道德智慧展示和知识系统呈现的固有特征，一方面是教育实效性的诉求。对比一下苗族民间自发产生的德目和光华小学、石门坎初级中学创制的德目，后者更为精致。当然，石门坎伦理共同体的民间德育意图，并不是把道德条目毫无逻辑次序地、随意地传递给共同体成员，虽然其条目的层次化和序列化值得深究，但是这种理论形态最低的模式却能够取得最好的效果，原因在于它的微言大义能够切己体用，以指导苗族个体的人生。

有隐藏德目的逻辑联系，但是却发展成共同体之个体的自觉自律。

我们大可不必按照教育学上的德目模式的枚举、序列或体系式的方式去审视民间德目的内容序列问题。若硬将民间德目内容序列化，恐怕会限制伦理共同体的道德规范的通畅表述，会束缚伦理共同体成员的智能发挥。鲁洁认为论及德育内容的序列化，须考虑其选择标准对应的目标要求。① 就民间伦理共同体所反映的生活领域而言，其内容多为公共生活领域的一般道德规范，这是共同体成员必须共同遵循的最简单、最起码的公共生活准则，是维持共同体秩序、保障共同体生活正常进行的最基本的社会条件。

故我们的思路是从目标序列化来判定其优劣，而非从内容序列化来评定其好坏。民间德目虽然粗糙和凌乱，但它有一个协助民间伦理共同体构建的基本德目框架，给共同体和全体成员提供一个践行伦理道德的最简捷的参照系，从而对民间社会起到一种弹性的伦理道德的控制作用。基础德目好比是伦理道德网的纽结，是通联所有共同体的道德原则和道德规范的关键。由此，我们可以肯定地说，民间伦理最容易通达共同体心灵的就是德目。当然，我们亦须辨清民间德目与传统美德的异同，前者是共同体道德规范的具体化，而后者则是规范体系中的优质内核。在民间伦理共同体的重建中，我们很有必要倡导人人争做德性之人，使德性之美得以游光扬声，从而实现民间德目向传统美德的创造性转化。

本章所言之石门坎民间伦理共同体，大致处于 20 世纪前半叶的民族发展的困厄之中，乡村治理的纲纪废弛，乡民生活的暮气沉沉，以及族群精神的萎靡不振，使它成为"边疆之边"。在各自为政、离析分崩的状态之下，乡民几无尊严的生活和幸福的诉求。以吴性纯、朱焕章、杨汉先为代表的乡村精英，指明了族群发展的道路，那就是不可原子化地独立生存，必须统同群心、精诚团结地面对苗族的困难和问题，必须

---

① 鲁洁，王逢贤. 德育新论 [M]. 南京：江苏教育出版社，1994：169.

生活在伦理共同体之中，方可谋求到民族突围的发展道路。这个可堪造就的伦理共同体，实际是一个涵厚德性的"培养基"，它牵引共同体之个体提升其个别性状态，跃升为共同体体认的普遍性状态。这在教育上的启示是，可以通过基础德目教育的实施，来增强民间伦理共同体的道德教化和学校教育共同体的道德教育的有效性。

三、忠驱义感的公共精神

我们言及共同体的道德原则，其重要议题乃是个体与共同体的关系问题，伦理学所言之个体，特指个性化的作为道德主体一份子的个体。但是，作为道德主体的个体，其个性化的主体地位和主体性，并非由其个体来确定，而是由所在共同体来确定，由具体的道德实践场所来确定。这个道德实践场所就是石门坎民间社会，它成为我们考察伦理共同体构建的重要参照系。共同体和集体皆是伦理学的重要概念，共同体也是集体，集体在本质上绝不意味着局部，它若表现为具体的实体，其实体则需反映集体的本质。①

鉴于集体有"虚构的集体"之说，我们得稍费篇幅来阐明伦理共同体并非是虚构的。所谓"虚构的集体"，指的是不能代表整个社会的真正的普遍的利益，也不代表或不能代表隶属于这个集体之中的各个成员的个人利益。这是马克思、恩格斯在《德意志意识形态》中描述的"虚构的集体"，特指占据统治地位的剥削阶级的利益集团，这实际是历史上的既有表现形态，不在我们此题的讨论范畴，而我们关心的是石门坎伦理共同体的现实。那么，石门坎伦理共同体有没有虚构性？判定的依据在于，它是否把族群社会的普遍利益与个人利益真实地统一于一身。由本章的前一节得知，石门坎伦理共同体之所以真实，恰恰在于它真实地代表了石门坎地区各族人民的利益，且真实地代表了共同体成员

---

① 罗国杰. 伦理学［M］. 北京：人民出版社，2003：142.

的个别利益，从而显现为一种现实的集体。

在石门坎伦理共同体的生活中，我们亦认定集体主义原则是共同体运行的主要调节手段，是一切苗族及各族道德理论的核心，是解答伦理共同体的所有道德理论疑难的基本原理。集体主义作为一种道德原则，它实际区分于较低层次的道德规范，后者是前者开出的道德评价尺度。鉴于集体主义更多地论述集体利益和个人利益的辩证关系，我们将公共精神作为伦理共同体建构的重要元素之一，这实际上是其前述辩证统一关系的逻辑结论。公共精神究竟指什么？《简明牛津辞典》解释为：具有一种公共意识和一种参与共同体行动的意愿。霍普认为公共精神是一种对待他人的基本观点或态度；表现为一个人可以不计自己的得失，为了他人的利益能够随时准备参与更多的地方共同体活动。① 显然，公共精神内涵在集体主义的框架之下，它强调的是个体利益在必要的前提下为集体利益做出牺牲，是一种心甘情愿的自我牺牲精神。

前述讨论的族群精英的道德引领，他们的德性之中亦内涵舍生忘死的公共精神，他们的躬体力行更多地出于拯救族群和身份认同的考虑。这里单独把公共精神引出，意在考察公共精神之文化建设如何为构建富有生机的、互相支持的和赋予包容性的伦理共同体带来愿景。简而言之，我们把推进公共精神文化建设作为重建伦理共同体与重聚社会资源的重要途径。公共精神是族群精英的内在德性，但并不说明公共精神只存在于少数个体之中，相反的，公共精神作为个体行为的准则，塑造着个体的行为并为他们提供行为准则的制度和习俗，使得共同体中的个体受制于公共精神的规约，在共同体的活动中发展出良性的交往与互动，在人与人之间形成一定的信任、合作和友谊关系，从而开掘出足以资用的社会资本。以下我们着眼于石门坎实际发生

---

① ［英］保罗·霍普. 个人主义时代之共同体重建［M］. 沈毅，译. 杭州：浙江大学出版社，2010：7.

的道德故事，从中厘析公共精神在民间的传扬和散布，以及共同体之个体如何以有效的社会资本（公共精神）参与伦理共同体构建的实情。

石门坎伦理共同体的构建，不只是苗族群体与个体的参与，还有汉族和彝族以及各族人民的介入。譬如汉族教师离开中心城镇到石门坎任教，不辞辛劳、不顾安危的奉献精神，至今仍在民间广为传诵。他们在石门坎开荒破草，协助创办识字班和小学，苦口婆心地教授苗家子弟识字断句，工作之余还帮忙代写苗族同胞受压迫的告状书，到昭通和威宁广泛力陈黎民百姓受苦受难的事实……所有这些为苗族排难解忧的义举，都潜藏了宝贵的公共精神。当年光华小学初创之时最缺师资，在杨雅各和张武的请求之下，先后有刘映三、王玉洁、夏士元、钟焕然、李司提反、李四先生、刘四先生、马才富、王开阳、杨正隆、侯锦堂、傅正章、张中普、郭明道、胡开英等十余人前往石门坎协助教学。这里，我们不妨列举刘映三、钟焕然等老师实教从学的事迹，来管窥他们身上富含的公共精神，以及如何参与伦理共同体构建的详情。

刘映三受聘于光华小学开办之日，在石门坎安家落户，不过他的家人仍在昭通，常年面对分居的不便和生活安排的艰难。为了全身心投入光华小学的教学，他每年极少返回昭通探亲，家人亦很少来石门坎探望，用苦行僧来形容刘映三再合适不过。他比其他同事的年纪大很多，但是生活完全自理，在课余他自己理发、洗衣、种菜、烧火煮饭；他亲自下地种植庄稼，种植的玉米颗粒饱满，趁机教育学生要善于经营管理，他说庄稼不会辜负勤快人，这些包谷薅锄七遍，这是庄稼丰收的原因。石门坎地区因为产煤，价钱廉价而烧煤，刘映三就教育学生用煤要考虑子孙后代，不能只顾我们的眼前利益而肆意浪费。他手持粉笔盒、痰盂缸，腋下夹着鸡毛帚漫步步入教室的形象，半个多世纪以后还在石门坎学子记忆的心头。他讲述历史战斗故事，挽起袖口，绘声绘色，启迪学生急公好义、忠诚爱国。① 他为学校和教会拟出的公文稿件不知凡几，教过的学生都敬佩其无私奉献精神，怀念他虚怀若谷的圣贤形象。

钟焕然是在访谈中常被提及的一位石门坎先贤，是为光华小学开办而开荒破草的积极分子。为了今后适应在石门坎的教育工作，他潜心钻研苗语，虚心求教行家里手，达到对苗语的熟练掌握，实现了用苗语辅导学生的目标。从此例即可发现彼时学子的事业心，在共同体的伦理精神的诱发之下，心怀急公好义的公共精神，肩负救人于水火的善举。钟焕然在课余还乐于与学生交朋友、和乡民亲近，尤其重视从那些不会汉语的乡民那里采集意见，听取他们对于生活的诉苦和生存的嗟叹。由于钟焕然长年累月在其间奔走并倾听乡民疾苦，遂成为苗族同胞的贴心人，与他们建立了牢不可破的深情厚谊。以石门坎为中心的百余里的地区，都留下了他在其间穿行的身影，最远的长海子和咪咡沟距离石门坎一百里，钟焕然在那里建立分校、延聘老师、执掌教学，成为替僻远山区奔走呼号的贤士。步入衰老之年，因石门坎初级中学开办急需人员，他又从昭通赶来服务至退休年龄。他一生忠于职守、公而忘私，一半时间用在石门坎的教育事业之上，可谓呕心沥血、功成名遂。②

我们试图证明石门坎伦理共同体的圆成，并非宗教的单一因素，这在汉族教师的躬体力行中得到充分的证明。石门坎乡民曾述，落后的苗

---

① 据王兴中和杨明光回忆，刘映三教书育人的功夫值得敬佩，他常手提一块小黑板，在上面书写重要的词句以提示学生。他曾经告诉学生："清官清到底，不要钱不要米，要钱好收拾，要米背不起"，以此教导自己的学生日后廉洁奉公守法。他作为前清秀才，但对家长和学生并不摆秀才架子；对同事和睦相处、真诚相待，对学生耐心讲解、循循善诱，同事和学生都愿意就生活、工作、思想上的疑难问题求教于他。刘映三不信鬼神，住室没有神龛和祖先牌位，没有买过香纸钱烛；他也不信教，但不反对和歧视信教的人。他一生堪称为落后民族的前路奔走而尽心竭力，可惜至今未见有人树碑立传。

② 与钟焕然同期而至的还有李司提反，他在办学中积极配合杨雅各，思考苗族文字的创制问题，以便排除苗族学生学习汉语的困难，李司提反也是用心学习苗语，不久就可与苗族同胞对话，他的教学和人品极有口碑，在石门坎各族乡民中享有极高的声望。可惜在 1917 年自昆明返回昭通的途中不幸失踪。

族地区若没有汉族老师来为苗族教育事业献计献策、出力流汗，不知要落后几世纪。有了汉族老师到来，落后的苗族才有文化、才真正站起来。苗族有文化，起决定作用的是汉族老师，而不是外国牧师，这是最公道的说法。① 这些汉族教师在艰难困苦的环境里忠不避危，力求为民族的振兴尽一份心力，其尊闻行知的道德实践，是践履公共精神的最好说明。

在石门坎伦理共同体的构建中，并非说为了共同的利益就必然要牺牲个体的利益，其间的冲突并非发展到必须以个人牺牲为前提，才能解决好矛盾。而是由于石门坎当时的社会历史条件的制约，个体不得不做出必要的牺牲。这样的牺牲是"是与非"的矛盾，不是"是与是"的悲剧。伦理学关于人类的发展的观点表明，人类的发展或多或少都会以个体的牺牲为前提，而个体牺牲的程度又与社会的进步和发达程度成反比。正是这种自我牺牲的公共精神，受历史条件的制约，方才显现出它的崇高性。在国泰民安的背景下做出这番牺牲并不难，在石门坎地棘天荆的环境下做出这样的牺牲方才难能可贵，这样的牺牲背后是公共精神的召唤，它是伦理共同体之德性蕴蓄的集中体现。

我们所言的出于伦理共同体构建需要的公共精神，与西方学者所言的地方共同体构建需要的公共精神有所区别。后者提出公共精神通过地方共同体的社团活动以及邻里之间的相互照料、交通支持和防范犯罪等行动体现出来。② 简言之，他们的公共精神体现在日常关怀的行为上，可以是一些帮助邻里购物、修理花园、处理家庭杂事、邻里之间互访等琐碎的事项，并希图通过这样的活动来启发公民的自愿性的共同体活动。我们得肯定这一构想的可行性，因为若乡民的公共精神得到发扬，不仅有助于改善乡村的社会环境，而且也会提升共同体的品格，从而使

---

① 王光中，杨明光.威宁石门坎光华小学校史梗概［G］//贵州宗教志编写办.贵州宗教史料选辑第二期.1987（3）：57.

② ［英］保罗·霍普.个人主义时代之共同体重建［M］.沈毅，译.杭州：浙江大学出版社，2010：84-85.

得共同体内部的生活质量随之提升。在公共精神相习成风的情况之下，再提升共同体的集体活动规格，就会成为轻而易举之事。譬如，由清理垃圾废物到疏浚河流，从维护苗圃到植树造林，从健身活动到村庄护卫，都可以开出一系列体现公共精神的行动。这种在公共服务领域的公共精神，也可能流于形式，因为它有受制于环境压迫和社区言论的嫌疑。伦理共同体中的公共精神则不然，它是出于个体的自觉自识和德性蕴蓄的结果，它思谋的是秉要执本的大事件，参与的是进种善群的大行动。它对乡村的影响和推动，不是土壤细流，而是中流砥柱。由此，我们郑重地建议，为了重建伦理共同体与重聚社会资源，我们的乡村需要主动出击，启发乡民的公共精神，让他们接受伦理共同体的召唤，并为伦理共同体的重构尽一份心力。

第二节 平民教育运动之始末

石门坎教育的辉煌早已"灰飞烟灭"，但苗族同胞仍然视它为精神堡垒。其教育的勃兴有如 20 世纪乡村教育的滚滚洪流，最终亦不免落入夭折的境遇，那不过是历史条件的作用使然。石门坎这样一个僻远荒凉的"边疆之边"，教育问题依然是制约乡村发展的瓶颈，当我们获知石门坎年丰村家家户户至少有一个文盲时，心情变得十分沉重。当年石门坎各族人民经由教育而获得族群发展的动力，今日该不该好好地接续石门坎的教育传统，以便催生因教育而生的族群自信？在有形的文化资源不可再生地消失之际，我们很有必要去回温那场轰轰烈烈的平民教育运动，找回创业垂统的文化自信。

石门坎的光环被世人做了感性的夸大，倒也契合普通人的猎奇心理。曾有乡民称石门坎街的西北侧有一深沟峡谷，名曰大溪沟，是骡马车队贩运货物的必经之地，它连接石门坎的隘口有一个石门，仿佛镶嵌在石壁之中，好似鬼斧神工的开凿一样。① 这个描述正是宗教要好好利用的素材，因为《圣经》里面刚好有"窄门"之说。而石门坎的真正形成，并不是天然成形，而是各族人民不辞辛劳地开凿的结果，这仿佛预示了石门坎的历史是各族人民亲手创造的。两位医学博士吴性纯、张超伦和教育学学士朱焕章自光华教育体系产出，更是让石门坎领有值得炫耀的资本。我们有意按下关于循道公会办学的溢美之词，避免添枝接叶式的描述，而把震动世人的平民教育运动推到前台，从中探察一队族群精英为了民族的发展而东冲西突的教育实践。

因平民教育运动的波及地区广大，故石门坎地区一说便有其特定的内涵，它在本书特指滇黔川边的千字课普及地区，而非单指光华小学起兴的石门坎一地。平民教育运动的时间，学界曾以为从吴性纯、朱焕章返乡到离乡的二十年左右，我们认为这还不够，光华小学开办之时，刘映三、钟焕然、李司提反等人实际在民间作发蒙解惑之功，到朱焕章在中华人民共和国成立后赴贵阳履职，起码是五十年左右的时间。平民教育运动的考察重点在平民千字课的推行，但亦顺带肯定光华小学、石门坎初级中学的一臂之力。民国时由陶行知、梁漱溟、晏阳初等人开启的平民教育运动，曾引发千字课本的编撰高潮，在20世纪二三十年代多达30余种的千字文中，朱焕章的平民千字课立足苗族而有所创新、以人为镜而有所超越，堪称遵循"穷人教育学"之理论指导的优质范本。

---

① 此石门是笔者在2005年11月12日在石门坎亲眼所见，同行人有香港浸会大学教育学系张慧真、香港科技大学人文学院张兆和。石门坎地名的来源，学界可谓众说纷纭；言石门坎之名源于乡侧的一条溪沟"石门坎沟"，恐有倒果为因之嫌，因为从苗民聚居的实际来看，可能在开阔之地生根，再对周遭的物象命名，应是合理的逻辑推演；言石门坎之名源于大溪沟与大道口交汇处的一段险恶隘路，其考察定位无可置疑，但学者意见却不统一。比较通行的观点是，因出行不便，遂开凿岩石以拓宽道路，并砌石阶而上，在隘口处设置栅门，此门即是"石门"，因石门自然形成台阶状的门槛，故称"石门坎"。然此说亦显逻辑混乱，此处门槛本指门框下端的石条，此门是石材制成，还是只有石质的门槛而本身并无门框？

一、知识精英的苦心积虑

循道公会在滇西的传教频频碰壁之后，遂转向昭通、威宁地区，以开办医院治病救人为切入口，继而协助创制苗文，再而开办光华小学，以便达到以思想和文化来助力传教的目的。无论怎样，石门坎教育系统的成型，绕不开教会的基础之功。但教会办学的目的是引导苗族及各族瞄向西方，我们从稍后部分族群精英发现其图谋之后的离走，即可获知教会办学的局限。譬如，吴性纯希望教会给予一定的财力资助，但却频频落空，他一气之下愤然离开石门坎而到昭通。其警策之言振聋发聩："洋人不是救苗家，有肉有米自己吃，何必崇拜高鼻子洋菩萨，凡事要靠自己的努力。"王兴中亦发现教会资助的许多学生，毕业后并非都到教会履职，一旦领有科学素养之后，便不再热心于教会事务，转而谋求把民族引出苦海的道路。杨汉先亦称，他们经常在一起聚谈商定，思考把自己所在的苗族解放出来。① 以上史实，实是现代教育反宗教的本质作用使然，它透露了族群社会的改良运动，必须有赖于族群精英与全体乡民的"合力共振"。

最应该肯定被苗家奉为"苗王"的朱焕章，虽出身寒门但抱负不凡，他少时勤学苦练，既有他的天性禀赋，又有其所在伦理共同体的磨砻浸灌。他的求学故事在苗家山寨代代相传，成为激励后生笃信好学的最好素材。他在华西大学教育系学业初成，即获得在毕业典礼上称诉蹈厉之志的殊誉，稍后又得到国民党政府首脑蒋介石的接见，邀他至成都绥靖公署就职。不想朱焕章慨然拒绝了上司的好意，毅然决然地返回石门坎，成为光华小学的一名教员。朱焕章的回返并非意气用事，而是他材剧志大的气概使然。

---

① 王兴中，杨明光. 威宁石门坎光华小学校史梗概 ［G］//贵州宗教志编写办公室. 贵州宗教史料选辑第二期，1987（3）：37.

1949 年前石门坎光华小学苗族主要负责人任职情况表①

姓名	任职年限	职务	备注
杨莥惠	1917—1921	校长	之前为刘映三
张洪猷	1922—1928	主任	高小部
张志成	1922—1928	主任	初小部
王霄汉	1929—1931	校长	—
吴性纯	1931—1934	校长	后至福滇医院
杨汉先	1934—1935	校长	—
朱焕章	1935—1939	校长	后任中学校长
李正邦	1939—1941	校长	—
王德春	1941—1943	校长	—
韩绍刚	1943—1952	校长	—

　　由于交通的不便和信息的闭塞，石门坎因地域生境而处于不易翻身的劣势，加之历朝历代政府的忽视，它不但在政治上是边缘，在经济上也是末流；乡民生活米珠薪桂，苦不堪言；乡村文化无序，现代文化结构严重缺位，这就是石门坎的现实。这个地域共同体中的绝大多数人在死亡线上挣扎，既要面对天愁地惨的恶劣环境，又要面对彝族、汉族豪绅的无端欺凌。因为不识之无，便没有揣时度力的自觉自识，终其一生地艰辛劳作亦无法脱贫去困，遑论对于苗族文化结构的维护。加之苗族乡民不识字的历史已久，在对文化的管控方面呈现整体断层。在石门坎地区的各社会阶层中，苗族因无识文断字的能力，② 无法跻身上层社

---

① 　威宁彝族回族苗族自治县民族志 [M]. 贵阳：贵州民族出版社，1997：270. 由此表可以看出"以苗教苗"的实现。

② 　石门坎在建设苗族学校的时候，地主家的管事曾说，"苗族读得成书的话，老子的狗都要吃米饭"，此语既见地主走狗的刻薄刮毒，又见苗族同胞地位的卑微和处境的尴尬。参见：杨忠德. 威宁苗族文化史略 [G] //威宁文史资料第二辑. 1986：35. 苗族有一句话："最难吃的是屎，最难读的是书。"哲觉镇凌子河朱有文曾讲过这样一个故事："我父亲他们初去昭通学读书，学读'太初有道'，回到家时把'道'字忘记了。只好又备办干粮又去远隔 300 多里的昭通学一个'道'字。"由此可见苗族读书的艰辛。

会。譬如，在平民教育运动启动之前，苗族民间在弱冠之年不能进行百位数计算的不在少数。"苗族没有见书四千多年了，读汉书难极了，比什么都难"，"我们好像没有开化的人一样，没有地，别人看不起我们，尽笑话我们"，① 这些《溯源碑》上的描述，确是苗族乡民的心声。

确实是石门坎的现实境遇将族群精英推到了历史的前台，使他们萌生改变族群命运的念想。汉族举人刘映三执教光华小学，之后迎来"博士下乡"的吴性纯，再后来是国家元首看中的教育学学士朱焕章，仿佛是赓续相接的学术链条，每一环都有可以效仿的榜样。朱焕章的用力在平民千字课，他坦言石门坎面临生死存亡的危急关头，滇黔川边境的 10 万苗民几无文化可言，因无文化便无智慧，因无智慧便无财力，继而生活穷困潦倒，二十年里整个石门坎地区幸运地赴外就读的学子，屈指可数，只因用尽毕生心血仍不可能供给学子去接受高等教育。正是这样的创巨痛深，使朱焕章将石门坎作为自己终焉之志的选择地，处心积虑地谋划到苗家村寨进行教育宣讲，定立拯救苗族的教育实施方略。他希望"找一个小小的机会，教他们识字，减轻他们作为文盲的痛苦"。②不过，我们必须意识到石门坎的问题在旧时是土地问题，不是教育问题。换句话说，平民教育运动不可能解决苗族乡民的脱贫去困问题，因为教育的功能不足以达成这样的目标。但朱焕章和一拨苗族精英的毕力同心，可在文化结构上做些体体面面的修复，提升苗族同胞的忧患意识，这是对于族群未来谋划的苦心积虑。

"朱圣人"的雅称赠给朱焕章之时，他还只是华西大学教育系的一

① 杨明光. 基督教循道公会传入威宁地区史略［G］//贵州宗教志编写办公室. 贵州宗教史料选辑第二期，1987（3）：15-16.

② 朱焕章. 西南边区平民千字课·序言［M］. 成都：成都墨源石印社，1933：3.《西南边区平民千字课》原书 1933 年初版，1935 年再版。石门坎研究者张慧真曾对余文武说，朱焕章的女儿朱玉芳早年曾在贵州省教育厅发现千字课的全文。本书所参考的朱焕章千字课内容，由石门坎志愿者斯嘉提供，在此深表谢忱。张慧真在其博士论文附录里，选辑了朱焕章编撰的《西南边区平民千字课》1~4册，但第三册有残缺，另各册因年代久远亦有残缺难辨字。

名学子，但已经有德配天地的气象，他是同学们中间笃志好学的典型、潜休隐德的榜样，① 因为他肩上的天职和额上的汗流充分说明了其对于族群境遇变革的责任担当。他们在道德上的清净自守已经不能完成唤醒族群的任务，文化结构的失序和基础教育的缺失需要一批教育者真真切切地介入，在草木愚夫中去发蒙解惑，在冥顽不灵中去因势利导。在成都的大学四年，朱焕章的周围齐集了一拨具有蹈厉之志的学子，他们虽然各从其志，但是顺时而动，是济世安邦的主力军。在朱焕章的带领之下，他们利用冬闲时节到石门坎及周边的中寨、偏坡和官寨去大张其词，宣讲读书识字的妙处。在具体的教育宣讲策略上，朱焕章与王建民、张超伦、杨汉先当头对面地协商，思考走乡串寨所要面临的困难；他们用穷办法普及穷人识字的教育收到了明效大验的实效，用躬体力行的实践拉开了石门坎平民教育运动的帷幕。

二、平民教育运动的发端

若以章太炎在日本提出"提倡平民普及教育"算起，平民教育的理念已逾百年。杜威来华的巡回演讲，极大地助推了平民教育思想的散布。他说："我们实施平民教育的宗旨，是要每个人受切己的教育，实施平民教育的方法，是要使学校的生活真正是社会的生活。"② 杜威的思想和理论，在其弟子陶行知、胡适等人的推动之下，对中国的现代教育产生了巨大的影响，促成了 1922 年的壬戌学制的产生，此学制的条文中明确宣称要发挥平民教育精神，这实际上是从进步主义教育那里寻找教育资源。中国平民教育运动的发起人，有晏阳初、陶行知和朱启慧等知识分子，他们最早建立中华平民教育促进会，并直接促成平民学校、平民读书处、平民问字处的建立。晏阳初第一次世界大战时发现华

---

① 余文武. 石门坎伦理实体圆成的两个因素 [J]. 贵阳学院学报，2007（2）：36.

② 单中惠. 杜威在华讲演 [M]. 北京：教育科学出版社，2007：242.

工且不识丁，备受资本家的欺压，于是编辑教育读本来启发他们，归国后更是专心致志于文字教育的普及，由此引发影响巨大的"乡村建设运动"，中国平民教育运动就此发生。①

石门坎平民教育运动发轫之初当有汉族教师的根蒂之功，但其推动和壮大实乃朱焕章等一拨在外学子的众擎易举般的合力作用。② 它与河北省定县的乡村教育实验遥相呼应，并深刻地接续了那场乡村建设运动的传统，成为中国平民教育运动大潮的重要支流。平民教育运动认为"不先有了平民教育，哪能行平民政治"，深信平民的品质卓越并具有一切可能性的教育信念。陶行知曾启发同道，"会读书的人对于人类和国家应尽之责任，应享之权利，可以多明白些。他们读了书，对于自己生计最有关系的职业，也可以从书籍报纸上多得些改进的知识和最新的方法"。③ 平民教育面向乡民中的弱势人群，思谋省时省钱的策略，采取非正规教育的手段，因地制宜地教人读书识字。这种朴实无华的教育还有一个值得肯定的目的，即通过教材展现的内容来引导乡民的民主思想和创造精神，以及掌握一技之长和服务社会

---

① 匡珊吉. 平民教育运动初探 [J]. 史学月刊，1983（6）：5. 平民教育思想与实践的盛行是民主与科学的思潮在教育上的反映。谋求教育机会的平等，将教育普及于苗族民众的思想，应是那个特定时代的症候。平民教育的首倡者晏阳初本人认为，人的改造是社会改造的根本所在，而就中国当时的社会现实来看，进行人的改造之最有效的方法就是平民教育。朱焕章对于"除文盲，作新民"的平民教育目标是非常认同的。平民教育运动作为一种非暴力的、渐进的社会改造和建设方式，在和平的环境中确实是开发民力、固植根本的必由之路。张海英. 平民教育的推进与中国社会 [J]. 湖南省社会主义学院学报，2000（4）：92.

② 实际上，《西南边区平民千字课》是集体协作的结果，当时在成都华西大学学习的朱焕章、杨汉先、张超伦实际参与了该课本的讨论与编写。其意义显现为通过使用汉字而向传教士的拼音文字告别，其间隐含的意图是借掌握知识和文字来提升苗族同胞的地位。张慧真认为，朱焕章的平教运动"是一个没有严格组织、强调资源和民间自发的一个社会行动"。我认为，应把苗族群众的平教运动看做是创造苗族特定社会历史的决定力量，这集中体现了唯物史观的革命的、批判的本质。

③ 陶行知. 陶行知全集（一卷） [M]. 成都：四川教育出版社，1991：670.

的思想意识，借此获得进一步学习的文化基础，作为在石门坎地区更广泛地普及教育的预备。

朱焕章、王建民、张超伦和杨汉先回返石门坎，表明具有现代教育思想的知识精英参与社会改良运动，是走进民间、走进乡民，承担践行社会理想、转移社会风气的有力佐证。最初的识字课本编撰工作，因无资金便无报酬，全凭学子的道德信念在支撑他们；之后在民间吸纳到微薄的经费，亦须用于资料采集、文字刻印、书籍印刷等开支。苗族乡民对平民教育的支持与认同，在于知识精英的轨物范世的影响，使他们得以体认千字课的编撰是振兴族群的善行和义举，这是平民教育运动得以蓬勃开展的内因，因为它有深厚的各族群众基础和现实的社会历史条件。朱焕章率众甫一深入石门坎地区的乡民中间，顿时感到他们最热切的期望，因为苗族不识字的历史太久了，苗族先祖可以识文断字的传说使他们不愿安常守故，希望借力平民教育而改变苗族棘地荆天的悲惨处境。就平民教育的施展内容而言，它不同于乡村只是读经的私塾教育，又与课程开设齐全的学校教育相区分，它的起点在识文断字，落脚在做国家新民，是一个除旧布新、自成一统的教育体系。

研究朱焕章的多位学者如张坦、张慧真等，曾从族群意识去深究他倾力兴办石门坎初级中学的义举，作为探讨平民教育运动的补充。朱焕章凭他在同道和乡民中的威信，邀约了 30 余位同乡在其祖基河老屋商议办学，决定用募捐的方式来筹集经费，并指派专人去游说各族上层人士和地方开明乡绅。当时，筹备兴学的组织并无启动经费，大家都是自费自行开展鼓动工作，全凭个体的内心信念和公共精神，就此，我们亦可探察到伦理共同体若得到内部成员的认同，其个体会忧公忘私而大行见善必迁的义举。之后在吴性纯家召开的续会，提议由朱焕章来执掌校务，通报了游说开明乡绅的进展，其中彝族人士杨砥中欣然同意出任建校的董事长，筹备会从中获得办学的自信，在启动经费尚未落实的情况之下，决定以特班的方式来试行办学，以此摸清实际办学的诸种困难。朱焕章为全力投入学校的及早开办，辞去在昭通明诚中学的教职，事无巨细地参与办学的筹建工作。1943 年 9月，"西南边疆私立石门坎初级中学"落地生根，宣告石门坎教育一个时代的到来。它不是民办公助而是民办民助，在办学宗旨上堪称与平民教育运动的动因若合符节。

石门坎初级中学开办的动因，既有乡民深受不识文断字的苦痛而生发的变革意识，又有知识精英群体誓言拯救族群的担当意识。在石门坎伦理共同体的构建中，知识精英在办学上的良工心苦使他们得以简能而任，并获得全体成员额手加礼般的敬意，使共同体朝着乡民期望的方向前行，具备有口皆碑的合法性。也许，我们可以通过写明办学的艰难困苦，来证明伦理共同体内部的公共精神之实然存在。彝族人士杨砥中作为石门坎初级中学的董事长，曾应诺给予充足的经费支持，但他后来离开石门坎远赴重庆经营实业，使最初的办学经费成为虚空，① 董事会因无财力使得发号施令实际沦为虚废词说，校务开支的重担完全落在朱焕章、吴性纯等人的肩上。据朱焕章女儿朱玉芳讲述，其父率领七八位家人摘树叶、挖野菜、掘蕨根来"混嘴巴"，率领同事到薄刀岭砍毛竹扎扫把以节省开支，拣干竹做亮杆来替代照明。②

在此，我们很有必要对石门坎初级中学的敬业乐群的风气进行反思，它的教师抛却城市优渥的生活，而过着终年身着麻布衣裙、穿着麻窝草鞋、披着自制毛毡的日子，他们的精神动力在何？在我们课题的小型集会上，有学者提出会不会是宗教教义的结果使然？问题是，最初从

① 朱焕章领导的平教运动，为的是苗族群众，依靠的也是苗族群众。需强调的是，苗族群众在平教运动中自己创造了自己的历史，他们只能自己去解放自己，而不是靠循道公会。

② 朱焕章领导的平民教育运动，应从两个方面来认识。一是他大学求学时编撰并推广的《西南边区平民千字课》，二是后来开办招生的私立石门坎初级中学。它背后的逻辑是对精英主义的抵制，立足艰难时期的办学条件，因陋就简、艰苦奋斗，以培养合格公民为主旨，在本质上来自生活实际，清澈明净、朴实无华。

石门坎走出的学子，回返之时多数脱离教会的制约，另还有完全不相信宗教的多位汉族教师身在其中。作为平民教育运动的延续，石门坎初级中学亦是基于民间、面向乡民的义举，它的惨淡经营没有因经费的短缺而失去标准，它的勉力办学没有因政府的缺位而失去支撑，因为这里有抱团前行的各族知识精英群体，他们在伦理共同体的召唤之下威仪整肃，大步前行。

三、编撰边区平民千字课

千字课实际是教育史上得到认可的识字教学，① 它遵循了汉字教育的规律和循序渐进的教学原则，设置了乡民个体脱盲的标准，将最需要及早认识的汉字压缩到最低限度，这些就是平民教育运动之所以能在短时创造奇迹的重要凭据。研究平民教育运动史的学者，之所以非常看重千字课的功用，在于它是接受系统教育的基础，因为不能识文断句就难以言说兴学养才的教育目的。此外，我们亦可探究平民教育运动的实践者是如何创造性地运用千字课，如何采取非常规的速效手段来达到迅速脱盲的目的，使错过入学启蒙的黄金时间的成年乡民恢复他的文化自信。千字课选用的汉字是高频度使用的最常用汉字，其构字、构词能力强，并能以其表征的基本常识引发乡民的读书兴趣。譬如，用"熟字生词"的办法来提高学习效率，用间架结构和常用部件来消弭汉字形体差异度高的困难，使"汉字难识难写"的心理压力得到有效的缓解。

由于平民教育运动的重心在具体的宣讲实施上，朱焕章、王建民、张超伦和杨汉先等人并未对启动的原因作过详尽的表述。对于这

---

① 魏晋南北朝时有启蒙识字课本《千字文》，作为一种"恒用"教材，它沿用了一千五百多年，经受住了历史的检验。《西南边区平民千字课》在语言上继承了《千字文》传统，语词精炼，整齐押韵，对仗工整，朗朗上口，通俗易懂，便于记诵，没有生僻字，在有限的一千字里面成就了完美的陈述意境。

场覆盖面广、影响深远的社会改良运动的具体形式与教育思想的表达，我们唯有通过其在石门坎地区的千字课推行的实践活动来得到印证；此外朱焕章等人集体编撰的《西南边区平民千字课》，亦可作为对其教育思想稽考的重要文献。千字课的笔调生动、行文欢快，读起来朗朗上口，不易使人发觉它背后的历史厚重感。不过，若我们联系彼时石门坎地区天愁地惨的悲惨境况，就很容易看清因文化结构失序而致的文明落差。千字课的编撰暗含了启发乡民自觉自识、行使发蒙解惑之效的目的，因此千字课的草读便有了存在的合理性，它作为平民教育运动的表征，实质上是苗族乡民脱贫去困的最优选择，是乡村改良的优化设计。

千字课石印本一再印制，最初在石门坎苗族乡民中发放，最后延伸至威宁、滇东北、川南地区的各族乡民手中，松柴照明识字、组织夜校学习，成为那时石门坎临近十里八乡的一个文化景观。张慧真认为，千字课助推了平民教育运动的进程，改写了石门坎乡民受教育的历史，它使一代苗族乡民脱盲，既有民族感情的培育，又有思想文化的提升，还有生活习惯的变革。① 当时苗族 16000 乡民中，瞬时即有2/3 的乡民可以草读四册千字课。② 平民教育运动经由简易扫盲教材而致的奇效由此可见，这应是教育史予以关注的焦点。在编撰千字课的序言交代中，朱焕章的诚实直爽也值得一书，他坦言借鉴了国内通行的六七个千字课范本，③ 但是其内容、体例和思想都有所创新和突破，尤其是结合苗族乡民的本土性知识内容，兼具觉人觉世与旁推侧引之效。

---

① 张慧真. 族群身份的论述：石门坎花苗知识分子的个案研究 [J]. 广西民族学院学报，2004（5）：21-22.

② 王建民. 现在西南苗族最高文化区：石门坎的介绍 [C] //张永国，史继忠. 民国年间苗族论文集. 贵阳：贵州民族研究所，1983：250.

③ 朱焕章. 西南边区平民千字课·序言 [M]. 成都：成都墨源石印社，1933.

《西南边区平民千字课》与《平民千字课》课文内容的比较①

课　本	朱焕章《西南边区平民千字课》				陶行知《平民千字课》			
内　容	教育	思想	常识	其他	教育	思想	常识	其他
第一册	7	9	7	7	5	1	10	8
第二册	4	7	9	10	2	1	2	19
第三册	1	14	6	3	0	5	1	18
第四册	0	9	5	10	0	9	5	10
总　数	12	39	27	30	7	16	18	55

千字课全书四册，共计 1500 个生字，其选择依据是国家颁布的青年农民生字表。这些生字被放置在四册课本中，规定一年左右学习完毕，其学习进度可以退让，完全取决于乡民的时间安排。每课编排的进度亦体现了设计者的精细思考，每课 10～14 个字，符合正常的识字进度。课文中用设问的方式来回答学习应该恪守的进度，"千字课，课课好，不要一年读完了，识字一千多，信也会写，账也会记，报也会看了"，② 千字课的推行对象本来就是错失学习良机的乡民，难道速成速效不应成为他们的价值目标吗？这个问题涉及科学的教学原则的勘定问题。千字课用时一年，其设计针对大多数乡民的学力和时间，亦避免不求甚解、缘文生义的情况发生。我们可以从以下这课来探明千字课的教

---

① 选自张慧真. 教育与族群认同——贵州石门坎苗族的个案研究（1900—1949）［M］. 北京：民族出版社，2009：113. 张慧真指出，在编写的过程中，朱焕章曾参考过陶行知的《平民千字课》，但朱焕章有关教育、思想和常识的课文均比陶行知版本要多。2007 年笔者在美国芝加哥学习时，石门坎志愿者斯嘉曾惠寄《西南边区平民千字课》给笔者，因笔者之前没有读过朱焕章版本《西南边区平民千字课》，可在重庆念书时读过陶行知版本的《平民千字课》，对后者有印象，在回信时告诉斯嘉，质疑是不是寄错了。后来找齐两个版本的课本，方才明白个中缘由。

② 朱焕章. 西南边区平民千字课·序言［M］. 成都：成都墨源石印社，1933：2.

学目的，"读书好，读书好，读书不分老和小，你读书，我读书，大家读书要趁早，会写信，会记账，会看报，知识才能思想也都好"，① 可见，它不在于升学谋职，而是使乡民通过读书识字获得生活的便利。

第一册开宗明义地称述，"我也来，你也来，他也来，农人，工人，商人，大家来，来读书"，② 它的普及面定格在乡村的各行各业，这实际上是一个乡村生活共同体构建的基础；"你读书，我读书，大家读书知识高，你作工，我作工，大家努力生产丰，又工作，又读书，每天作完工，读书一点钟"，③ 这又是伦理共同体之共同利益建立的基础，大家都有业可谋、有业可守，并借助读书来明白和气致祥的道理；"我是农夫，我应当读书，你是工匠，你应当读书，他是商人，他应当读书，不论男女老少都应当读书，我们大家进平民学校，学读书，学写字，不再做瞎子来学做新民"，④ 这是千字课最令人称道的道德目的，它不仅仅是识别 1000 个字，因为这还不能称得上是有知识有文化，经由读书识字而改变做人的气象，方才是教育推行的真正目的。"不再做瞎子来学做新民"是苗族知识精英从学习地成都得到的思想启示，天愁地惨的贫困不易将人击倒，自暴自弃的萎靡不振才是最可怕的病根。千字课的行文短促有力，深含微言大义。⑤

从千字课的外形上看，好像有散乱无序之嫌，但其实它的内部有着

---

① 朱焕章. 西南边区平民千字课・序言[M].成都：成都墨源石印社,1933.

② 朱焕章. 西南边区平民千字课・序言[M].成都：成都墨源石印社,1933；3.

③ 朱焕章. 西南边区平民千字课・序言[M].成都：成都墨源石印社,1933；4.

④ 朱焕章. 西南边区平民千字课・序言[M].成都：成都墨源石印社,1933；5.

⑤ 一方面，就内容而言，它按照苗族个体的脱盲标准了设计教材；另一方面，就编撰技术路线而言，它运用了汉语汉字的构字规律和循序渐进的教学原则。凭常用字的频度，把最需要认识的汉字字数压缩到最低限度，这就是千字课能够创造教育奇效的重要理论依据。限于本书论题的限制和资料的残缺，我们没有对《西南边区平民千字课》的集中识字教学进行深入的探究，它是否考虑运用构字规律学习高频度的常用汉字？是否考虑了对构词能力强的词汇的优先安排？在多久的时间达到"能认、能懂、能用、能写"的目标？这些问题我们会在今后的研究中继续探究。

逻辑关联，其妙实之处在于它隐含民间伦理共同体的道德目的，实际有默会知识放置其中的考虑。这些默会知识由诸多的德目来串联，使德育目的得到具体的落实。"依赖人的人，不算是好汉，我自己的事，应当自己干，流自己的汗，吃自己的饭"，① 这是独立、自主的德目；"我们做事要勇敢，不怕困难和危险，认定目标便去干，干！干！干！我们做事要决断，手足莫懒心莫乱，遇着仇敌便宣战，战！战！战！"，② 这是勇敢、果断的德目。如此，虽然德育目的有其抽象性，不易为乡民所体认和识别，但在内容的安排上，选择那些来自生活、联系实际的范例，运用清澈透明、朴实无华的句子，采纳说理透彻、讲述深刻的案例，使人读来感觉轻松易懂、文理俱惬，从而起到发蒙解惑的作用。伦理共同体的构建，公共精神是重要的组成元素，而公共精神有其思想行为作表征，它具体体现在一个乡民的德性和德行上。为达成此道德教育的目的，在千字课的编撰意图上就大有文章可做，这一点我们从其经由德目的安排来反映道德教化的诉求，即可发现千字课行文立意中巧妙的德目教育设计。

四、圣贤之书的声威余响

吴性纯当年为感念教会对他的资助，在华西大学学业初成之际，旋即以博士身份回返石门坎，在乡服务的五年时间里，他一边在光华执鞭教授英文，一边在卫生院操刀拯救乡民，真可谓苗家山乡的吉幸。不想教会的资助有它的特别目的，当经费支持的请求频频落空之时，吴性纯颇感失望，遂生发与教会的变色之言，并忠告同胞需自立自强。他临走之时愤然说道，"我们要自强，我去昭通不是丢下石门坎不管，而是为

① 朱焕章. 西南边区平民千字课·序言［M］. 成都：成都墨源石印社，1933：6.

② 朱焕章. 西南边区平民千字课·序言［M］. 成都：成都墨源石印社，1933：7.

了更好地争斗!"① 作为在乡村的双料人才（教学与医疗），吴性纯并不受制于任何公立机构，也没有签订任何服务合约，他的管与不管之论，反映的是一位智德双修的君子的道德承诺。他曾极力举荐朱焕章，视他为可堪造就的"读书种子"。他们两人在石门坎光华小学的执教中是亦师亦友的同道，在平民教育的浪潮里是并肩而行的舵手，他们相互欣赏、互为支撑，成就了一段知识精英惺惺相惜的佳话。

朱焕章因吴性纯的离去而失去一位志同道合的师友，当年要不是吴性纯对其材质的欣赏，助他外出求学以涵养浩然之气，朱焕章恐无机缘在平民教育运动上一展抱负。吴性纯以警策之言忠告同道，提示了平民教育运动可能面临的困难，政府不愿投入财力支持，地方亦有消极因素的干扰。对于侧身其中的精英群体，他们要面临师资延聘的困难、薪酬发放的拮据和走乡串寨的费时耗力。而这一切并未让朱焕章退却，他召集同道会商，思谋经费开支、财力支持的办法；他约请同学聚谈，策划深入民间宣讲的策略。如此，在艰难困苦中坚守，兑现其当年称述蹈厉之志以服务乡村的承诺。

回温石门坎初级中学的开办，令人感喟不已。乡绅的资助落空，并没有击退诸君的办学热情，他们并无一文启动经费，全凭满腔热情去奔走呼号。无钱无粮无房的待遇，居然可以让他们厮守在风刀霜剑的石门坎，在没有丰富的物质生活作保障时，朱焕章提示诸君要过富足的精神生活。这一队躬体力行的教育实践者，凭他们的材剧志大和完美德行，没有理由不创造石门坎在教育史上的多个第一。乡民在劳作之余争相讨论识文断句，随身携带千字课课本成为一时的风习；年轻乡民的口讲指画无不透露出他们受到的熏浸染习；乡民中的能者敢为人师，在夜校开办中出气出力；贤者责有攸归，在口碑相传中切实努力。在百年校庆之时，光华小学的校友向我们讲述了当年平民教育

① 杨明光. 基督教循道公会传入威宁地区史略 ［G］//贵州宗教志编写办公室. 贵州宗教史料选辑第二期，1987（3）.

的风云际会与英才汇集，歌声声振林木，书声不绝于耳，那是一幅百废俱兴的优美画卷。乡民中的长者还不时忆起"爱国歌"与"平民歌"，并以甜美的表情轻声唱起。以上所叙的诸多事项，足以证明当年家传户诵对于石门坎及周围地区的深刻影响，石门坎的声威响彻乌蒙山，名闻中华大地。①

石门坎平民教育运动并非一帆风顺，其初期有汉族教师帮衬和教会微薄的支持，伯格理辞世、张道慧离开、刘映三退休，都一度影响了乡民投身教育的热情。教会资助的学子返回石门坎之后，其"以苗教苗"目的虽然达到，但不曾想到培养了一拨"掘墓人"，石门坎辉煌的教会时代宣告结束。先是吴性纯以博士之尊回到石门坎，启发了在外就读的朱焕章及众多学子积蓄力量，待时而动。再加上苗族乡民子弟因接受小学教育而改变的气象和对于家庭的正面影响，使石门坎地区重教兴学的传统渐次形成。"在两代人的时间里，苗族几乎成为贵州文化的支撑"，② 此话似有夸大之嫌，但它却反向证明了苗族教育曾经达到的标程。《绘图蒙学》《苗族原始读本》《西南边区平民千字课》是苗族同胞的一次又一次的文化探索，可喜的是，他们编撰了行之有效的范本，"苗王"朱焕章的圣贤之书足以让他们找到充分的文化自信，③ 从而在伦理共同体的庇佑之下过德性富足的精

①　杨忠信写道，"《西南边区平民千字课》四册石印刷本分别送到威宁、滇东北、川南苗族群众手中时，群众高兴极了，各村寨自觉组织起来，用松柴照明，开展夜校读书活动。"参见：杨忠信. 忆为民族教育事业献身的朱焕章先生［G］//威宁文史资料第三辑，1988：96.

②　马可·史蒂文斯. 中国西南——不合拍的轨迹［M］. 纽约：柯林斯出版公司，1988：107.

③　称《西南边区平民千字课》是圣贤之书，实际上是对以教育建立苗族族群、以教育构建苗族民间伦理共同体的朱焕章的褒扬，花苗知识精英的崛起，使他获得了广泛的民间认同。张慧真认为，"对朱焕章来说，教育是苗人自强的资本；对他而言，教育是他改善和提高苗族生活的手段和武器，亦是他个人的使命。"张慧真. 教育与族群认同——石门坎苗族的个案研究（1900—1949）［M］. 北京：民族出版社，2009：149.

神生活。

第三节 重识石门坎教育系统

多个学者提及，昔日国外的邮件只凭信封上"中国石门坎"几个字便可达到。而中国领土范围内地名称为"石门坎"的至少有十处以上，凭什么知道这封信就是寄往威宁石门坎的呢？可见威宁石门坎名声在外。若干学科都喜欢谈论石门坎，当然主要是论及它的教育成就。不可否认，石门坎成为"苗族最高文化区"，其肇始之初肯定是循道公会的作用，循道公会重视个人修养和社会服务的思想，使它的慈善事业得以成行。但是把之后的平教运动与广泛的社会改良运动笼统地归因于外国传教士和教会的功绩，未免显得草率。出身英国下层社会和英国少数民族的传教士伯格理，因传教团内部的争论，成为没有工作项目和传教经费的少数派。因此，从财力、物力和人力上看，石门坎教育体系的长期经营，发挥决定性主体作用的应是该地区的各族人民，不可能是循道公会组织。

可以求证的是，以光华小学为中心的石门坎教育体系，在四十多年的时间里基本上没有国民政府和外来投资的经费支持，主要凭借当地各民族的力量，使滇黔川边上万名青少年接受了比较规范的初等教育，使数万名群众完成了扫盲教育，同时为苗族、彝族培养了一批高级知识分子。在此，少数民族的主体性诉求实应纳入我们对于石门坎教育系统成就与民间伦理共同体构建考量的视野，教育的对象是信息闭塞、文化落后的苗族同胞，信教读书只会增加他们的非主体意识。故老苗文的创制、光华小学的勃兴、千字课的推广、初级中学的开办，都有苗族群众实与有力的参与，并且在其间凝集了多位苗族知识精英的共同创造。

一、教会资助的名实不符

石门坎光华小学的确是基督教循道公会创办的，① 1905 年筹建时它是威宁及邻县独一无二的正规学校，而威宁城关一小 1917 年才建立。之后，教会继续在石门坎、长海子联区、彝良、永善、昭通、鲁甸、盐津创办小学 27 所。从教堂与学校的形影不离，可以发现传教士办学的动因，苗民出于对文化的迫切需要，积极送子女入读教会学校，因此在办学问题上，传教士和苗民之间可谓互为条件、互为因果。在学生入学待遇上，非信教子女比信教子女要多交玉米两升（合 14 斤），似可发现教会办学服务的倾向性。

教会培养的第一批苗族教师，仅能适应初级小学的要求，为了培养能胜任高级小学的教师，便着手选派优生到外地入读中学。从 1911 年起，四十余年中由教会资助培养成才的大学生、中学生仅 21 人，② 但毕业后并未返回到教会学校任教或教会传道。譬如，1911 年接受资助的杨苒惠，在石门坎小学任校长五年，看不惯教会的行事作风，最终脱离教会去土目家任家庭教师，1913 年受资助的王富民，识破外国传教士的阴谋，在石门坎光华小学任教两年，之后回家隐居作农民；此外还

---

① 王明山曾经质疑伯格理选择石门坎这块 45 度荒坡作为教堂与学校的坐落之地。据说砍山为坪可作屋基，煤、水、柴、草方便，而且交通便利、消息灵通，实际上这些都不存在。但石门道在隋唐时候就已经开凿。石门道的得名有说因高县石门山，有说因朱提河边的石门，有说因地处夜郎腹地的石门坎，看来后者最有可能。石门坎地名的英译为 "Stone Gate Way"，最后一词与 "石门道" 暗合。参见：王明山. 石门坎史话·高原明珠威宁 [M]. 贵阳：贵州人民出版社，1997：115-116.

② 1911 年选送杨荣辉、杨苒惠、王定安，1913 年选送王爱福、王快学、王富民、王霄汉，1916 年选送吴性纯、张洪猷，1919 年选送王心田、安朝品，1921 年选送朱焕章、王德椿，1922 年选送李正文，1923 年选送李正邦，1925 年选送王兴中，1928 年选送吴忠烈，1929 年之后是杨忠德、杨耀先、韩理福、张德富、陶慕潜、李德瑄，共计 23 人。

有张超伦、杨汉先、王崇高等接受高等教育后均离开石门坎。① 的确，20世纪40年代就有学者揭示，教会办学的目的并不是"为教育而教育"，乃是"为宗教而教育"。②

由于历史上文化封杀政策的缘故，致使石门坎苗族长期处于蒙昧的文盲状态，延缓了苗族社会历史发展的步履。③ 环境的险恶、生活的困苦、信仰的贫乏，自然使苗民要寻求脱离苦难的方法。由于特定历史环境的局限，石门坎苗族在1904年选择基督教，但基督教对他们而言，只是凭借的工具和手段，远不是目的。我们从多位知识分子获得自觉自识之后，脱离教会组织的行动即可发现此事实。还有信教十多年的信徒，眼见饥饿依旧、灾难不减、抓兵派款更厉害，便离开教会回家种地。

1916年受资助的吴性纯在石门坎光华小学任校长三年，看见传教士王树德与大地主安晦生亲近，而置小学修建的请款于不顾，气愤地与王树德吵闹一场，转而去昭通福滇医院谋职。他认为洋人并非出于拯救苗家而来，若有生活保障又何必仰仗洋人，凡事需要自强自立。④ 之后，循道公会教会受到冷落，信教人数有所减少。

_____

① 沈红认为，石门坎宗教衰落，国家干预是外因，教会培养的知识分子放弃宗教信仰是内因，因为现代教育本身具有反宗教的性质。参见：沈红. 结构与主体：激荡的文化社区石门坎 [M]. 北京：社会科学文献出版社，2007：16.

② 陈国钧. 石门坎的苗民教育 [J]. 贵阳时事导报·教育建设，1942（20）.

③ 苗族是一个苦难的民族，其历史是一部苦难的历史，从九黎到三苗，到荆蛮、楚蛮、五陵蛮、五溪蛮，再到西南千里苗疆，是一个不断被屠戮、被驱赶的历史过程。迁到滇黔川边的这一脉，沦为彝汉土司、土目、地主的佃农，吃洋芋饭和野果，穿土布麻衣，居住权权房，身处社会的最底层。杨世海等认为苗族身处劣势，但蕴蓄了求变的心理，在艰难困苦中并不弃绝。这实际上是苗族内源性发展的背景。读书改变命运，且在一定程度上体现了平等，这一通行在汉文化中的规则，亦得到苗族群众的认同，这成为后来由教会开启但实际为苗族知识精英掌控的光华教育体系的思想基础。参见：杨世海，李灿. 石门坎基督教融合与分离的原因考察——比较文学视野下的石门坎研究 [J]. 教育文化论坛，2011（3）：110.

④ 王兴中，杨明光. 威宁石门坎光华小学校史梗概 [G] //贵州宗教志编写办. 贵州宗教史料选辑第二期，1987（3）：54.

　　自费考入昭通宣道中学（后为明诚中学）就读的苗族学生，据不完全统计有50余人，考入各地师范就读的40余人，考入大专院校的30余人，以上这些远远超过教会培养出来的学生人数。实际上，石门坎苗族教育的成就，不可只归因于外国传教士的事功，而实有石门坎地区全体苗族、汉族百姓的实与有力的参与。由于从传教士那里获得的经费很少，苗族学校的修建，大部分依靠苗民的献工献料，按照石门坎老人的话说，"那建筑是苗族人民用千百年当牛当马做奴隶的伤心泪水、汗水凝结而成的。"① 试想，两天之内往返160余里搬运粮食、木材的劲头，是不是一个受苦受难的民族无可奈何的苦功？杨忠信曾目睹朱焕章、杨忠德两位校长和普通老师一样穿草鞋、麻布衣服，吃野菜拌饭度日。② 一大批在石门坎地区默默执教的老师，弃家小、走"五尺道"、过豆沙关、走江底，奔波在几十所小学之间。"苗族最高文化区"的神话，是刘映三、吴性纯、朱焕章和他们的同辈群体共同创造的。

　　让我们做个假设，若教会真有持续不断地资助办学，那又有什么？东人达认为教会办学背后，体现了殖民侵略背景的经济法则，"隐藏在每个来华传教士身后的，都有一条经济法则，即列强与旧中国政府极不平等的货币兑换率，其实质是用全中国人民的血汗在养活这些人，并为他们的活动提供经费"③。尽管伯格理宣称自己不是政治的代理人，不是探险家，不是西方文明的前哨站，④ 可是又怎能割断他们与列强殖民侵略大背景的联系？

---

　　① 王兴中，杨明光. 威宁石门坎光华小学校史梗概［G］//贵州宗教志编写办. 贵州宗教史料选辑第二期，1987（3）：49.

　　② 杨忠信. 石门坎百年的辉煌与沧桑［M］//东旻，朱慧群. 贵州石门坎：开创中国近现代民族教育之先河. 北京：中国文史出版社，2006：290.

　　③ 东人达. 滇黔川边基督教传播研究（1840—1949）［M］. 北京：人民出版社，2004：4. 张道惠曾创立互济会，经营苗民信贷，但是张超论的幺叔张志明曾说，张道惠放款利息高，苗民有因此破产的。张志明的二哥、三哥因借互济会的钱还不上，利滚利，越滚越多，便卖掉房屋牛羊还债，然后带着两管猎枪两张弩，三张羊皮三枚箭，扶老携幼搬家逃难去了。

　　④ 伯格理·伯格理日记［M］. 昆明：云南民族出版社，2002：733.

传教士重精神，苗民重实际，从而引发了不可避免的冲突。经由教会培养出来的知识精英吴性纯、朱焕章、张超伦身上并无多少宗教的神性，更多体现的是苗族知识分子的精神气质与思想意识。我们认为知识精英听从于苗族民间伦理共同体的召唤，从而具有审视民族前路的反思性眼光。传教士王树德承认，"苗族人终究看出《圣经》不是医治他们所有困难的万灵药。并非每一朵花都是玫瑰，也不见得每一只鹅都是天鹅。"① 当强调解放、全面解除压迫、实现所有人的现世幸福的共产主义思想进入石门坎地区，加上张斐然等革命者的活动，最终使苗族群众的先进分子获得醒悟的自觉。

二、办学主体的历史确认

我们认为昔日石门坎教育体系的构建，其主体在于石门坎地区的各族人民，其主导在于苗族、彝族、汉族中的优秀知识分子。为厘清当时历史的脉络，很有必要追溯一下当时的社会背景和苗族人民的受教育的情况。石门坎地处威宁、昭通、彝良三县交界之高地，前面是蜿蜒数十里的野鹰梁子，后面是云遮雾罩的薄刀岭和猴子岩，石门坎被夹在中间。自然环境非常险恶，苗族的生活困苦不堪。仅以"烤火被"为例就能说明问题，苗族人家没有棉被，夜晚只有睡在柴火边，用烤火来当被子。受过初小教育的四位同胞被称为"读书爷爷"，其他全体苗族几乎都是文盲，其中大部分还是汉语的"语盲"、数字的"数盲"。② 伯格理正是从之前收效甚微的传教历程中看到，少数民族贫困地区当是工作开展的突破点。在"哪里有教堂，哪里就有学校"的政策指导下，伯格理以教会为依托，开始了石门坎传教兼办学的工作历程。正如苗族

---

① ［英］柏格理，等. 在未知的中国［M］. 东旻，东人达，译. 昆明：云南民族出版社，2002：410.

② 威宁县（含今天的赫章县）只有四家苗族子弟读过书，一是李正邦的前辈，二是黑石头张姓老人，三是可乐铁匠张朝相，四是陶贵才。见：威宁彝族回族苗族自治县民族志［G］. 1997：264.

《溯源碑》中所述："苗族没有见书四千多年了，读汉书难极了，比什么都难。"① 这种希图读书求学来改变命运不受人欺负的心理，是苗族人民积极参与办学的内源动力。

光华小学初期的建设经费，都是由群众筹集的，第一年便捐出了100万文钱。之后由全体苗族信徒负责接续办学经费，张坦讲1946年石门坎教会的总经费占到了65%，② 但是需要说明的是，这里的教会是中国石门坎地区各民族的教会，而不是英国循道公会传教团。到传教士甘铎理时，传教团基本上没有项目经费来资助办学。石门坎教育体系中的5所中学、96所小学、1所卫校，均设立在苗族彝族聚居区，在一无经费支持二无足够传教士管理的情况下，实际上都是苗族彝族知识分子在行使自行管理之职。

最典型的是西南边疆私立石门坎初级中学的开办，从朱焕章的办学动议起始，到获得董事会和苗族的捐助，再到办学中克服困难以勉力办学，均是依靠苗族、彝族、汉族知识分子与校友群体以及广大学生群体及家庭的协力，才得以存活下来。细细想来，学校的建设用地是彝族土目的捐赠，办学资金与劳动力全部出自苗族、彝族百姓，最终使得石门坎这样的办学模式成为各地纷纷效仿的范式。其中，彝族人的经济实力较强，基本上承担了多所学校的建设费用和各项开支。光华小学开办的初期（头十年），主要是汉族老师刘映三和其他回族老师承担教学任务，之后杨菁惠、王富民等毕业生亦加入教师队伍，成为石门坎学校最初的教师队伍的主体力量。

环顾世界范围内，民族问题、宗教问题搅得一个地区不得安宁，但是石门坎恰恰是一个宗教、民族、教育并存的社会。实际上，当时石门坎的教育与宗教基本上是分开的，教会只在办学经费上给予资助，教会联区所在地设有专职牧师或传道员，这两类人只负责教会工作而不管学

---

① 《溯源碑》石门坎学校立有两块，用汉语和苗语刻成，主要记述伯格理传教办学和苗族的简单历史。

② 张坦. "窄门"前的石门坎——基督教文化与川滇黔苗族社会［M］. 昆明：云南教育出版社，1992：186.

校工作。学校的校长也只是管理学校工作，不管教会工作。到后来传教士将精力集中在昭通和威宁等城镇的教会和学校上，石门坎地区的学校脱离了教会的制约，其办学范式更加中国化、本土化。

不过，我们要思考一个问题，为什么循道公会在石门坎的进入获得成功？为什么石门坎会出现群体性皈依的现象？其实，处境稍好的黔东南苗族，其社会发展较为完善，基督教的侵入就很困难，原因在于它有强劲的抵制阶层。① 而石门坎苗族社会组织性松散，思想意识控制相对薄弱，第一代高级知识分子在光华小学办学十五年之后才产出，文化精英的形成较晚，缺失捍卫核心价值的中坚分子，这是循道公会得以渗入的根本原因。这使我们发现教会投入一定的经济成本之后，就可收到较为明显的传教效果；但是苗族文化因为提升而获得反思性品格，从而成为石门坎教育系统构建的真正主流。

第四节　苗族领袖的道德感召

事关石门坎的研究热得不能再热，那为什么还要选择石门坎作为论说的原点？因为石门坎曾经创造了若干个中国第一：开创中国近代教育史上男女合校的先河，② 中国近代教育史上第一所实践双语教学的学校，③ 滇东北次方言区苗文的发明地，第一份苗文报《月月新》的诞生地，培养了中国苗族的第一位苗族博士吴性纯（1929 年获美国纽约州立大学医学博士学位），培养了中国第一位担任省卫生厅厅长的苗族博士张超伦（1943 年获美国纽约州立大学医学博士学位，1951 年被国

---

① 杨世海，李灿. 石门坎与基督教融合与分离的原因考察——比较文学视野下的石门坎研究［J］. 教育文化论坛，2011（3）：113.

② 民国时期蔡元培任教育总长，1912 年规定小学始有男女合校。

③ 周庆生. 中国双语教育的发展与问题［J］. 贵州民族研究，1991（2）：122-128. 作者称目前收集的资料显示，光华小学可以看成是中国近代民族教育史上第一所双语学校。

务院任命为卫生厅厅长），培养了中国第一位担任大学副校长的苗族学者杨汉先（1937年毕业于华西协和大学教育系本科），诞生了第一所以培养苗族子弟为主的中学——"西南边疆私立石门坎初级中学"，① 除此之外，教育学界还持续关注民国时期致力于苗族地区教育事业的本土教育家朱焕章（1935年毕业于华西协和大学教育系本科），以及10位省级领导、20余位厅局级领导、200余位县处级领导。这样无与伦比的教育成就，是本书考察民间伦理共同体最好的"切片"。

可以这样说，作为"苗族文化的复兴圣地"，石门坎是威宁苗族社会的缩影，石门坎光华小学也曾是威宁苗族教育的晴雨表。王建明在《康藏前锋》上撰文称，石门坎为"现在西南苗族最高文化区"，"先后造成苗族医学博士一名，教育学士一名，此两学者，均为现今苗族最高领袖人物"②。毋庸置疑，这两人就是吴性纯和朱焕章。我们拟将此二人作为管窥石门坎教育的样本，③ 从而察知苗族知识分子在民间伦理共

---

① 东旻，朱慧群. 贵州石门坎：开创中国近现代民族教育之先河 [M]. 北京：中国文史出版社，2006，336.

② 王建明. 现在西南苗族最高文化区——石门坎的介绍 [J]. 康藏前锋，1936，4（3）：11.

③ 另一位苗族知识精英杨汉先亦可成为研究石门坎的重要样本。他曾经与朱焕章、张超伦步行至成都求学。在他的身上有苏醒的人格意识和民族自觉意识，以及寻求群体解放的思想。他虽然没有受过阶级分析理论的训练，但他的生活经验和所受的阶级压迫使他较早就意识到苗族问题实际就是土地问题，即生产资料占有上的阶级差异这一实质性问题。杨汉先前后在石门坎光华小学、贵州方言讲习所（青岩）、大夏大学社会学部、华西协和大学中国文化研究所、四川省博物馆、昭通明诚中学、云南省立女子师范、贵州民族研究所、贵州省民委、贵州民族学院、贵州大学任职，他写有两篇论文《基督教循道公会在威宁苗族地区传教始末》《基督教在滇黔川交境一代苗族地区史略》（以下简称《史略》），被认为是研究石门坎现象的最重要的文献。张坦的《"窄门"前的石门坎》所用的核心材料即来自这篇两篇文献。《史略》一文温和地指出不应把1949年前的苗族信教不加分析地对待，从而避免把苗族群众推到人民的对立面。其所采用的中国化的马克思主义社会历史分析方法，至今仍有重要的启示意义。参见：龙基成. 社会变迁、基督教与中国苗族知识分子——苗族学者杨汉先传略 [J]. 贵州民族研究，1997（1）：152.

同体构建中的责任担当。

吴性纯，教学兼行医的苗族博士，石门坎光华小学的第三任校长，石门坎平民医院的创建者，他是知识分子中傲骨凛然的代表，敢与英国传教士论辩争理，他的激愤之词"勿以肉招待洋人，不应太自卑"，被石门坎苗民称颂一时。

朱焕章，大花苗人尊其为"苗王"，他召集编撰的"苗民夜读课本"，仿效陶行知的千字文，紧密结合苗民的生活生产实际，颇有成效地推行扫盲教育，致 16000 苗民中 2/3 可以草读课本，掀起苗疆一个时代的平教运动的高潮。

一、医学博士的嘉言懿行

吴性纯，字静修，1898 年 10 月生于石门乡苏科寨，幼时在石门坎光华小学读书，1917 年学校毕业，成绩名列前茅，考入昭通基督教循道公会私立宣道中学就读，因家境贫寒成绩优异，享受"优待生"待遇。1921 年以优异的成绩从中学毕业，考入四川成都英、美、加三国五个教会合办的华西协和大学牙医医学院医科。因家境贫寒，求学机会来自教会的资助，并允诺毕业后在教会服务十年，吴性纯求学心切，只好签字承诺。七年大学期间，因无盘缠回家，多参加勤工俭学来贴补生活之需。1929 年学业完成，获美国纽约州立大学医学博士学位。具有博士头衔的吴性纯，医术过硬，完全可以在成都、重庆、昆明、贵阳找到一家好的医院工作，但是，他毅然决然地选择回到边陲石门坎，担任石门坎光华小学的校长职务。石门坎光华小学的校友朱艾光称，石门坎最初是依靠培养的高小苗族教师来教初小，发展到 20 世纪 30 年代时就是本科生、博士生来教小学生，是吴性纯开创了苗疆"博士下乡"的先河，并成为苗族青年仿效的榜样。1931 年吴性纯正式出任光华小学第三任校长，影响了朱焕章、杨汉先、张超伦、王建明、杨忠德、吴善祥、张友伦返回石门坎任教。

增设高级小学以后，为了给毕业生打好外语基础，吴性纯欣然承担学校的英语课程，由于他教学得法，学生很快掌握了学习英语的基本要领和方法，他对反应迟钝的学生耐心开导、和气相待，深得家长和学生的爱戴。吴性纯发动师生讲究卫生，坚持早操，不得缺席体育课。主张不吃生冷饮食，规定每周六大扫除。把石门坎寨脚到洗澡堂的排水沟修葺一新，用石灰水粉刷校舍。吴性纯也注重开展体育运动，他主持的运动会，威宁县长观看以后惊呼威宁县城也没有这样大规模的活动。① 吴性纯开办运动会的目的，还在于增强民族体质、联络民族感情、丰富民族文化，以及团结同道热心办学，八十年后的今天，当地人一代又一代传颂着吴性纯用心办学的功绩。

吴性纯在大学时曾有一手抓教育、一手抓医药卫生的诺言。他耳闻目睹石门坎地区缺药少医，各种病患者无处医治，遂决定建立一所医院来治病救人。1930 年石门坎平民医院建立，上门求医者络绎不绝。吴性纯对待病人就如对待学生一样耐心地应诊，在简陋的医院里尽量满足患者的要求。他在没有专业助手的情况下，担负起医院的一切大小事务。在石门坎乡民们会谈及他手把手教会杨忠明、张仁义药物知识的故事，在没有手术室和电灯的情况下为士兵从容抢救的义举，用短竹管和柳叶刀为气管急症患者施行手术的传奇，在风雨夜晚手提马灯接生的风险。经吴性纯抢救过来的病患者数不胜数，他成为

---

① 吴性纯任上曾主持过两次端午运动会（1932 年和 1934 年），比赛项目涉及：团体操、田径赛、跳高、跳远、撑竿跳高、标枪、铁饼、足球、弹腿十二路、板凳拳、棍棒拳等，而当地妇女参加的项目则有：识字、绩麻、穿针、穿衣裙、歌咏等；石门坎之外地区的学校参赛，均是自带干粮。之后的一次还增加篮球、足球、100 米、200 米、300 米、500 米、10000 米、高低栏、三级跳远、铅球、女生舞蹈，针对农民的新增项目有拔河、足球、赛马、射击、爬山。端午节运动会实际上是对石门坎地区学校体育水平的集体检阅，是不考试的考试，体现了老师们的集体功绩。

苗族百姓众口称赞的救星。

吴性纯还注重培养石门坎教育的接班人，积极推荐有发展前途的接班人朱焕章考大学；之后他又推荐李正文到武汉求学；为了给青年学生谋出路，他还联系昭通的相关部门，推荐高小毕业生王德崇、朱明祥、李斐力去缝纫店学习裁缝技术，推荐朱爱才进入织布厂学习机床织布，以及进入木工厂学习木工；还鼓励成绩优秀的学生投靠昭通的明诚中学、边地师范学校。东人达曾经反思石门坎教育与改良事业，认为它的一个明显不足之处是忽略实用技能的培养，实业开发和推广的力度太小，导致苗族学生接受初等教育以后，贫穷的面貌还是没有根本改变。① 但上述吴性纯的做法，实际上是对苗族社会未来发展的一种前瞻性的思考使然。

吴性纯性格倔强，为人直爽。对于不正确的意见敢于仗义执言。譬如，石门坎光华小学的老师待遇很低，他多次与教区交涉，对于教区拨付给石门坎的经费不公开的事实，敢于追根究底。当请求教会拨款修建校舍无果时，用英语责问传教士王树德，"你是娃娃不懂事，你们不是为石门坎办事！"在极不公正的待遇之下，吴性纯请求调离石门坎，前往昭通福滇医院行医。在临别的教师会上，他气愤地说："靠外国力量发展教育是空想，自己的饭自己吃，外力只是辅助，还是要靠自己拼搏才是出路。我们要自强。我去昭通不是丢下石门坎不管，是为了更好地争斗！"② 受到不公正的待遇之时，能面对面地与外国传教士论辩，吴性纯的胆量和胆识深得苗民的赞叹。吴性纯到了昭通之后，信守自己的诺言，除上述事迹可以表明他仍关注石门坎的发展以外，对于石门坎初级中学的创建，也可以看出他的良苦用心。从朱焕章动议筹办石门坎中学起，他自始至终地参与讨论、策划，以五名董事之一的身份用心寻求

① 东人达. 滇黔川边基督教传播研究 [M]. 北京：人民出版社，2004：200.
② 杨明光. 群众爱戴敬佩的吴性纯医生 [M] //东旻，朱慧群. 贵州石门坎：开创中国近现代民族教育之先河. 北京：中国文史出版社，2006：238.

各方资助。

在担任福滇医院的内科主治医生的八年期间，吴性纯能够独当一面，尽心尽力地医治病患者。他还在昭通县城东门租房屋开设布店和书店，请人来经营管理，目的不是为了赚钱，而是为威宁家乡的人远道而来提供购物、住宿之便。1941 年以后，他脱离教会工作，① 在昭通怀远街开办"健华药房"，其目的也是方便街坊邻居。吴性纯还应昭通明诚中学的邀请，承担生理卫生和英语课的教学任务。吴性纯意识到，苗族没有知识，没有高度发达的文化教育事业，就是自我毁灭，生存的出路在于发展教育。为了鼓励石门坎苗族子弟的学业，他不定期地约请他们到自己家座谈，多方鼓励、告诫苗族后生须珍惜光阴。他具有强烈的民族气节，常常说："洋人不是救苗家，有肉有米自己吃，何必崇拜高鼻子的洋菩萨，凡事要靠自己努力。"② 吴性纯被苗族子弟视为效仿的榜样，先后有 12 名苗族医生护士学成之后返回石门坎。

1950 年后，吴性纯出任昭通地区人民医院内科主任医师，还兼任昭通福滇护士学校的校长。1979 年 8 月 19 日，吴性纯病故于昭通。遵照他生前的遗愿，将其送回原籍泼血之地苏科寨。

---

① 关于吴性纯脱离教会，东人达用循道公会知识分子的转变来讨论杨芝、杨雅各、吴性纯和朱焕章的思想改造历程。英国传教士王树德在《石门坎与花苗》一文中，对吴性纯寄予美好的期待，10 岁到光华小学念书，被起名为"性纯"，即意味"情愿的心"。情愿什么呢？经过十九年的苦读，从一个懵懂不知的牧童成长为一名可以手拿手术刀为苗民治病、为儿童上课的先生，为了苗家人的利益，他应情愿去做任何事情。可是，吴性纯后来并没有完全按照教会为他设计的路线去走，他将自己创建的医院的首字母设计为 P. M.，其本意可能是"平民医院"（Ping Min Hospital），或"我们苗族的医院"（Pi-Miao Hospital），王树德解释为"伯格理追思医院"（Pollard Memorial Hospital），会不会是一种主观的看法？当初作为优等生的吴性纯，被要求在周日参加礼拜唱诗听讲，但是他并不感兴趣，发现传教士在台上宣讲循规蹈矩，台下却是另外一套（言卑陋醒龊）。

② 王兴中，杨明光. 威宁石门坎光华小学校史梗概［G］//贵州宗教志编写办. 贵州宗教史料选辑第二期，1987：37.

二、苗家圣人的道德故事①

朱焕章，字斗光，1903 年 8 月生于威宁，8 个月时生父去世，其母改嫁到威宁县龙街天桥乡金家湾子朱姓佃农家，3 岁时继父去世，母亲再次改嫁到银泉乡大老林马姓家，朱焕章则跟随祖父朱拿鸿留在金家湾子，靠食野菜拌饭度日，6 岁时上山放牧、砍柴、编草鞋。1918 年求祖父母送他到石门坎光华小学读书，读书期间祖父母先后去世，后随叔父朱兰福生活。1923 年在牧师王树德的资助下到昭通宣道中学读书，1926 年初中毕业，回石门坎光华小学任教，1929 年吴性纯医生推荐他到华西大学教育系读书。朱焕章先读预科两年，再入读本科。1932 年与大学同学张超伦、王建明、杨汉先等利用课余编写《西南边区苗民夜读课本》（又名《西南边区平民千字课》），1935 年学成返回石门坎，出任光华小学校长，1939 年应大学同学陆堂珍的邀请，出任昭通明诚中学教导主任，1943 年回石门坎创办"西南边疆威宁石门坎初级中学"，1946 年被苗族人民推选为国大代表，担任校长至 1950 年 7 月，1954 年奉命调往贵州省教育厅，先后任中教科副科长、民族教育科副科长，1955 年 12 月 12 日在黔灵山自缢身亡，1981 年教育厅下文为他平反昭雪。②

朱焕章一生有两次与蒋介石相见的机缘，一次是 1935 年的大学毕业典礼，一次是 1946 年的南京国大代表会议期间。毕业时他作为毕业

① 国内学者对于朱焕章的研究，是一个值得深究的文化奇观。张坦的专著《"窄门"前的石门坎》、游建西的博士论文《近代贵州苗族社会的文化变迁》、张慧真的博士论文《教育与民族认同：贵州石门坎苗族基督教族群的个案研究》、秦和平的专著《基督教在西南民族地区的传播史》、东人达的博士论文《滇黔川边基督教传播研究》、沈红的《石门坎文化百年兴衰》、余文武的博士后出站报告《民间教育共同体研究》均专门论及朱焕章的不凡事迹。

② 东旻，朱慧群. 贵州石门坎：开创中国近现代民族教育之先河 [M]. 北京：中国文史出版社，2006：139-144.

生代表在毕业典礼上发言，① 蒋介石观看他的发言之后称赞他的讲话"说话通俗、道理深奥"，典礼结束后蒋介石接见朱焕章，有意留他在成都绥靖公署工作。但朱焕章心系石门坎，谢绝了蒋介石的好意，蒋介石没有强留，送了一头荷兰牛以资鼓励。至今华西大学旧址所在地，还有朱焕章的雕像。南京国大代表会议期间，蒋介石再次接见朱焕章，并亲自挽留他在南京工作，朱焕章还是婉拒了蒋介石的好意，执意返回石门坎从事苗族教育工作。

朱焕章在《滇黔苗民夜读课本》的序言里，回顾了自己在极度贫困之中得到苗族同胞支持的事实，讲述了苗民在现实生活中没有文化的痛苦，以真挚的情感阐述了他和同学们编写这本普及读物的目的："在云贵两省交界的地方，有十万生活极苦、文化最低落的苗民；他们没有机会受教育，更没有机会受高等教育；他们就是用尽了群众的财力，也不能供给三四个人，我就是其中的一个。我们这特殊的机会，是我们那十多万同胞做梦也想不到的，近年来更因天灾人祸，甚至连入小学的机会他们也没有了。这样，我们就不能不给他们找一个小小的机会，叫他们识字，减轻他们作为文盲的痛苦。"②

就内容而言，《滇黔苗民夜读课本》涉及爱国主义、平民教育、平等观念、卫生观念等思想，还讲述自力更生、团结友爱、互助合作、诚实相处等人生哲理，也论及发展生产、择优选种、提高技术、学做生意等生活实际，以及如何写信、写借条、写收据等应用性知识，教材虽然简易，却思想深邃。石印本分发到威宁、滇东北、川南苗民手中时，激起了他们自觉组织夜校读书的求学意识，用松柴照明争相阅读的场景，

---

① 王树德．石门坎与花苗［M］//柏格理．在未知的中国．昆明：云南民族出版社，2002：149.

② 杨忠信．忆为民族教育事业献身的朱焕章先生［G］//威宁文史资料第三辑，1988：96.朱焕章曾经要求贫困失学的学生回来读书，并强调石门坎学校是"穷人的学校"，其办学理念包含着十分鲜明的教育服务对象定位。参见：梁黎．三个人的"石门坎"［J］．中国民族，2007（1）：44.

是苗民获得自觉自识的最好说明。

朱焕章亲见苗民子弟无力到昭通就读，遂辞去明诚中学教导主任的职务，返还石门坎创办初级中学以应苗民求学之需。他邀请王正刚、王兴田、王兴中、朱启孝、朱盛德、吴性良、吴性纯、李正品、李正帮、杨明开、杨明章、杨荣先、杨荣新、杨浩然、陶开群、张文明、韩正明、韩绍刚等人在祖基河老屋聚会，商谈办学事宜。朱焕章带领一班人开展群众募捐、游说上层人士资助，取得明显的实效。在昭通彝族知名人士陇体芳的帮助下，结识了毕节彝族上层人士杨砥中，并延请他到石门坎考察，杨砥中目睹光华小学的运动会和农家子弟踊跃读书的热情，遂返回昭通组织彝良的陇庭耀和安家、奎香的杨筑明、毛坪的罗泽均、威宁的安耀忠等知名乡绅，集资筹办董事会资助办学，董事长为杨砥中，董事为梁聚伍、吴性纯、陆宗棠、张斐然、陇体芳，朱焕章出任校长。约定董事会、教会、学费收入与募捐各占办学经费的1/3。后因董事会和教会的经费未能落实，朱焕章考虑到小学毕业生的学业接续问题，遂起念办起挂靠石门坎光华小学的特班。之后，在筹办经费尚未到位的情况下，于1943年9月团结杨忠德、杨荣光、戴岭情、朱明道、王德椿、陶开群等老师，借用光华小学的教室，办起了"西南边疆私立石门坎初级中学校"，首届招生86名。之后，由朱焕章延请，张永生、陶仕伦、张斐然、杨耀先、钱烈、钟焕然、安锦会、张有伦、吴善祥、张恩德、朱佳仁先后进入石门坎初级中学任教，直到1952年人民政府接管为止。① 在这里有三点值得深究，一是在没有充足经费支持的情况下，朱焕章团结了十几名教师坚守教职，最困难时几个月也拿不到

① 朱玉芳.私立石门坎初级中学的创建［M］//东旻，朱慧群.贵州石门坎：开创中国近现代民族教育之先河.北京：中国文史出版社，2006：205-211.2009年夏，笔者从香港浸会大学张慧真那里得知，朱焕章先生的女儿朱玉芳在写朱焕章传，书名为《光华之子》，拟由云南民族教育出版社出版。2009年、2011年、2012年笔者几乎每年都打电话到昆明，询问朱女士关于此书刊行的事情。2014年夏朱玉芳托人赠送给笔者一册《光华之子》。来自他的女儿朱玉芳、朱玉华的回忆录（未刊）。

一个月的工资；二是石门坎初级中学吸引了彝良、大关、镇雄、盐津、永善、威宁、赫章、织金、普定、安顺、紫云、水城、禄劝、楚雄 14个县的学生，尤其是少部分女童也进入石门坎初级中学就读；三是当时教育厅虽为石门坎初级中学立案，但从来没有划拨经费来支持办学。

我们参加石门坎光华小学百年校庆时，多位校友讲朱焕章是苗家一个时代的圣人。他不但带领大家种植粮食、蔬菜和亚麻，还动手建起一个茅草木桩猪厩，动员教师家属喂猪，解决穿衣吃饭问题；他带头吃淡菜蘸辣椒下苞谷饭，甚至用瓜儿、洋芋、蕨粉、野菜粑当饭；他组织学生攀登到海拔 3000 米高的薄刀岭砍毛竹，用青竹扎扫帚，用干竹当亮杆，解决卫生用品和照明问题；他身着麻布衣裙和草鞋，夜无被盖，冬无棉衣，仅凭几件苗家自制的毛毡和披毡熬过冬夜。之后，朱焕章还面临董事会实际没有资助的痛苦，就是在这样的艰难困苦之中，成就了滇东北、黔西北和川南苗族地区的最高学府。在常规教学上，学生全部住校，按号音、钟声和铃声起床、升旗、上课、活动、自习和就寝，校园琅琅书声；除此之外朱焕章和同事们一道，带领学生到果园嫁接植物，制作矿石、动物和植物标本，开辟花园和移植风杨、棕榈、柏杨，到韭菜坪远足，到野鹰梁伐木，去土目家背粮食，排演抗日救国歌剧，为抗美援朝志愿军捐钱捐物，使校园具有现代学校的气象。朱焕章执掌石门坎初级中学的九年，共招收苗族学生 200 余名、彝族学生 90 余名、汉族学生 80 余名、回族学生 3 名，共计约 400 余名，实现了为寒门子弟提供读书机会的办学目的。

朱焕章为了改变苗族的受教育状况，带领师生利用寒假冬闲到寨子里发动群众识字唱歌，足迹遍及石门坎周围的金家湾子、中寨、武官寨、偏坡寨，苗族群众争相送儿送女读书的热潮，应是朱焕章及同道的宣传推动之功。1952 年 10 月在贵阳举行的中学教师思想改造运动中，朱焕章写道："1937 年加入国民党，1944 年任威宁县党部执行委员兼石门坎区党部第一书记，1947 年任县实施促进委员，西南边疆教育委员会委员。" 1953 年他奉命参加威宁县筹备。1954 年奉命先后任贵州省教育厅中教科副科长、民族教育科副科长。1955 年 11 月，在贵阳肃清暗藏的反革命分子运动即将结束之时，他写信给石门坎的同事耿忠，说道："运动在深入，我相信自己的历史问题是能够说清楚的，国民党党员、国大代表、基督教徒、牧师，在教会学校执教，创办私立中学，同彝族上层人士联系密切，同英国教牧人员接触频繁。在我身上存在不利社会进步的因素，我为此做了入狱的准备；同时，作为贫苦民众的一员，看到我们所期盼的社会已经到来，我由衷地感动和欢庆；但是，有意见事我不能说，也说不清楚，那就是有人要我检举我的直接上级的历史罪行，以此作为判断我是否认清形势的标准。我同这位上级从不同的地方调到贵阳，以前没有接触过，能检举什么呢！"①

要么编造假见证去害人害己，要么保持永久的沉默。在被怀疑心怀反叛的情况之下，朱焕章选择了适合自己气节的方式终结人生。1955 年 12 月 12 日凌晨，他离开在贵阳市八角岩的住所，避开监视人员的视线，果断地到黔灵山自缢。1966 年 "文革" 期间，朱焕章一家全被打为 "右派反革命分子，勾结帝国主义……"。1981 年 2 月 16 日，贵州省教育厅为他平反昭雪，称朱焕章在中华人民共和国成立前长期从事教育工作，是少数民族上层爱国人士。②

吴性纯与朱焕章，被视为石门坎地区苗族的最高领袖人物，源于他们在苗族教育和社会事业上的杰出贡献，值得后世的研究者深究。其中，齐集在他们周围的各民族优秀知识分子，统同群心、群策群力，以石门坎光华小学和石门坎初级中学为中心，把小学和中学办到山寨，形

---

① 藏礼柯．石门坎公仆朱焕章 [N]．昭通日报，2003-12-01．《朱焕章回忆录》有对于这段往事的相关记载，它是朱玉芳 1996 年完成的手稿，由 50 多个小故事组成。张慧真为写博士论文到昆明开展田野调查研究时，曾经阅读过这个材料。朱玉芳后来将此稿带到威宁和石门坎给那里的两个妹妹阅读，实际是求证细节。

② 1995 年 2 月 8 日，朱焕章的家人在威宁立有一个公坟，以供花苗和家人凭吊。2008 年朱焕章的亲友将其遗骨从贵阳市黔灵公园迁往石门坎，张坦撰写了墓志铭。本章附录有《朱焕章墓志铭》。张坦讲华西大学礼堂内，树立有朱焕章的泥塑像，表示对他表里如一的崇敬。

成了蔚为大观的光华教育体系。其间苗族、彝族、汉族知识分子自始至终发挥了决定性的作用。易言之，这个知识分子群体所圆成的民间伦理共同体，发挥了中国人的主体作用，从而使得光华小学及分校、石门坎初级中学更加中国化、本土化。吴性纯后来主要在昭通行医从教，而朱焕章则执掌石门坎中学至解放，在时空上更为贴近石门坎苗族群众和学生，在苗族主体性建构初期很容易被奉为精神领袖。从以上陈述的事迹可以揣摩到朱焕章身上所具有的英雄气质——克里斯玛特质，他的克勤克俭、枵腹从公，以及在石门坎苗族民间伦理共同体构建中的敢勇当先的精神，成为后世学者反复称颂的话题。

第五节　苗文创制的误读误解

余文武 2007 年参加贵州省教育厅人文社科课题结题，结题报告中论述苗族文字的诞生地在威宁石门坎，座中有位评审专家因坚持认为苗族没有文字，① 遂与之争执起来。课题后来虽然勉强通过，但是却激发我们认真反思苗族文字的创制。学界大体上认为苗族有语言无文字，并在学理上有一定的根据，可事实与理论还是唱了一场对台戏。苗族诗歌故事中就曾说道："苗族人原来仍有文字，可惜所有文字均遭损失，因蚩尤与轩辕于涿鹿冲突之役，苗人崩溃后，被逐南迁，当迫渡江河时，舟船均赶造不及，所携书籍恐防渡江时被水湿透，欲免此患，惟有渡江时书本置于头顶，众如是行之，及至长江时，争先抢渡以保余生，不幸渡至江中水势凶猛，人均淹没过多，书籍十九已失，至无法保存，继后

---

① 20 世纪 50 年代初，语言专家深入苗区，有苗族百姓赠送一面无字的旗。专家问："为啥无字？"答："苗家还没有字。"其实，当时在滇东北次方言区苗族花苗语区的花苗文流行已近半个世纪，且有这种文字的课本、报纸、圣经、碑碣、账册、书信、日记。参见：王明山．石门坎史话：高原明珠威宁［M］．贵阳：贵州人民出版社，1997：117.

始有人设法将其字的样式刺绣与衣服上以资纪念，故今苗人花衣花裙之花纹，仍存有历史遗迹之意味。"① 此说为苗族传说，无法找到求证的依据，但是它起码提示我们不可简单地作苗族无文字的论断。

新近苗族文字的发明是不是伯格理一人的功劳？由于众多文献都这样描述，使得石门坎研究者不易获得反思的眼光，反而顺着循道公会的办学事迹去"添砖加瓦"。到石门坎任教的汉族教师钟焕然曾说，"苗族的文字就是妇女绣在花衣上的花纹标志，可是时代久了，已失去它的作用了。"那么，花纹标志究竟有没有失去作用呢？根据杨荣新、王明基两人的记载，应是发明人查看了花衣花裙上的花纹和娥赞时的符号，尝试模仿了一些符号。我们认为苗族文字的创制，的确借鉴了拉丁字母，在拼读法上伯格理应该有所贡献，但绝不是他一人的功劳，苗族文字的最后成型一定有读得懂古老的苗族记事符号的人参与，即石门坎各族优秀知识分子的协同努力，才使得苗族的创制和通行成为可能。

一、苗族符号的源远流长

杨忠德认为古时苗族书画的传说和威廉恩·穆的凸起符号，可以作为考察文字来源的重要信息。② 在则嘎老时代，有兄弟俩，哥哥名叫高度查地奥，弟弟名叫连地无在少。他们知识渊博，能书善写。他们用掌握的知识测量天地，以蛇、马、羊、龙来记一年中的 12 个月，并将一年划分为四季，一季为 3 个月，又推算出了三年一闰年的历法。

在婆布罢时，她生了一个女儿，取名娥赞。这个小孩后来长成一个聪明美丽的姑娘。苗族古歌这样描述她："婆布罢把女儿抱在怀里，教她读书认字。娥赞拿来三块石板，写上世界万物的名称。娥赞善于绘

---

① 王建光. 苗民的文字 [J]. 边声月刊，1939，1 (3).
② 杨忠德. 滇东北方言区老苗文的创制及改革情况 [G] //威宁文史资料第三辑，1988：12.

画，画了自己两张像交给丈夫挂在地的两边，以便让丈夫无论往哪边犁都能见到自己。"留心观察苗族的花衣花裙，常常出现特殊的符号，透露出古时苗族文字符号的痕迹。除此之外，还应提及威廉恩·穆设计的凸起符号。

这个历史追踪的意义在于，即便是伯格理在苗文的创制过程中起了主导作用，他仍然不是发明创造的第一人，因为 1847 年威廉恩·穆已经将凸起符号发明出来。而且越深究这个话题，越发冒出多个创制苗文的版本来。① 譬如，1906 年张约翰曾经到云南武定传教，与传教士郭秀峰研究创制了较为完整的符号，其中声母 21 个，韵母 14 个。

之后杨荣新、杨荣辉又引出用"Y"作声母的做法；1932 年为重新翻译《新约全书》，杨荣新、杨荣辉、王明基、张洪猷又研究出在声母上加"R""C"的做法。1949 年，石门坎教师韩绍刚、杨忠德、张友伦、王明基、杨荣新又将文字做了进一步的修改。1952 年中国科学院语文专家经过调研后，对苗族滇东北方言的文字进一步改革，确定声母 55 个，韵母 21 个，调号 8 个，解决了过去几次苗族文字改革未能完成的技术问题。

可以看出，新近苗族文字的成型，绝不是一个两个人的功劳，它是身处民族内部，深知民族无文字苦痛的优秀知识分子群体合力完成的结果，其间还可以窥见各族知识精英为其所在伦理共同体所立下的殊世之功。下面讨论我们采信的一种观点。

----

① 有关苗族文字的史籍资料主要体现在三个方面：一是苗族民间口述史资料，认为苗族过去有文字，但是因为战争的原因而失传；二是留存在苗族地区的备课、木刻，显示了可见的文字记录；三是汉文典籍中文献记载，如《云南游记》中称："苗文为太古文字之一，半立于象形，无形可象者立于会意或谐意，亦有不得以形、意、声立者，则近之各种记号。"以上提示我们，可能苗族文字较早进入了苗族的社会生活中。

二、苗文创制的正本清源

研究石门坎的学者，一般认为新近苗族文字产生在石门坎，并共同认定乃伯格理的发明。① 如陈国钧称它是以非洲土人的符号外加拉丁字母创制而成，认为语言和文字是民族同化的要素，伯格理创文字来教苗民，意在抢夺教育权和离间种族。此说未免牵强附会，为了说明外国传教士文化侵略的伎俩，将苗族文字创制的动因归在这样的情形之下，实是价值判断混淆事实判断的结果。

早年毕业于石门坎小学的王建光认为，前述之类说法与事实并不相符，"原来苗文字的创造者，不是英人，也不是汉人，而是苗人的先进者张岳汉先生。"② 王建光曾受业于张岳汉门下，后者将花衣花裙之花纹及日常生活用具逐一说明原委，判定它们是昔日苗族用以记事的文字。但发现这些符号过于简单，字意难以充分地表达事物，且描画物形的方式也不便记事，遂求助中英文字的结构和音韵读法。最后，决定将苗族昔日的象形字体，加以音韵及仿效英文字的拼音结构读法，并反复求教传教士伯格理和汉人李武先生，与苗族知识分子杨雅各、王盛模、杨芝、王道元、朱彼得、李国正、李国清和钟焕然共同创造出今天流行的苗族文字。现在来审视苗文字母，就会发现它坚持着不违反苗人历史传说为原则的初衷，即采用苗人历史事迹及日常生活必须用具之形象做

---

① 西方文献中将石门坎苗文称为"柏格理文"（Pollard Script），又称"柏格理注音字母""波拉德字母"，而国内多称为"滇东北老苗文""石门坎苗文"。由于《圣经》《赞美诗》及编印的科普读物都是苗文，再加上山寨夜校使用苗文扫盲，笔者推测这是老苗文通行甚广的缘由，造成人们以为老苗文的创制在教会，最终对应到伯格理身上。

② 西方文献中将石门坎苗文称为"柏格理文"（Pollard Script），又称"柏格理注音字母""波拉德字母"，而国内多称为"滇东北老苗文""石门坎苗文"。由于《圣经》《赞美诗》及编印的科普读物都是苗文，再加上山寨夜校使用苗文扫盲，笔者推测这是老苗文通行甚广的缘由，造成人们以为老苗文的创制在教会，最终对应到伯格理身上。

字母。

需要说明的是，它的音韵及字的构造，大多是近似罗马字的结构拼音读法，66 个字母里面，大字母（声母）的字形部分是象形，而小字母（韵母）则属于发明。譬如，声母的"y"，不是英文字母的"Y"，它取自耕牛犁田的用具，从犁耙形"廿"变化而来；声母"∨""∧"，也不是英文字母"U"，它是耕牛犁田的"牛加担"。因此，苗族文字的发明从内容呈现上看就不会是一个人的工作，其间包含了苗族知识精英集体对于农耕文化与农业概念的深刻理解。

还需要说明的是，这里提及的苗族文字，仅限于以贵州威宁石门坎为中心的滇东北次方言的苗族文字，简述为石门坎苗文。1932 年杨荣新修订苗文版本的《新约全书》时，对不同声调的苗文元音字母在辅音字母旁的位置做了明确的规定，使石门坎苗文的文字形式从此规范起来。就快速书写时容易偏差的缺点，1950 年朱焕章和王明基领衔，召集张志诚、张友伦、陶开群、韩绍刚、杨忠德、杨荣先、杨荣新参组成苗文改革委员会，确定苗文的最新拼写方式，明确元音的书写位置、声调号的书写位置和新增校音符号，至此，两代苗汉先辈共同创制的石门坎苗文基本完成。苗文改革委员会利用暑期开办苗文培训，来自武定、罗次、禄丰、永善、大关、安顺、紫云、普定、织金的学员纷纷而至，共同成就了石门坎苗文的传播事业。① 张慧真统计，至少有 5 万人能阅读这种文字印刷的书籍。这个庞大的苗文使用群体，构成了我们讨论民间伦理共同体的基础。

苗族文字被创造出来以后，迅速在滇黔川边的昭通、会泽、彝良、大关、盐津、镇雄、威信、永善、东川、威宁、赫章、织金、普定、六枝、紫云、镇宁、筠连、珙县、高县、叙永、古蔺、昆明、武

————————

① 《苗英词典》由张继乔和王明基共同完成，20 世纪末张继乔在英国研制关于石门坎苗文的计算机软件，使其融入信息时代，至此，石门坎苗文的创制画上圆满的句号。

定、禄劝、文山、开远的各民族中广泛使用，其影响之大，史无前例。由于教会工作的使用频繁，它变成了一种宗教语言文字存在，遂形成一种错觉，认为是教会改变了苗族无文字的状态。我们必须重申，或许伯格理在老苗文的创制过程中有一定的贡献，但老苗文的成型应是苗族、汉族协同努力的结果，而其进一步的改进则完全由苗族知识分子集体承担。

为什么论述伦理共同体的构建会涉及苗族文字的创制？因为苗族文字是石门坎文化结构的生长点，是可以自组织、自复制的文化工具。伦理共同体成员会因为语言文字的相同背景，相互体认并强化他们的民族认同感。苗族文字在培养苗族最初的知识分子、提高苗族的双语教学质量、传承苗族固有的文化传统等方面，具有无与伦比的价值。它首先用于培训师资，苗文编写的《苗族原始读本》以及后来的《西南边区平民千字课》迅速通行在乡村学校系统，使识文断字的教育蔚然成风，完成了较为完整的文化启智和现代启蒙。研习老苗文促使穷人参与集体行动，各个村寨改变了分散、无组织、无助的状况，形成读书信教的集体。这个集体领有共同的道德信念，分享共同的道德知识，形成了较为严密的石门坎苗文学校系统。在教育现代化的坐标上，石门坎教育系统围绕苗文创制和平民教育所具备的现代性，至今仍有深究的必要。因此，石门坎民间伦理共同体的构建，应有两个主体性的因素，一是老苗文，二是苗族知识精英。老苗文跨越地域、宗教和民族的社会边界，而掌握老苗文的知识分子则成为先进文化的代表。这样的代表提示苗族同胞，教育是苗人自强的资本，教育是改善和提高苗族生活的手段和武器，最终的希望是提高苗族的社会、文化和政治地位，使苗族脱离苦难历史的宿命。①

---

① 张慧真. 教育与族群认同——贵州石门坎苗族的个案研究（1900—1949）[M]. 北京：民族出版社，2009：149-150.

第六节 小 结

　　囿于论题的限制和集中论证的考虑，我们仅仅是撷取石门坎发展变迁的一个历史"碎片"来管窥伦理共同体构建的实情。石门坎"以苗教苗"的人才循环，教育行为规则的前赴后继与薪火相传，对于今天西部山区普遍的人才困境，无疑具有深刻的影响和启示。① 石门坎教育史是石门坎人写就的，单凭教会的实力还真达不到那样高的标程。持续三十年余年的人才回归机制，应是苗族教育植根于民并获得广泛的社会认同的结果使然。石门坎光华小学教育系统、私立石门坎初级中学与苗族村寨社区的良性互动，是石门坎教育获得超常规发展的内在源泉。内源发展的观点很好地扣合了民间伦理共同体构建的基础，其核心是共同体成员的创造力与自主性的提高，它源于共同体内部的生活与文化，以及清晰完备的知识体系与价值观，经由苗族知识精英的创造活动与价值引领，从而转化为伦理共同体可堪依傍的精神力量。

　　皮英曾以《石门坎学子集体还乡的史实》为题，② 欲探究那个时代石门坎各族知识分子反哺故土的来情去意，但这样的论证实际上太难，因为这个多层次的基础教育体系经历了太多的历史变故。返回乡里的服务是源于教会的协议约束，还是反哺苗乡的道德义举？若是苗族民间伦理共同体的召唤，这个伦理共同体是想象的共同体还是可以证实的共同体？关于"集体还乡"的论证，还需要开出新的史料和开展扎实的田野调查，方才可能求证特殊时空背景之下的真情实景。

　　我们从石门坎田野调查回来，氟中毒、黑牙齿、关节病困扰石门坎村民的情形仍在心头萦绕。因地处贵州公路末梢，"边缘之边"角色的

---

①　杨军昌. 石门坎教育文化 [J]. 教育文化论坛，2013（3）：10.
②　皮英. 石门坎学子集体还乡的史实 [D]. 贵阳：贵阳学院，2010.

改变还待来日。① 毕节、威宁各级政府和大陆、香港公益组织在石门坎实施有多项扶贫计划，但收效甚微。石门坎有具有可开采价值的硫化锌、氧化锌等矿物质，其优质矿点均被外地商人占据，当地村民只是充当下井劳动的苦力，真正获得经济收益的并非石门坎乡政府和苗族村民。为什么会持续这样？我们认为是因为它缺少昔时敢于站出来仗义执言的头面人物。从中也可以管窥苗族民间伦理共同体的破损，既无民间伦理的向心力，又无道德感召的元素。

石门坎研究者李昌平曾谓，"人口的增加、资源的被输出、人才的流失不仅仅消弱了石门坎原本脆弱的生存环境，也消弱了生活在这里的苗族人的文化自信。"② 我们屡次亲赴石门坎与黔北社会主义新农村，两相比较发现，它们不仅仅是文化自信的差别，在村落治理的顶层设计上也有悬殊。像石门坎这样生态脆弱的乡村，实际应该放弃农业的政策，特别规定石门坎资源开发的收益必须留给石门坎各族同胞，并就矿山的开采给予石门坎一定的生态补偿。我们在深究石门坎曾经圆成的民间伦理共同体之际，深切地呼唤政府应将石门坎作为文化遗产地来加以特别保护。

附录 朱焕章墓志铭（张坦撰）

朱先生焕章，字斗光，生于一九零三年八月，威宁三道坡人。三岁失怙，六岁放牧，九岁发蒙，入石门坎光华小学受学。当其时，值伯格理牧师行化乌蒙山区，我大花苗初沐西风，始脱"晦盲否塞"，渐入现

---

① 就石门坎地区与云南路网不相连接的交通滞后，沈红举交通不便的例子来说明石门坎年丰村的"边缘性"。如果一封挂号信寄给村民，他要去40公里以外的另一个乡镇邮局才能取到。从寄出到收讫，需要一个月的时间。参见：梁黎. 三个人的"石门坎"［J］. 中国民族，2007（1）：43.

② 梁黎. 三个人的"石门坎"［J］. 中国民族，2007（1）：44.

代化矣。

先生后富集昭通宣道中学，继入成都华西大学，为苗家教育学士第一人。毕业后受蒋中正亲邀，让其出任国民政府职，先生无意功名，仍回乌蒙山中，食芋衣麻，兴学乡梓，完成其"树边黎""臻大同"的文化理想。先生先后任光华小学校长、明诚中学教导主任；编撰《滇黔苗民夜读课本》，推行平民识字运动，使我大花苗三分之二脱离文盲；又发起创办"西南边疆私立石门坎中学"，令石门僻壤，成"西南苗族最高文化区"。

先生办学，夙夜兴寐，无荒无怠，鞠躬尽瘁。人不堪其忧，先生不改其乐，其间辛苦，胜于梁漱溟；成果斐然，堪比晏阳初。致入选国大代表并西南教育委员。一九五五年政治运动，人相检举以求自保，独先生不违命构陷他人，宁永缄默，遂于十二月十二日自缢于贵阳黔灵山。呜呼，生命诚贵，气节更高，苗族英灵，今作灯塔。我学生后辈及大花苗胞族，感泣先生功劳，追思民族教育巨擘。赞曰："焕乎有文章"，舍朱先生其谁。

第五章　民间伦理共同体的重建

在乡村社会的每一个人，实际都不能离开共同体而独立生存，因为人的本质是社会关系的总和，对民间伦理共同体的结构与功能的了解，以及个体在共同体中的准确定位，是每一个人立身处世的前提，而共同体则是我们智慧设计的结果使然。每一个人听从伦理共同体的召唤，在社会协同中有自己的一份可以与别人交换的贡献，因而获得自己生存的空间。

本章是全书的理论提升，主要探讨民间伦理共同体重构的一般规律。其撰写思路是：首先，作有关伦理共同体的概念分析，具体分析了民间的含义、共同体概念的伦理内涵、伦理共同体的范式；其次分析了民间伦理共同体的构成要素，主要从利益的共同性、伦理道德共识、认同与归属感等方面来把握其结构；再次，分析了民间伦理共同体的主要功能，重点讨论了它的教化功能、治理功能和凝聚功能；最后，提出了民间伦理共同体的重构进路，主要依靠精英的培育、传统的接续与共识的达成来完成。

第一节　关于伦理共同体的概念分析

民间是多学科使用的概念，本书从其与国家正统的相对角度来定义，有它特定的内涵。研究可以看做对贵州民间思考的恢复，或伦理学对民间伦理的回归。民间的守恒格局和治理机制，及其超强的村落聚合力和伦理向心力，使我们生发对此的研究兴趣。民间潜藏共同体的范型，它们与现存秩序之间的关系是积极有效的，而且后者说明前者。

共同体在其使用方式上，有描述性意义和规范性意义之分。前者指人口集合或集体划分，后者指社会连接方式或交往关系。① 研究即在这两种语境中讨论共同体的意义。学界视共同体为重要的社会结构和政治模式，其伦理意义和社会价值得到有效的组织。共同体并不是暂时的、偶发的群体聚集，相反的，它的内涵饱满、结构完整、功能完备，使我们得以窥见它的伦理内涵。

伦理共同体和科学共同体、宗教共同体、教育共同体一样，有自己的范式。伦理共同体的范式是什么呢？一个基本概念的形成和发展并不是孤立的或偶然的，它是客观事物具体发展、成熟之后的一种理论把握和抽象。② 这个范式透露伦理共同体的目的、态度、希望和虔诚，在共同体内部大家相互信守、相互影响、相互约束，是一种批判性的结构。

一、民间的特定含义

民间一词具有丰富的内涵，但其基本的含义是国家正统控制相对薄弱的领域，即非官方的民众之间。以民间作为论说起点，实际上就是承认民间形态的生存逻辑和现实空间，以及秉持民间的价值立场和伦理诉求。从民间的立场审察民间，有助于充分理会传统的现实样态和民间固有的价值原则。民间有诸多连通生活本质的活性力量，遂使我们关于民间的讨论有开阔的背景和论说的场域。

民间在本书指涉什么？即与正统相对的乡村社会。民间指的是远为广大的社会空间，一个普通民众生活和活动于其中的巨大世界，民间本

---

① 李义天. 共同体与政治团结［M］. 北京：社会科学文献出版社，2011：21.

② 熊英姿. 从共同体看科学与宗教［J］. 文教资料，2006（5）：219.

身包含了一种社会的观念，指一个有别于国家的社会。① 乡村社会由于务工人员的倾巢出动而显现为空心化，有人据此认为乡村社会走到了穷途末路的境地。我们认为这是一个误判，乡村社会既是中国社会的基石和中国文化的源头，又是全民物质资料的重要产出地，所以乡村社会并没有衰落，并且不应该被忽略。

民间素来得到学界的眷注，将其作为概念框架引为研究中国民间伦理文化的理论工具，是我们的一个大胆的尝试。为使民间落到实处，我们将穴塘坎、平家寨、石门坎三个贵州村落作为代表，是因为这些考察原点有人群聚合上的自觉自识和乡村精英的努力，以及前期的研究基础和学界同行的关注，足以作为中国民间伦理共同体的典型来加以解剖。

民间是人类道德良知的持有者和保存者，潜藏着民间伦理更新的变革力量。研究基于民间立场，实是基于乡村社会底层的立场，乡村社会的底层又具体化为个人的道德责任和人格力量。乡村社会在外来现代化因素的作用下，还能长久维持、安宁有序，且国家的治理机制尚能生效，其关键在于民间村落的聚合力，始终有伦理共同体和道德个体的双重支撑。因此，乡村社会的发展虽无大众检查机制的观照，但有伦理和道德的约束，不至于显得各自隔离；民间对价值共识的强化，使共同体展示出一种团体的力量，生发出一种规约个体的公共权威，呼应着国家正统对民间的价值导向。

为方便我们对于民间的论说聚焦，乡村社会从构成要素而言，主要采信学界的人口、地理和文化的三要素说，而本研究的落脚点主要在三地的伦理文化要素上。穴塘坎、平家寨、石门坎分属于贵州高原三个相对独立的地域单元，穴塘坎地处高原的坝子，平家寨在石旮旯的环绕中，石门坎则处在高寒山地，三地不同的生态类型促成了相对独立的伦理文化系统。伦理文化传统与现代化的关系，是伦理学关注的重点课

---

① 梁治平. 民间、民间社会和 CIVIL SOCIETY——CIVIL SOCIETY 概念再检讨［J］. 云南大学学报，2003（2）：58-68.

题，乡村社会要发展，必须关注伦理文化的现代重构。

三地的伦理文化有其历史的积淀，由于地处闭塞的山区，伦理文化的更新相对缺略，传统以一种集体无意识支配着共同体成员的生产和生活，形成一股较为强劲的惰性力量，表现出贵州民间特有的封闭性和保守性，从而在观念层面存在与现代化的背离。但若民间不固守自己的传统，丧失伦理文化的个性，其发展会失去重要的动力源。因此，我们将关注的焦点锁定在民间，就是希望不要总是将传统视为惰性力量和保守力量，不要将乡村社会的发展与传统决裂。按照庞统的观点，"传统为现代化准备了基地，现代化的速度和高度，无不这样那样的依赖于传统的成就。"①

就民间的社会变迁而言，现代化更能反映其本质，换言之，乡村社会发展的核心内容就是现代化，只有抓住了现代化这个硬核才能抓住社会发展的实质。而伦理文化的现代重构，需要共同体及其成员迈出崭新的步履，信守共同的伦理价值，听从共同体的伦理召唤，这必然涉及乡村社会的道德建设问题，从而映衬出这个研究课题的时代价值。三地地域单元的封闭性，使现代性的积累不够，自我发展的能力不强，迈出崭新步履的内在动力不足，故外在的现代性注入就显得很有必要。我们对贵州伦理文化的三个样本的考察，实际上就是探究民间在迈向现代化的进程中，作为外源动力的现代性扩散与作为内源动力的民间自我改造的两相结合的实情。

中国乡村社会的发展事实，需要上述两个动力的同构性互渗，现代性扩散是乡村社会发展的前提，但外源动力的注入是为了激活内源动力，实现乡村社会的现代化转型。我们应该看到内源动力培育的重要性，如果缺乏村民对现代化的广泛参与和村民素质的有力保证，乡村社会的活力就不会得到激发，其现代化将失去基本的内在支撑。乡村社会的现代化不仅仅是一些经济图表和指数的增加，村民的态度和行动也应

---

① 赵利生. 民族社会学［M］. 北京：民族出版社，2003：126.

列入考量范围。乡村社会作为村落共同体，因现代化对共同体成员的伦理道德诉求，使我们将它视为可堪深究的民间伦理共同体，并作为乡村社会发展的内在生产力的培养基。

二、共同体的伦理内涵

共同体是具有共同性的人类群体，群体由人集合而成，那么关于人的讨论就应为题中应有之意。人的本质是实践，这是人的类本质，它对人的社会性起决定和支配的作用。我们唯有在实践中去理解现实的人，方才可能深刻地把握人的本质。现实的人是类与个体的辩证统一，作为类的存在物，人具有区别于其他动物的"类特性"，即人的类本质。作为个体存在物，人又具有把不同的个人相互区别开来的特殊规定性，即人的个体本质。故人的本质是类本质和个体本质的辩证统一。

人具有"种生命"和"类生命"双重存在的特点，前者是自然给予的自在性的生命存在，它为人与动物所共有；后者是通过人的实践活动创生的自为的生命存在。人之所以为人，是通过类生命的创造生活去实现自己的价值。类生命属于人所特有，它已突破了人种个体的局限，虽然也存在于个体身上，但它的内容却是人类共同创生的、与他人他物融化一体的对象化的成果。所以，为正确地认识人的本质，我们需要自觉地把人定位在类生命的基点上，并自觉地以类本质去支配一个人的本能生命活力形成自我创生的人格。① 这种形成自我创生的人格的活动过程，就是实践。

实践不是个别人的活动，它是人类本质的创生活动，它虽然落实到个体身上，并由个体去具体完成，但个体之所以能够有巨大的创生力

---

① 郑祥福，等．马克思主义实践哲学教程［M］．上海：上海三联书店，2001：136．

量，则是由于通过社会性的实践历史积淀了人类所共有的创造成果，把诸多个体创生的力量凝聚为统一的整体。实践作为人的类本质，只是揭示了人作为一个类的一般性质，只有在区别于其他物种时才有意义，它并不能代表人的个体本质。现实的人总会按照实践内容结成一定的社会关系，而现实的实践又离不开特定的社会形式，所以人不仅以一般劳动与动物相区分，同时会以特定社会形式下的劳动来与其他社会形式下的劳动的人相区分。他们因各自所处的具体的社会关系而相互区别开来，使他们有着不同的社会属性。

共同体概念很能够表征现实的人所处的社会关系和社会属性，人们会身处在不同的共同体之中，共同体本身有人口、地理和文化的内涵区分，它的稳定性表明处在同一共同体的成员，其实践方式和内容应有别于其他共同体成员。这个讨论的意义在于，让我们借共同体得以辨清人的个体本质和类本质。这两者的辩证统一，使人的发展呈现社会化和个性化相统一的过程。社会化使人从自然人转化为社会人，而人之所以成为社会人，成为具有类特性的社会历史主体，是其在人类社会的人与人交往实践中逐渐社会化的结果。个体附身于一定共同体，需要内化共同体的规范，养成共同体的角色，从而使其成为共同体的有机组成部分。

那么，个体在共同体中是如何成长的呢？这实际上涉及人在发展中的个性化与社会化的相辅而行。人的个性化表征的是人的特殊性和差别性的发展，是个体的独立人格和品质的形成，是由人的独特的生理特征以及人的独特的实践活动所造成的个体差异性。从共同体的社会关系视角来看个性，它是指个人作为社会存在物的个性，即人作为共同体成员所具有的个性特征。特殊的人的个性本质是人的共同体特质，是由共同体氛围和社会教育所决定的本质属性的总和，它塑造着共同体成员的具体的历史面貌。人的社会化并不排斥人的个性化，它要求处理好人与人、人与社会之间的关系，使共同体生活不至于因规范的严苛而死气沉沉。这里，我们强调共同体成员的个性涵养，它充分反映了主体素质和能力的深刻内涵。人的主体素质结构中，道德素质体现着素质结构的本质层面，它代表着人的感情趋向、价值取向和行为导向。而这一切的引导，均可由共同体来予以提供。

我们在对共同体进行定义时，共同的地域被作为重要特征，不过这并不是共同体的充分条件，因为共处同一地域的人们未必居于同一共同体；共同的地域至多表明物理关系上的紧密联系，无法证明他们在精神关系上的彼此认同。因此，共同体除了共同地域的诉求之外，它的内部还需要领有相当高的一致性和共同性。这个视角使我们揣摩到共同体蕴含的规范性维度——伦理规则，它才是刻画共同体内部结构的关键因素。这是比共同地域、相同语言更为深刻的共同性。我们在摩尔根的"记忆性共同体"中，也可以发现在历史进程中形成的独特而持久的道德传统，这种道德传统"有助于表达我们生活中的一致性，使我们有义务来促进我们的历史中所记忆和期望的理想，把我们的命运与我们的前辈、同时代的人以及后代联结在一起"①。

上述论证表明，共同体中实际有一套共同的伦理系统，这种伦理的共同性内涵了一种假设，那就是若我们把共同体视为某种客观存在的实体，是不难发现这样的案例的。穴塘坎、平家寨和石门坎都可以找到并未受制于地理范围的共同体，即便是分散居住，也因与某一群人共同分享相同的伦理价值观念，而使其共同性得到彰显。因此，民间伦理共同体揭示了一种特殊的关系模式，它对乡村社会生活具有特定的伦理价值和道德意义。清楚地说，共同体被视为富有伦理倾向和道德内涵的社会结构，这种结构有基于亲缘、地缘的自然意志和相扶相帮的道德逻辑，被学界引为诊治乡村社会道德滑坡的有效工具。

三、伦理共同体的范式

前一节我们论述了共同体潜藏着共同的伦理思想，它比单单起构成

---

① 丹尼尔·贝尔. 社群主义及其批评者 [M]. 李琨，译. 北京：生活·读书·新知三联书店，2002：124.

作用的共同体多了塑造心灵的作用。而伦理共同体是将共同体以伦理为特征和区分的人集合，更具有伦理价值的导向性。伦理共同体是具有共同的道德信念、道德原则、道德规范和价值取向的人的集合体，是一种互生共存的组织形式。我们认为只要人类有道德的存在，那么人与人之间就可以通约，共同体就有存在的根基。乡村社会一度因经济至上的原则而使共同体分离，但转瞬又由伦理共同体扮演整合的力量，其间共同体成员的道德人格，主要是依靠共同体来成就。

伦理共同体有自己群体的范式，影响着共同体成员的所有活动，并依靠共同信守的范式将所有成员统一为一个共同体。经知识精英的发明和共同体成员的认同，范式显现为指导人们生活的"标准范例"，它具体指导人们什么是道德的、什么是不道德的，民间于是在这样的伦理传统的映照下安宁有序、一心向化。范式是伦理共同体存在的根据，代表着人们在道德上的共同信念和共同约定。共同体成员在范式的提示下，追求至善的目标，过有道德的生活。

在乡村社会中，范式为人们的生活提供观念工具和理论工具，而那些在伦理道德上遵循相同范式的群体，就结成了伦理共同体。是人们对伦理道德领域内发生的现象所秉持的见解、思维方式及思维框架的总称。此范式以伦理学理论为核心，以道德现象作为其论说的对象，具体划分为道德活动现象、道德意识现象和道德规范现象。道德活动现象是需要用善恶观念来评价的群体活动和个体行为；道德意识现象是在道德活动中形成并影响道德活动的具有善恶价值的思想、观点和理论体系；道德规范现象是在一定社会条件下评价和指导人们行为的准则。

伦理共同体的范式以善、恶来评判道德现象，其中，道德活动是形成一定道德意识的基础，道德意识形成之后又对人们的道德活动具有指导和制约作用，道德规范基于上述两种现象，约束和制约着人们的道德意识和道德活动。就民间的真实情况来看，共同体成员在长期的生活实践中形成了诸多的"应当"与"不应当"，这样的要求不以人们的主观意志为转移，是人类的生产和交往关系发展到一定阶段的结果。

伦理共同体信奉一种特殊的调解规范体系——道德，与政治和法律相比，道德的规范本质更明显、更突出，道德就是由各种各样的规则组成的规范体系，离开规范就无以言说道德。道德规范没有制度化，所以在民间伦理共同体中实际是找不出规定出来的规范，倒是在长期的共同体生活中积累有一系列的要求、秩序和理想，它常常表现在共同体成员的视听言行之上，深藏于品格、习性和意向之中。道德规范没有强制手段，它主要借助共同体的传统习惯、社会舆论和内心信念来实现，其中伦理共同体内部的道德教化是道德规范转化为其成员实际行动的重要手段。道德规范是内化的规范，内化的规范即良心，是共同体成员思想、言行的标准和尺度，它形成特定的动机、意图、目的，促使人们基于内在的善良愿望而遵守社会规范。

共同体亦有至善的追求，那善怎么定义呢？就善的普遍本质来说，它是实现了主体必然性的境界。在主客体关系中，我们这里的主体主要指具体的共同体成员或共同体，他们有一系列生存和发展的现实需要，如共同利益、矛盾协调、文化享受等，这些需要表明主体对客体的依赖性，以及主体活动的内在目的性。狭义的善即道德价值，是对共同体而言的，是指人们的行为对共同体的价值。建构伦理共同体的范式是对伦理道德的规律性认识的结果，是对伦理道德认识的一种建构。

若从穴塘坎、平家寨和石门坎去找寻说明伦理共同体范式的"标准范例"，并不是一件困难的事情。穴塘坎的马氏族人，自四川迁来贵州之后，家族三百余年的生活实践蕴蓄了难能可贵的规则，成为约束家族学子的秘密武器；平家寨仡佬族村民自辗转迁徙定居以来，生存的困厄使他们生发一种自强不息的精神，其伦理规则多为生存发展的规约而制定；石门坎花苗是蚩尤部落南迁的一脉，其生存困境使他们具有一种反思性品格，其约定俗成的伦理道德规范多为民族的前路而定。三地伦理规则均是得到认可的传统，这个传统命制了民间的解释类型，使共同体成员在共同体范式讨论框架之下，具有趋同伦理思想和道德共识。

第二节　民间伦理共同体的构成要素

伦理共同体通常与利益、共识、认同、归属感紧密地联系在一起，是因为这些要素足以构成共同体。当共同体成员的利益诉求得到关照，而且他们的利益呈现出一种共同性时，伦理共同体的道德要求就会得到全体成员的有效支持。伦理共同体的共同性还体现在内部成员的道德共识上，他们共同分享相同的伦理价值，这是我们对共同体的名称作伦理限定来讨论共同体的基本前提。有共同的利益和相同的道德共识，便会激发共同体成员对于伦理共同体的认同，为身处共同体而生发荣誉感和归属感，伦理共同体的重建就是要让其成员对自己体认的群体生发一种皈依之念。

一、利益的共同性

利益和道德的关系问题，是伦理学的基本问题。个体现实生活中的利益，是以比较强烈而持久地满足一定需要为目的的，利益是道德的基础，其科学内涵在于社会经济关系是道德的基础，道德则是一定经济关系的反映。前一节我们曾论述了人之所以为人的二重性——个人的存在和社会的存在。这种二重性就决定了人的利益诉求的二重性，既有维持自己生存发展的需要，又有维护共同体存在和发展的需要。共同体作为共同体利益和个人利益的矛盾的主要方面，应着力提高成员的道德觉悟，唤醒成员的道德良知，引导成员在自己的行为选择中，正确对待和处理个人利益和社会集体利益的冲突。

共同体利益是集体利益，亦即全体共同体成员的整体利益，它与基于个人需求的个人利益是辩证统一的关系。个人利益在政治、文化和精神方面都有诉求，但它必须纳入整体利益的框架之下，否则就会有不正当之嫌。在民间伦理共同体的范围之内，存在的不仅仅是一般的个人利益，更重要的是区分何为正当的个人利益、何为不正当的个人利益。个人的正当利益之成为正当的根本道德尺度，在于与共同体利益保持道德手段和目的上的一致性。

个人利益作为构成共同体利益的活性因子，它要在乡村社会现时的物质精神财富的前提下提出自己的诉求，但共同体利益则需对其过滤和导向。个人利益是共同体利益的有机组成部分，但共同体利益并不只是个人利益的集合，它要筛选经得起检验的利益目标，在保证伦理共同体向前发展的同时，最大限度地确保最大多数成员的利益。伦理共同体预设了一种美好的设计蓝图，它让个人利益听从共同体利益的召唤，不至于沦为一己之私；同时，共同体利益又特别眷注个人利益的诉求，不至于沦为虚幻的共同体利益。

伦理共同体要实现自身的有效控制，就必须处理好共同体利益和个人利益的关系。由于乡村社会发展的多样性和不平衡性，以及社会的分工和分化，不同利益的社会主体之间的社会冲突是不可避免的。对于这样的冲突，我们就可以纳入伦理共同体的讨论框架之下来加以分析。伦理共同体能够导致社会势能的聚集，并与社会主义新农村建设的兴旺发达相关联，在制度上避免了社会势能的消耗。民间伦理共同体构建的目的之一，在于尽可能地规避由于社会消耗和社会失稳而导致的社会有序度和社会进化速率的降低。

乡村发展的核心在于为村民提供较高的生存保障，从而使村民承担较低的风险，所以强调利益的共同性就十分必要，若村民只是做理性的小农，为追求各自利益的最大化目标而各行其是，那就会导致共同体行动的夭折。现实的乡村社会，"一大堆零散的土豆一样"的小农究竟依靠什么方式与力量聚集起来，从而使得乡村秩序井然？我们认为村落共同体和伦理共同体的概念拥有足够的解释力。

参加共同体中的每一个人都是被组织起来的，但伦理共同体并不是若干人的简单总和，而是由一定的利益关系、权利和义务以及一系列的组织系统联系起来的，真正的共同体总是以参加共同体的每个成员的共同利益为凝聚力的。一般认为个体的价值包括两个方面，一是共同体对个体的尊重和满足，二是个体对共同体的责任和贡献。个体的价值唯有在共同体中才能得到实现，个体的价值问题，本质上是个体和共同体的关系问题。

穴塘坎的马氏族人，本来是出于家族的需要而开办私塾，且兴建一个便足够，但是马氏族人又是迁徙挤进穴塘坎的外乡人，出资建三个面向全体村民的私塾，说明了马氏族人对于村落共同体的利益的服从；平家寨建起的道德评议会，从根本上讲是协调个人或家庭与共同体利益分歧的工具，它在相同的利益框架下调整人与人、人与共同体之间的关系；石门坎的花苗在乡村的发展中，不从自己的利益出发，而是身系黎民百姓，无论是千字课的编写还是学子的还乡，都是听从伦理共同体呼唤的结果。

二、伦理道德共识

伦理作为一种特殊的社会关系，是一种社会存在；道德作为对伦理调节的重要力量，则代表了一种理想，即把伦理调节到理想的、最佳的状态，使个体具有理想的道德品质，使共同体具有理想的道德风尚。道德是一种行为规范，所包含的和所要解决的矛盾，主要是个体利益和共同体利益之间的矛盾；其解决的方式，是根据一定的道德原则和行为规范，去指导规范个体以什么行为标准处理个人利益和共同体利益的关系。

伦理和道德常常连用，在共同体内部，个体违背伦理和不讲道德的含义是相同的。伦理之理，含有应然之意，而伦理与道德的区别，则是从实然上讲的，即从实际存在的伦理关系上讲。伦理关系是人与人之间客观存在的特殊关系，是道德认识和道德实践活动最本质的客体，是提出道德原则和规范的依据，是道德所要加以调节的对象。而道德关系则是个体在伦理关系基础之上，依据对客观存在的伦理关系的认识而自觉建构起来的，是人们对伦理关系认识的结果。

在民间伦理共同体的内部，伦理关系是相对稳定的，人们对它领有相当程度的伦理共识，其基本形态和基本性质都不会轻易发生改变。这一特性为我们重构伦理共同体奠定了根基，使共同体成员可以找到依傍的社会关系。可是道德关系就比较活跃，具有多样性和变动性。它植根于伦理共同体的现实土壤，但它并不是对现实的简单模仿，而是具有很高的理想性，从理想的角度来反映现实，并要求促进现实发生积极的变化，朝着共同体的伦理理想发生变化。

个体身在共同体之中，总是有自己的行为原则和习惯，但若要使个体的社会行为具有合理性和公正性，必然要把个体的行为选择规范于一定的原则之内。个体的行为选择是多种多样的，每一种具体的行为选择都有其自身的特殊性，为确保各种行为选择的合理性、道德性，共同体必须确立一些具有普遍性的伦理原则，这些伦理原则是调整个体之间伦理道德关系的各种道德规范的基本特点和指导原则，是伦理道德的社会本质和阶级本质最集中的反映，是共同体的道德体系的核心。

我们在论述伦理共同体的伦理道德共识时，实际上就是要确定哪些伦理道德原则是必须恪守的。在社会主义的乡村社会，伦理共同体的构建需要我们在以下伦理道德原则上达成共识：人道主义、集体主义、社会公正、尊重和诚信。人道主义指共同体对每个成员的利益、权利和价值的尊重，以及共同体成员之间的相互尊重；集体主义是指一切言论行动以合乎所有个体的集体利益为最高标准的理想；社会公正是个体衡量一个共同体是否合意的标准，它是伦理共同体成员和平相处的政治底线；尊重是共同体最起码的道德共识，是最基础的道德和道德基础；诚信是指道德主体在共同体生活乃至社会生活中与他人或共同体、社会整体交往时所表现出来的具体行为及其价值导向。

以上对于伦理原则（道德原则）的讨论，基本上在共同体的框架之下，这是因为我们认为唯有在共同体之中，才能使个体的正当利益得到保护，才能使个体的才能得到充分发挥。譬如人道主义并不是仅仅从个体的利己性出发，而是认为个体离不开共同体，即所谓"我为人人，人人为我"的境界；又如社会公正的伦理道德原则，目的在于为全体共同体成员提供一个社会分配好坏的共识，有了这个共识，个体之间才会进行和平有序的竞争；再如诚信原则，市场经济理应是信用经济，人们基于与他人、共同体、社会达成的协议来安排自己的活动，若个体失信，则共同体、社会即会失序、无序。

因此，伦理共同体的伦理道德共识之所以成立，在于共同体内部在总体上对一些共同性伦理价值范式的信守和忠诚，唯有借助共同体的共同的伦理道德共识，民间伦理共同体才得以延续与发展，从而使得这个伦理精神的联盟，永远是共同性大于异质性。并且使伦理共同体的道德作用于个体，形成个人自尊，伦理共同体的道德作用于乡村社会，便形成文明自尊。

三、认同与归属感

之前我们讨论过共同体需要深刻而持久的共同性，以至于人们不但相互认识，而且相互承认。这种态度和观念上的共同性，即是秉持共同体立场的"共同的价值取向和善的观念"。在这样的共同体中，每个成员都将共同的目标和取向当成自己的目标和取向。在这样的预设中，个体与共同体存在利益关系的共损共荣。易言之，所有信守共同体的个体均在分享共同体的价值、声誉和成就，且自身利益与共同体的利益增减紧密攸关，在这样的情况下我们再来论说共同体的认同与归属感的问题，就显得格外从容。

这里进一步的预设是，共同体暗含了共同的地域、共同的伦理和共同的利益，这些形质要素是我们判定共同体构建的关键，也是个体认同共同体的要件。照此推论，共同体并不是主观想象的产物，因为毕竟有一群人彼此承认共同的信念和取向，并身体力行地进行道德践履，从而反向地强化了他们的共同性。共同体这个概念既指一种特殊的社会现象，又指一种归属的观念。尤其是共同体内相互帮扶和相互依赖的道德逻辑，使个体生发一种皈依之感。在共同体的基本理论中，伦理共同体的重要意义在于它的构成性，即逻辑自洽、内涵饱满的共同体构成了个体，使个体生发认同共同体、归附共同体的念想。

我们对伦理共同体的倡导与构建，意在为个体的共同体意识和归属感提供学术意见，让个体意识到自己是从属于一定共同体并过共同体生活的社会性动物。在共同体生活中，那些形质要素深刻地作用于共同体成员，渐次进入共同体成员的心里，并把成员个体的认同归纳到共享的伦理道德资源中。共同体成员在与他人共享一种认同之时，亦产生一种归属于伦理共同体的感觉。这里，我们说共同体成员的身份是共同体构成的，实际上这是他身处特定格局等环境因素所致，而共同体成员的认同感则意味着自己对自己的理解，即通过对现有身份的确认来达成。

另外，共同体的成员和共同体之间有一种同构性，他们各自认同并具有相同的形质要素。一方面个体在共同体生活中接收的信息，成为个体认同的具体结构的基础；另一方面共同体刻画了群体生活的模式，让其成员归附其中并过安全有序的生活。但我们得提防共同体的排他性，因为认同隐含了区分。在我们考察三地民间伦理共同体的过程中，发现了一种十分有趣的现象，共同体有一种应对外部压力的反弹机制。当共同体的外部压力减弱时，共同体成员意识不到他们业已达成的道德共识和伦理思考；而当外部压力显著时，则使他们意识到自己的共同利益基础和共同价值取向。譬如，石门坎花苗在招致国民党贵州省主席杨森之流的外力时，他们的内心涌起一股团结的力量，并拒斥当时国民党政府的同化政策。

个体无法摆脱共同生活对其自身的塑造，他们在描述伦理共同体成员的关系时，会以同胞或类似的名称相称。譬如穴塘坎称族人、平家寨称乡亲、石门坎称苗胞，这些称呼显示了一种亲密感和共同体氛围。所以，我们倡导共同体不要只是强调共同体对于成员的构成性，还需意识到个体对于共同体的认同和归属感。这样的认同和归属感实可将共同体转化为一种团结，并在此基础上形成新的认同和归属感。

民间伦理共同体更像是一种情感的象征，而不仅是一种分析的理论工具。它的构建取决于共同归属的意识，以及相互依赖的情感。按照韦伯的话说，共同体建立在主观感觉上，而不是建立在社会关系所具有的合理性上。① 在伦理共同体的建构问题上，这个观点实际上是强调个体归属感多于社会纽带的作用。因为归属感不仅仅用于共同体识别，而且可以用于修正自己的行动。当年华西大学教育系毕业的高才生朱焕章，从石门坎花苗中走出，内心对自己的族群有一种稳定的归属感，遂婉拒政要的挽留，毅然决然地回到自己认同的共同体之中。

第三节　民间伦理共同体的主要功能

教育可以使个体拥有共同体的一切文明成果和伦理道德观念，从而使得个体得以超越他本身的局限，把个体的认识和经验提高到"类"的认识和经验水平，使人从一个孤立、片面、偶然的个体转化为具有丰富关系的全面地掌握必然的共同体成员。伦理共同体内在地隐含了教育的功能，其精英群体的教育引领、核心内部的教化机制、经典故事的历代诠释，均意在培育和发展人的求真、求善的主体性。

伦理道德规范是民间伦理共同体核心的形质要素，是共同体调控的重要方式，也是个体自我完善的精神力量。所谓的道德规范性，就是道德的约束性，它具体地表现为共同体对个体、个体与个体之间、个体对自己的约束。这些约束使个体摆脱单纯偶然性和单纯任意性，在道德秩序得到遵守的同时，积极地引导共同体成员朝着丰富生活、合理行动、自我完善的方向聚集。

---

① Max Weber. The theory of social and economic organization [M]. New York：The Free Press. 1964：126.

在乡村社会分化和道德滑坡的现实条件下，乡村社会的治理遇到了难题，重提伦理共同体的构建，当是一种道德智慧启发之下的制度设计。道德评议会是一个典型的民间伦理共同体，价值性和目的性的统一，使其成为乡村社会治理的重要辅助工具，它给村委提供道德建设的意见，给村民提供可堪遵循的规范，给民间提供乡风文明的模板，从而具有旺盛的生命力。

一、教育功能

伦理共同体是由伦理关系构成的整体，如前所述，伦理关系是道德认识和道德实践活动的最本质的客体，是提出道德原则和道德规范的依据，是道德所要加以调节的对象。简明地说，伦理关系是构成道德关系的前提，故伦理共同体就是道德关系的培养基。伦理从本质上讲是关于人性、人伦关系及结构等问题的基本原则的概括，而人性、人伦关系恰恰又是教育展开的重要依据。从教育对人的功能和作用来看，教育的实际价值在于使人成为人，使共同体更具人性，从而成为人才德性塑造的精神园地。

个体德性的成就，是其在感性活动的基础上对自身自然性与现实性的把握和超越，是对自身进行改造的结果。① 德性所蕴涵的价值观念和规范性要求，是个体为实现一定的价值观念而对自身改造的要求；它是共同体的伦理道德原则在个体身上的内化，反映了伦理共同体的诉求。人的发展现状总是不能满足人和共同体的双重要求，教育就是要去改变人的现状和本性，使它按照现时目的——一种对当前状况的人的否定性反映，依照道德理想人格的超前性意识来完成这种改变。

伦理共同体能够提供什么呢？除了前述的价值观念和规范性要求之外，它还提供一系列祖先的经验和传统。而这些经验和传统可以经由教

---

① 唐凯麟. 伦理学 [M]. 北京：高等教育出版社，2003：482.

育来完成，即以一种社会遗传的机制超越自然遗传的机制，使人突破生物学的局限而具有人的本质规定性。教育借助共同体把经验的主体从个体扩大到类，从而完成将上一代乃至祖先的共识共见进驻到下一代的心灵之中的重要任务。当然，教育不是原地踏步，教育意味着更高程度的超越和解放，它既把人的本能需要和冲动置于道德意识的自觉控制之下，又不断地用所在共同体的精神和价值来引导个体，使个体在高级的、自由精神活动的支配下，摆脱低级需要的枷锁，创造出人之所以为人的所特有的价值和尊严。

共同体的知识经验不是学校式的传授方式，而是采取社会教育式的传授方式，但其本质在于培育和发展人的求真的主体性。个体掌握的"真"越多，人的主体性就越强，个体掌握"真"的广度和深度，表现着个体的主体性发展程度，是极富意义的人生活动。而要对个体进行思想、意识和观念上的明理解惑，以及共同体伦理道德原则的传输，则需要背靠共同体并通过民间德育的方式来开展，民间德育的本质在于培育和发展个体的求善的主体性。即个体通过自己的活动去克服外在客体对个体的异己性，使客体成为对个体和目的性的存在，使个体成为共同体的自觉的主人。在共同体内部，求善活动在成员之间是为了消除彼此的隔阂和冲突，从而把自我的发展与共同体的进步统一起来，全面实现个体的价值和尊严，建成一个充满信赖、爱和友谊的"善"的共同体。

伦理共同体在民间的成形过程中，其间的核心要素——伦理道德原则在民间的实际生活中有新的表现，它自发形成的行为规范和处事原则是共同体成员在经年累月的交往过程中，几经反复而形成的具有进化适应意义的产物。因它来自民间，又调控着民间社会的秩序和共同体成员的行为，故共同体成员服从这些自己自觉自愿订立的契约，这个过程实是自我教育的过程。道德也不仅仅是一种外在的约束，它还需要共同体成员有精神上的自律，即我们前一节讨论的认同和归属感。国家正统需要借助民间伦理共同体的正功能，使其作为社会化机制的组织依托，将国家层面的伦理道德原则转化为可操作的伦理道德规范。

穴塘坎的马光灼从故里走出来，成为贵州省的一位著名农学专家，但他仍遵守并奉行民间伦理共同体的约定，几十年来始终如一地资助和提携乡亲，并和乡亲们一道践行着民间相扶相帮的道德规范；平家寨的何子明即便身处在地厅级干部的高位，也不忘为村里的事务奔走，因为他认为自己受惠于乡村，是村民的物质和精神在滋养着他，从而使他能够在伦理共同体的召唤之下表现出超人的伦理境界；石门坎的朱焕章两次婉拒政府的邀请，他服从的是民间伦理道德，并使这种服从变成道德义务，长期坚持在乡村的教职上，以一位民间知识精英的姿态对伦理共同体的价值导向做了令人心悦诚服的表达。

二、凝聚功能

人类学的研究有这样的结论，在公共权力不逮的乡村社会，并没有糟糕的秩序，相反在道德习俗和乡规民约的维持下，呈现出一种安宁有序的民间秩序。民间秩序是国家秩序的补充，这样的秩序出产在民间，是共同体成员的集体约定，贴近生活、服从世俗，有时甚至比国家的法律法令更为有效。一般称这样的民间秩序为习惯法，其实质是道德法。那么这种自发的社会秩序的维护器，是怎样维系着共同体成员的心理秩序，从而使乡村社会统同群心、一心向化呢？

民间伦理道德规范不是少数精英写就的，而是若干代人集体跨时空协作的结果。最初的伦理道德规范成形之后，它就脱离了最初的"作者"，成为自性的存在。之后历代知识精英和普通的共同体成员都有贡献，实际完成了对于伦理知识谱系的添加和删减。为什么做这样的交代呢？因为这样的民间伦理知识谱系在切切实实地塑造着人们的共同体身份，一个人具有什么样的共同体身份，往往意味着他选择了什么样的道德规范和价值原则作为自己立身处世的依据。个体总是在一种被给定的伦理文化之中来经验、反思他自己和周围的世界，在对世界、人生和历史等根本问题进行思考时，他总是有意识或无意识地回到共同体的思考逻辑之中。这样，当人们总是内在地同化于某一种伦理道德原则时，蕴含这样的伦理道德原则的民间伦理共同体实际就起到了凝聚的作用。

　　不同的民间伦理共同体具有殊异的伦理知识谱系，而这样的知识谱系具有身份识别的文化功能。道德规范的最初创制，只是族群知识精英或乡村知识精英的一个伦理学事件，而其最终形式的完成，则是一个共同体做出的身份选择。道德规范的成形过程，必定是一个共同体事件。道德规范成形之后，它的践行者总是群体性的。以历时性的眼光审察，道德规范具有一定的共时的适应性，可以进入一代又一代的共同体的伦理生活经验之中。个体在体会和经验共同体的道德规范中，用道德规范来塑造自己的身份意识，同时，通过对道德规范的阐释，把自己的生存经验接续到共同体的道德规范之中。道德规范的经验、体会和阐释，自来就不是个体性的，正是在一代又一代的共同体对道德规范的经验、体会和阐释之中，道德规范成为伦理文化传统的硬核，成为共同体身份识别的标识和凝聚共同体成员的要素。

　　民间伦理道德规范所催生的民间秩序并非完美不缺，由于共同体利益的作用而使它具有一种抱团发展的褊狭性。乡村社会的秩序不能只是狭窄地域的人们为自身利益而自发交往的结果，如果不去考虑这个共同体与整个乡村社会乃至国家的普遍联系，不去考虑整个中华民族的整体利益诉求，那这样的民间秩序就要受到国家正统的质疑，就有修复的必要。乡村社会本来就与城市有着千丝万缕的联系，当乡村支援城市建设的阶段走过之后，全社会步入工业反哺农业的阶段，更需要乡村以开放的姿态，而不是局限于乡村一地的自给自足式发展。民间伦理共同体的重建，需要我们提示乡村建设者立意高远、凝聚民心，开出国家正统和乡村社会双重认同的道路。

　　前面我们提及共同体的道德规范并不是民间精英的瞬间发明，伦理知识谱系的开出，必然要和共同体的生存经验相连。共同体成员参与道德规范的修正和补充，本身即是一种深刻的阐释，意味着一种共同体的阐释系统的生成。在这种阐释系统中，形成了诸多关于共同体圆成的经典故事。譬如，就本课题涉及的案例而言，有关于三个私塾的兴建以应村民之需的道德义举，有风餐露宿在绝壁上开凿水渠以改善灌溉条件的英雄壮举，有舍弃城市优渥生活带领学子下乡的先锋创举……从这些经典故事中，我们得以发现经典故事与伦理传统之间清晰的互动关系，即经典故事一面塑造着伦理传统，另一面又被不同的伦理传统的细节所裁定，从而把所有与之相关的人们聚集在共同体的麾下，这一切成就了民间伦理共同体的凝聚功能。

三、治理功能

血缘和地缘是乡村社会人际关系的基础，这个基础形成的社会结构是一种以个体为中心、以血缘的亲疏和地缘的远近为次序向外延伸的"差序格局"。这个格局暗含了乡村社会的稳定性，因为彼此的熟识和认同产生一种信任，从而使得共同体的成员遵循公认的符合共同体意志的道德规范。但时下村民受经济社会发展的影响和城镇化思维的引导而出现分层，进城务工、沿海打工、撂荒做工等，都使得原有"差序格局"被打破，勤勉重农的伦理价值取向发生了重大改变，给乡村的治理者带来崭新的课题。

伦理共同体的重建，即是基于这样的现实紧迫性。在乡村的治理中，法律和制度达不到介入的程度时，并非无计可施，这时作为社会黏合剂和共同规范的道德，实应纳入我们的思考范畴。伦理道德规范若缺乏共同体的支撑，就会成为空洞的说教而失去效用。为什么呢？因为在共同体的内部，成员之间领有共同性，分享着共同的经典故事，传承着共同的伦理价值，接续着共同的伦理文化，个体之间的共通之处，是共同体存在的基础。伦理道德规范把乡村社会的每一个分子纳入进来，接受共同体的教导，使他们联合在一起，相互支撑、彼此信赖，共同体的道德规范就是以这种依恋关系为前提，从而解决共同体的整合问题。

康德认为，个体作为道德人格，从某种角度来说，都是靠共同体形成的。只有恢复共同体的道德，才能使个体之间具有共通性，才能使个体之间在道德上可以通约，从而在乡村社会中过体面的政治生活。时下的乡村社会经历了从同质共识到差异共识的变化过程，为了避免各自为政的麻木和冷漠状态，需要我们看清乡村社会发展的前路，善于启发村民的共同意愿，在互惠互利原则的指导下，形成各方认可的重叠共识。

在乡村社会，有关伦理知识谱系的历史经验总是隶属于共同体的。当村民们把这些历史经验赋予具体的道德规范时，这些道德规范便成为承载一方一地的历史经验的载体，后代人正是在领悟先人的道德智慧中，感知共同体的历史经验。对这些道德规范的诠释，实际上是共同体经验的流动和传承。具体地讲，历史化和共同体化的实现，都有赖于礼仪化这一特殊形式。乡村社会的活动多以礼仪的方式来展开，这种共同体的公共活动，为共同体记忆的传承提供了一个公共参与的空间，人们在礼仪性的活动之中，重新参与历史，历史经验以活生生的形式得以再次返回。在乡村治理中，若认清民间事关道德规范的礼仪化活动的意义，就会主动地倡导伦理共同体的构建，使一个离散性的民间组合成一个伦理性的政治结构。

中央明确指出，必须在经济的发展中注重社会建设。民间作为社会构成的要件，其治理的力度和成效都将直接影响社会主义的建设事业，故我们把对于民间的建设和发展作为社会进步的重要标尺和考量维度。乡村建设的重要目标就是要实现乡村社会的自治，即依靠村民的自我管理，实现乡村的安宁有序、一心向化。可是，乡村的现实又使得我们这样的设想几乎落空，因为在市场经济的诱导之下，乡村几乎没有共同的利益诉求，没有参与政治生活的激情，没有伦理道德规范的观照，使乡村社会显得各自为战，在奔走经营上热情有余，在公务事务上冷漠太多，这实际上不只是乡村的发展困境，也是共同体面临的难题。我们需要在共同体构建的框架下，重申伦理道德规范对于乡村社会的调控作用和对于道德主体的规范作用，从而使民间伦理共同体不至于过度褊狭。

在个人利益高度分化背景之下重构伦理共同体，并不是一件十分容易的事情，它需要我们策略性地点明共同体利益与个体利益的互生关系。摩尔根讲，社会的利益绝对地高于个人利益，我们认为这不是绝对的绝对，而是相对的绝对。在一个真实的民间伦理共同体里面，个人利益和集体利益是相互包含的。乡村治理应该运用两者利益之互生关系的特点，在合理的个人利益的诉求之下，激发村民政治参与的热情，使乡村社会的发展获得更多的内源动力。

第四节　民间伦理共同体的重构进路

若无伦理共同体的依傍，精英在乡村并无真正的优势可言，这需要国家正统有足够的培育意识。如何给他们提供足够的政治舞台？如何凸显乡村知识精英的价值？如何激发他们带领各族同胞共同致力于乡村的建设发展？这些都是我们急需考虑的问题。共同体构建的逻辑，就是要统同群心，致力于乡村社会的和谐发展。在乡村治理的实践中，善于发现乡村社会的优秀代表，遴选乡村建设中的典型，应作为我们思想进阶的门径。

伦理传统起着构造共同体的作用，因为伦理传统对个体的德性有所塑造，德性是一种获得性品质，是一种共同体成员对共同善的共同追求的品质，是与个体的美好生活内在相关的品质，个体德性的修炼在一定程度上构成了伦理传统的品质。传统有着它特定的历史文化背景，所要回应的是特定的社会历史条件、社会制度和历史境遇，并且自身有一套完备的解释系统和话语系统，足以支撑共同体的观念结构。

伦理道德是共同体构成的要件，这在之前的论述中得到了证明。学界一般把道德理解为调整人们之间以及个人同社会之间的行为规范的总和，这个解释还不够确切。它忽略了共同体背靠的社会经济关系，忽略了社会舆论、传统习俗和内心信念上的共识共见对于共同体的伦理道德的维护。民间伦理共同体的重构，不仅需要基于行为规范的社会意识的统一，还需要具有善恶对立的心理意识的伦理共识的达成。

一、精英的培育

此处的精英是乡村知识精英。它指社会上的小部分人通过对各种专门技术知识的掌握，而拥有获取和分配社会资源的优势资格和社会地位，受教育程度比较高并能对政策产生直接和间接影响的杰出分子。①譬如，前面论及的穴塘坎的马龄、平家寨的罗荣忠、石门坎的朱焕章等就是乡村知识精英的代表，是为民间伦理文化发展和乡村社会进步做出实绩的头面知识分子。乡村知识精英的嘉言懿行，实有足资我们借鉴的地方。他们在乡村的活动内容颇有历史感的逻辑——调和矛盾、化解困厄。他们尊重村落共同体的历史文化，并力图超越自身文化积累的局限，作现代性与民族性的调和，在唤醒思想沉睡的乡村面前，他们是伦理思想突破的急先锋。

在前面的研究中，我们重点考察了知识精英如何以村落为己任、如何担负社会教化的使命、如何引领社会发展潮流，以及如何推动乡村社会的彻底变革。从中我们可以窥见乡村知识精英对乡村民生和政治建设的目标、方向、任务和现状的理解，以及从中反映出来的政治态度和政治立场。譬如民生问题，客观上要求各项建设必须与民生工作有机地结合起来，改善民生是乡村治理的根本着力点，我们从多位知识精英的工作实绩中得到了较好的印证。可以说，知识精英在实践中坚持群众利益至上的原则，本着对人民负责的态度，怀着对人民尽心的感情，展示了民族的"脊梁"姿态。

精英并不会自发产生，而需要共同体的培育机制。共同体的区分标识之一是传统的积淀，但其核心与基础是伦理文化。中华民族的伦理文

---

①　李良平.试析知识社会中精英与民众的知识分工［J］.大学时代，2006（9）：20.

化的整体性，表现为多种伦理文化要素结合起来的富有个性的整体。①
乡村知识精英处在这样整体性的伦理文化之中，领受党和人民的教育，
激发自身的道德学习，服从共同体的伦理召唤……这一切均制约着精
英的心理、认知和行为方式，产生一种顺应时代发展的综合性的精神定
势，在社会主义新农村建设实践中起到道德上的示范作用。

为何伦理共同体的重构需要知识精英的核心作用？因为这个精英群
体在乡村实际具有对村民引导、规范和教化的功能。其间知识精英的话
语也不断地渗入远近村民的观念，成为他们的行动指南。在市场经济的
条件下，部分乡村知识精英在利益面前逐渐放下了特别身份，越来越注
重对自我利益的追逐，在行使话语权时选择了更为妥协的姿态，使其在
共同体中的引领沦为虚空，这是一种令人担忧的情形。

乡村知识精英很少得到正统体制的眷注，偶有学者披露他们的先进
事迹，也未引起足够的重视。本书的前述部分意在借助实际的案例，来
展示乡村知识精英的精神视野、人文悟性、道德意识和心灵世界，从而
管窥精英的群体形象，为我们掌握知识精英的道德示范性提供重要的启
示。是故，应着力探讨乡村知识精英作为民间良知的代表，如何在社会
主义新农村建设中统同群心、身先士卒，如何把一切乡村劳动者、建设
者和爱国者紧密团结在党的旗帜下，如何带领各族同胞最大限度地加速
发展，加快转型、凝聚人心和汇聚力量。

经共同体培育的知识精英应如何规约自身呢？客观公正地行使话语
权。一方面，知识精英应该加强个人道德修养，增强自我的控制能力，
这是共同体长远发展的根基；另一方面，知识精英应该形成良好的群体
氛围、良好的工作风气，这也是保持知识精英话语权威和良好形象的重
要方面。② 知识精英做到了上述两方面，就能真正成为"身边的榜

---

① 余文武．民族伦理的现代境遇及其教育研究 ［J］．北京：现代教育出版
社，2008：221.

② 王珺．知识精英在我国政策过程中的角色分析 ［J］．理论界，2009（4）：
38.

样"，从而启发村民群众在思想上同心同德，并树立共同的价值理念。乡村知识精英身在底层百姓中间，对民间疾苦有深切的感受，有些直接参与农活，对"三农"问题有独到的见解，故他们的调研、建议和提案等意见，在一定程度上反映了民间的真实声音，这些意见多集中在村庄整治、硬件投入、路网规划、土地开发和产业发展等方面，如对这些建设性意见予以采纳，并促成引资融资的签约落地，可以激发各族同胞对社会主义新农村建设的自信心，从而达到团结他们在目标上同心同向的目的。

二、传统的接续

什么样的传统？这里指的是共同体的伦理文化传统。在这个概念表述中，传统是中心词，伦理文化是用来限定传统的，即传统是用来表述某种事物的概念，而不是表达时间的概念。共同体的伦理文化传统意指在共同体生活中逐渐形成，在伦理文化交流中有意保留并代代传递、影响至今的文化特质、文化模式和文化要素的结合体。伦理共同体的构建需要伦理文化传统，而伦理文化传统背后需要一定的观念结构的支撑，譬如规则、理念、秩序和信仰。总体说来，共同体的文化是一种伦理型文化，其价值取向是追求道德人格的完善，道德人格在共同体内部得到个性化的表述，成为共同体识别的标识。

照一般的理解，伦理传统就是那些世代相传具有特点的社会因素。在文字发明以前，伦理传统会以习惯和习俗的方式来传承和沿袭。语言和文字的产生，促成了真正意义上的伦理传统，即以伦理思想为形式的传统出现。语言除了担负记载伦理传统的重任之外，还承担跨越时空和保全伦理传统的功能。然而历史变迁和语言流变，以及共同体对伦理传统的领会的局限，使伦理传统的本义受到遮蔽，这为我们借力伦理传统开展乡村社会道德建设带来障碍。我们需要对民间的真实和潜藏的智慧有深切的领会，这离不开民间自身力量的调动，离不开民间现有传统资源的开掘。

于是，民间的伦理典籍和道德教材等经典进入到我们的视野范围，此经典是事关伦理道德传统的范本，是可观可察的表现形式。而伦理思想也是文献的积累和著作的经典化，经典的特质是把描述性的经验上升为规范性的论说。民间的经验会形成格言、谚语和诗歌，以达到表述上的普遍性；若不形成经典，则只有依靠偶然的机会传播，从而流为普遍的世俗智能，对共同体成员就缺乏足够的说服力和约束力。伦理典籍和道德教材则不然，它是一套成形的严谨的论述体系，在获得共同体成员的普遍认同之后，其伦理文化的力量和掌握全体成员的力量便会得到彰显。伦理典籍和道德教材一旦成为伦理文化的内核，就会在传衍的过程中具有鲜明的文化性格，从而成为区分共同体的形质要素。因此，传统的接续可由经典入手，使民间伦理共同体的重构找到相对便利的切入点。

经典是从民间历史和现实中精心选择的片段，作为共同体共有的故事来讲述，并生成一套自圆其说的解释体系，人们接受这套解释体系，并将之运用于人生所经历的共同体事件之中。个体人生的伦理经验，简明地说，就是所在的伦理共同体对人生事件的解释；进一步地说，伦理共同体不仅决定了个体怎样去解释经验的事件，而且决定了个体经验事件的方式本身。同一个伦理事件，对于身处不同伦理传统的人，会有不同的经验感受，实质上这受制于所在伦理共同体的规制。反过来，这些伦理事件和经验事实构成了伦理传统的一部分，共同成为伦理共同体建构的元素。

某些经验事实可能会超出原有伦理共同体的解释范围，从而迫使它做出一些自我调整，在这一解释与调整的演进中，伦理文化的广度和深度得以拓展。某些经验事实，可以是一些难以想象的历史事件，和相当异质的伦理文化挑战，但伦理共同体得接受这种传统之外的挑战。共同体的伦理文化接受这些冲击，并能在更深的层面回到自己的一些基本点，从而包容这些挑战的羁绊。我们从这样的挑战中可以辨清伦理共同体的传统是不是具有原创性、开放性和包容性，经受这样的检验之后，其伦理文化的基质会显露出来，其共同体的伦理传统就具有历经检验的可传承性。伦理传统从来都不是把共同体所制定的和相信的东西广泛地扩展到每一个成员，相反的，它会为个体成员提供价值辨析的空间，创造条件鼓动个体去参与共同体的意义和价值的建构，从而形成一个众人奉献、共同参与的建设机制，因此，我们可以称传统是共同体成员发明的传统。

三、共识的达成

伦理共同体的重构需要其内部相同元素的富集，而且主要是伦理道德共识的一致性，它使共同体塑造的个体与该共同体之间呈现一种明显的同构性，遂使得共同体的生活理想蕴含着团结的特性。这个特性使得共同体不至于出现过于松散的情形，反之，人们可以依靠共同体的旗号来增进共同体的凝聚力，使成员之间基于一定的伦理道德共识，体会到安宁有序和守望相助的氛围。这时我们假设共同体内部结构的一致性，实有与外部其他共同体相区分的特征，它们之间的边界划定正是共识与异见的区分。

共同体的边界是如何划定的呢？一是靠构成成员认同的共同性，譬如那些伦理道德规范细化的内容，二是靠对伦理道德异见的排他性，譬如对不奉行道德规范的抵制。于是，我们大可以说共同体是内部包容和外部排斥的结合体，共同体会基于共同的种族血缘和本土符号的伦理文化的统一感，而对其内部施以持续的文化净化，从而达到内部统整的目的。不过，依靠共同性而构成团结之时，凭借差异性的强化也可以促成内部的团结。

实际上人们之间有没有共识可言，有没有共同利益可求，也是我们探讨伦理共同体的可能性的前提条件。当乡村社会空心化出现之后，壮年劳动力纷纷涌出，不要说伦理道德观念的共识诉求，就是村民之间的互动也成为稀有之事，因为村民聚合无常、对话无期，那又从何谈起彼此的观念交流和共识创建？尤其是当内部没有利益凝聚、外部又没有动力支持的时候，共同体无可奈何地成为"想象的飞地"。那么，如何避免这种尴尬的情形？民间伦理共同体对于道德一贯性和价值统一性的宣讲不能止步，应充分调动民间的智能，把共同体构建的预先条件准备好，使乡村社会成为美德流行的首善之区。

我们希望共同体不仅仅是作为一种描述性范畴而存在，更希望它作为个体与个体之间的道德关系的深化而发展起来。由于人们无法预见自身道德的完美性和对于道德共识的领悟能力，共同体本身还有循循善诱的重任，以期共同体成员顺应历史的潮流，融进伦理共同体构建的实践之中，成就内外兼修的道德人格。当年石门坎学子吴性纯舍弃城市的优渥生活，毅然决然地回返乡村，是真资格的"博士下乡"的践行者，之后受石门坎伦理共同体的不断启发，他坚守乡村医疗和教职的双重岗位，为朱焕章、杨汉先、张斐然等一批学子提供道德共识外显化的模板，成就了石门坎学子集体还乡的传奇故事。

共同体的建立基础，是把一个个体看成整体，而不是看成某个社会角色。它从动机的更深层面而不是从单纯的兴趣和意志层面汲取心理力量。① 这个个体内涵了伦理共同体的形质要素，在他的身上展示出来的德行体现了共同体培育的功绩。当个体的行为具有"利"人的属性和功能时，它便能满足其他成员和共同体的需要，共同体会予以肯定性的评价，并使这种关于善的评价具有外在的社会价值。作为道德主体的个体，会因为人们对其德行的肯定而获得道德上的提升和精神上的愉悦，从而体现出个体的内在的道德价值。

共同体属于一种从伦理文化上被定义的生活方式，它会让内部成员恪守那些勘定了他们的互动强度和共识体认的规则。那它又怎样规约人们去服从这些伦理原则呢？一是经由知识精英对于伦理道德原则的阐

---

① 李义天. 共同体与政治团结 [M]. 北京：社会科学文献出版社，2011：7.

释，使其平民化；二是借助成员之间的道德舆论力量，使其世俗化。譬如，平家寨推出的道德评议会的共同约定，即是在知识精英引导下的创举，它源于民间道德智慧，但又不满足于民间的零碎，它是基于乡村实际生活的提炼，既启迪着乡村个体，又构成伦理共同体。又如，石门坎千字文课本的编辑，首先是对伦理道德共识的尊重，在文本中不时透露了对各方伦理道德识见的整合；其次有知识精英的身先士卒，自始至终彰显着伦理共同体的共识逻辑。

结语　从伦理共同体到自由人联合体

　　单个人在人类早期无力对抗自然，适者生存的法则使人类从一开始就选择群的生存方式，从而以联合的力量和集体行动来弥补个人自卫能力的欠缺，以规避生存的困境。如此看来，人类最初的存在就是共同体的存在，即血缘关系和生存需要成为个体与共同体联结的主要纽带。后来商品经济取代自然经济，共同体形态又步入货币共同体阶段，但由于发展而导致的自发式的分工，使个人利益和共同利益之间产生不可消解的矛盾，遂成为制约个体发展进步的虚幻共同体。不管怎样，人唯有在共同体内方才获得自己的生存和发展，人的社会性的深刻表现就是人生活在特定的共同体之内，人离开了共同体就不能独自生存，更谈不上人的自由全面发展。这是我们对于共同体存在意义的基础性认识。

　　共同体从发端就与共同利益紧密攸关，共同体承载了所有成员的共同利益，若其没有对于共同利益的维系，它就没有存在的必要，没有利益的共同性是缺乏说服力的，没有共同利益和个人利益诉求的共同体会走向解体。作为个体性的存在的人，有追逐个人利益的自然倾向，个人利益的追逐并非毫无意义，没有对个人利益的追逐也就没有共同利益产生的必要，共同利益是个体之间的利益对立冲突和协调解决的结果；人类具有大体相同或相近的物质需求和精神需求，这是人类共同利益存在的自然基础，共同体本身可为个体的需求提供利益让渡。因此，共同利益是维系共同体存在至为深刻的原因，这是我们进行民间伦理共同体重构时必须考量的因素。

人的发展逻辑受制于共同体的发展逻辑，共同体是个体存在的背景性条件。从共同体的历史形态上来审察，在原始共同体中，个性是遭到扼杀的，个体不过是狭隘人群的附属物；在自然共同体中，人格谈不上独立，个体的自由意志得不到表达；在货币共同体中，物成为异己于人的东西，使人与人之间的关系异化；在人类共同体中，人获得自由全面发展，个体实现对人的本质的真正占有。而人类共同体的本质就是马克思所述的自由人的联合体，自由人的联合体是由高度发达的生产力所造就的独立自主的个人自由结成的联合体，它不仅仅是一种伦理价值的追求，更是一种切切实实的人类以往历史发展的必然结果。这是我们审察马克思关于人类解放问题的视点。

共同体是马克思论证共产主义的一个理论工具，随着现实的人的交往发展到世界历史程度，个人全面发展和人们共同的社会生产能力成为社会财富，与之对应的是真正的共同体——自由人联合体。它是马克思在历史地考察人类历史上共同体的历史演进并随即进行批判的基础上，充分继承其合理之处，对人类存在方式的共同体的历史展望和客观把握。① 这一共同体的价值目标是人的自由而全面的发展，并且只有把自由人和联合体统一起来的共产主义运动，才是马克思阐述的自由人联合体。对于今天的中国而言，这是一个社会主义初级阶段的共产主义。民间伦理共同体的构建，是我们基于共产主义的现实运动状态和人的自由全面发展而开辟的新路向。

民间伦理共同体构建的基地在乡村社会，乡村社会充满前景但又问题成堆，物质丰富、精神痛苦之中潜藏有道德沦丧的现实，要解决因工业化、城镇化带来的诸多现代病，我们需要获得一种共同体意义上的心理需求，即在共同体内才可以获得的归属感和认同感，以伦理道德来召唤我们迷失许久的心灵，弥合我们在非伦理共同体中遭受的工具理性所

① 边国锋. 马克思共同体思想及其当代意义研究［D］. 济南：山东师范大学，2011：24.

致的创伤。我们在从贵州民间选取的三个样本中，发现了培育德性的真实土壤，它们虽已是历史的过去时，但在乡村道德建设的实践中，曾经掀起一个时代的高潮。从昔日实存的民间伦理共同体的样态中，我们得以审视乡村社会的基本属性，得以发现乡村治理的别样路径，以及伦理秩序回归的秘密武器。

民间伦理共同体所倡导的伦理道德，应是最起码的伦理道德，是乡村道德建设的底线，是全体共同体成员乃至乡村社会成员必须遵守、必须弘扬的基本准则，它如实地反映着整个乡村社会的文明水平。从三地业已形成的共同体伦理道德来讲，它易于识别、便于操作、利于监督、助于参与，深得民间的广泛认可，对于乡村社会风尚的转移和村民道德形象的树立颇有助益，对于增强伦理共同体的凝聚力和向心力亦多有贡献。我们希望社会各界可以从案例中窥见这些伦理的集体取向的生活，找到个体利益和共同体利益交割的平衡点，发现小群体与大社会的冲突化解之策，领会民间潜藏的伦理道德智慧，从而为我们开出共同体的新路与迈向共同体的更高阶段奠定坚实的根基。

最后，我们需要再次重申，民间伦理共同体的重建基础是伦理道德共识，其路向是共同体成员的个体利益和共同体利益的双向诉求的最大化，这恰好符合社会主义道德建设和共产主义道德建设的根本要求，也是马克思所言之自由人的联合体的精神内涵。由此，我们寄希望于乡村社会的重整，着力培育村民的共同体意识，人人争做德性富足的高尚人，使乡村成为伦理秩序井然的"故乡"和人类真善美的"栖息地"。

参 考 文 献

[1] [英] 齐格蒙特·鲍曼. 共同体: 在一个不确定的世界中寻找安全 [M]. 欧阳景根, 译. 南京: 江苏人民出版社, 2003.

[2] [德] 斐迪南·滕尼斯. 共同体与社会: 纯粹社会学的基本概念 [M]. 北京: 商务印书馆, 1999.

[3] [美] 卡罗尔·C. 古尔德. 马克思的社会本体论: 马克思社会实 在理论中的个性和共同体 [M]. 王学虎, 译. 北京: 北京师范大 学出版社, 2009.

[4] [德] 马克斯·韦伯. 韦伯作品集: 支配社会学 [M]. 康乐, 译. 桂林: 广西师范大学出版社, 2004.

[5] [德] 马克斯·韦伯. 韦伯作品集: 经济行动与社会团体 [M]. 康乐, 译. 桂林: 广西师范大学出版社, 2004.

[6] [德] 黑格尔. 法哲学原理 [M]. 杨东柱, 译. 北京: 北京出版 社, 2007.

[7] [美] 本尼迪克特·安德森. 想象的共同体: 民族主义的起源与散 布 [M]. 吴叡人, 译. 上海: 上海人民出版社, 2005.

[8] [法] 尚吕克·侬曦. 解构共同体 [M]. 苏哲安, 译. 台北: 台 湾桂冠图书股份有限公司, 2003.

[9] [日] 大琢久雄. 共同体的基础理论 [M]. 于嘉云, 译. 台北: 台湾联经出版事业公司, 1999.

[10] [英] 保罗·霍普. 个人主义时代之共同体重建 [M]. 杭州: 浙

江大学出版社，2010.

[11] [加] 黛安娜·布赖登. 反思共同体——多学科视角与全球语境 [M]. 北京：社会科学文献出版社，2011.

[12] [美] 丹尼尔·贝尔. 社群主义及其批评者 [M]. 李琨，译. 北京：生活·读书·新知三联书店，2002.

[13] [加] 威尔·金里卡. 自由主义、社群与文化 [M]. 应奇，译. 上海：上海译文出版社，2006.

[14] [英] 史蒂芬·缪哈尔，亚当·斯威夫特. 自由主义者与社群主义者 [M]. 孙晓春，译. 长春：吉林人民出版社，2007.

[15] [美] 赫伯特·金迪斯，萨缪·鲍尔斯，等. 人类的趋社会性及其研究：一个超越经济学的经济分析 [M]. 浙江大学跨学科社会科学研究中心，译. 上海：上海人民出版社，2005.

[16] [德] 赫尔曼·哈肯. 协同学：大自然构成的奥秘 [M]. 凌复华，译. 上海：上海译文出版社，2013.

[17] [英] 曼缪尔·卡斯特. 认同的力量 [M]. 夏铸九，译. 北京：社会科学文献出版社，2003.

[18] [法] 古斯塔夫·勒庞. 乌合之众 [M]. 冯克利，译. 北京：中央编译出版社，2004.

[19] [法] 米歇尔·福柯. 必须保卫社会 [M]. 钱翰，译. 上海：上海人民出版社，1999.

[20] [英] 拉尔夫·达仁道夫. 现代社会冲突 [M]. 林荣远，译. 北京：中国社会科学出版社，2000.

[21] [英] 安东尼·吉登斯. 社会的构成 [M]. 李康，译. 北京：生活·读书·新知三联书店，1998.

[22] [美] 罗伯特·埃里克森. 无需法律的秩序：邻人如何解决纠纷 [M]. 苏力，译. 北京：中国政法大学出版社，2003.

[23] 韩升. 生活于共同体之中——查尔斯·泰勒的政治哲学 [M]. 北京：中国社会科学出版社，2010.

[24] 丁元竹．走向社会共同体——丁元竹谈社会建设［M］．北京：中国友谊出版公司，2010．

[25] 胡群英．社会共同体公共性建构［M］．北京：知识产权出版社，2013．

[26] 张康之．共同体的进化［M］．北京：中国社会科学出版社，2012．

[27] 李义天．共同体与政治团结［M］．北京：社会科学文献出版社，2011．

[28] 胡必亮．关系共同体［M］．上海：上海人民出版社，2005．

[29] 周昌忠．生活圈伦理学——关于人性的形而上反思［M］．上海：上海社会科学院出版社，1997．

[30] 柯玲．农村教育共同体构建——基于成都郫县的探索与实践［M］．成都：四川大学出版社，2010．

[31] 李亚美．伦理共同体的构建及其维系［D］．重庆：西南大学，2011．

[32] 李泽明．农村社区伦理共同体的重构［D］．曲阜：曲阜师范大学，2011．

[33] 边国锋．马克思共同体思想及其当代意义研究［D］．济南：山东师范大学，2011．

[34] 赵艳琴．马克思共同体思想的价值研究［D］苏州：苏州大学，2009．

[35] 吕东霞．共同体的生成与社区自治——以"都市田园"协会为分析对象［D］．武汉：华中师范大学，2011．

[36] 王芳．黑龙潭村落共同体伦理生活的观察与阐释［D］．西安：陕西师范大学，2008．

[37] 梁效革．村落终结与村落共同体的未来研究——以山东省南山村为例［D］．济南：山东大学．2009．

[38] 江涛．村落共同体的延续——一个侗族村寨礼堂的历史视角

［D］. 桂林：广西民族大学，2009.

［39］阳光. 村落利益共同体的形成与维护［D］. 武汉：华中师范大学，2006.

［40］俞可平. 社群主义［M］. 北京：中国社会科学出版社，1998.

［41］郭丛斌. 教育与代际流动［M］. 北京：北京大学出版社，2009.

［42］李猛等. 教育与现代社会［M］. 上海：上海三联书店，2009.

［43］罗国杰. 伦理学［M］. 北京：人民出版社，2003.

［44］唐凯麟. 伦理学［M］. 北京：高等教育出版社，2003.

［45］樊浩. 教育伦理［M］. 南京：南京大学出版社，2000.

［46］孙时进. 社会心理学［M］. 上海：复旦大学出版社，2006.

［47］张康之. 论伦理精神［M］. 南京：江苏人民出版社，2010.

［48］夏甄涛. 人是什么［M］. 北京：商务印书馆，2000.

［49］金生鈜. 规训与教化［M］. 北京：教育科学出版社，2004.

［50］林耀华. 金翼：中国家族制度的社会学研究［M］. 北京：生活·读书·新知三联书店，2008.

［51］陈庆德. 人类学的理论预设与建构［M］. 北京：社会社会科学文献出版社，2006.

［52］［美］古塔·弗格森. 人类学定位：田野科学的界限与基础［M］. 骆建建，等译. 北京：华夏出版社，2005.

［53］孙杰远. 人类学视野下的教育自觉［M］. 桂林：广西师范大学出版社，2007.

［54］张静. 身份认同研究：观念、态度、理据［M］. 上海：上海人民出版社，2006.

［55］顾明远. 中国教育的文化基础［M］. 太原：山西教育出版社，2004.

［56］鲁洁. 道德教育的当代论域［M］. 北京：人民出版社，2005.

［57］陆有铨. 现代西方教育哲学［M］. 郑州：河南教育出版社，1993.

[58] 熊川武. 反思性教学 [M]. 上海：华东师范大学出版社，1999.

[59] 丁钢. 历史与现实之间：中国教育传统的理论探索 [M]. 北京：教育科学出版社，2002.

[60] 杜成宪. 早期儒家学习范畴研究 [M]. 台北：台湾文津出版社，1994.

[61] 黄书光. 中国社会教化的传统与变革 [M]. 济南：山东教育出版社，2005.

[62] 李萍. 现代道德教育论 [M]. 广州：广东人民出版社，1999.

[63] 孙孔懿. 论教育家 [M]. 北京：人民教育出版社，2006.

[64] 陈曙红. 中国中间阶层教育与成就动机 [M]. 北京：中国大百科全书出版社，2007.

[65] 刘海峰. 制度文明与中国社会 [M]. 长春：长春出版社，2004.

[66] 完颜绍化. 千秋教化 [M]. 福州：福建人民出版社，2004.

[67] 项贤明. 泛教育论：广义教育学的初步探索 [M]. 太原：山西教育出版社，2004.

[68] 吴刚. 知识演化与社会控制：中国教育知识史的比较社会学分析 [M]. 北京：教育科学出版社，2002.

[69] 明恩溥. 中国乡村社会 [M]. 陈午晴，译. 北京：中华书局，2006.

[70] 吴强华. 家谱 [M]. 重庆：重庆出版社，2006.

[71] 来新夏. 中国的年谱与家谱 [M]. 北京：商务印书馆，2005.

[72] 钱杭. 中国宗族史研究入门 [M]. 上海：复旦大学出版社，2009.

[73] 曾健. 社会协同学 [M]. 北京：科学出版社，2000.

[74] 张坦. "窄门" 前的石门坎：基督教文化与川滇黔边苗族社会 [M]. 昆明：云南教育出版社，1992.

[75] 游建西. 近代贵州苗族社会的文化变迁（1895—1945）[M]. 贵阳：贵州人民出版社，1997.

[76] 吴泽霖.贵州苗夷社会研究［M］.北京：民族出版社，2004.

[77] 张慧真.教育与族群认同——贵州石门坎苗族的个案研究（1900—1949）［M］.北京：民族出版社，2009.

[78] 余文武.民间教育共同体研究［M］.上海：华东师范大学出版社，2008.

[79] 杨大德.中国石门坎（1887—1956）［M］.北京：人民日报出版社，2005.

[80] 沈红.石门坎文化百年兴衰：中国西南一个山村的现代性经历［M］.沈阳：万卷出版公司，2006.

[81] 沈红.结构与主体：激荡的文化社区石门坎［M］.北京：社会科学文献出版社，2007.

[82] 东旻，朱慧群.贵州石门坎：开创中国近现代民族教育之先河［M］.北京：中国文史出版社，2006.

[83] 马龄编撰.穴塘坎马氏族谱（1658—2000）（未刊）［Z］.油印本，2000.

[84] 朱玉芳，藏.朱焕章私人信件（未刊）［Z］.2005.

[85] 朱焕章.滇黔苗民夜读课本［M］.成都：成都华英书舍，1933.

[86] 平家寨道德评议会文件（未刊）［Z］.2008.

[87] 罗良森.走进中国仡佬第一乡——平正遵义（内部资料）［Z］.2008.

[88] 遵义县平正仡佬族文化传承促进会.中国仡佬第一乡：平正仡佬族集（第一集）［G］.2012.

[89] 张大六.为一个民族留存记忆.中国仡佬第一乡.遵义市政协宣教文卫委员会，2006：1.

[90] 林继富.民间叙事传统与村落文化共同体建构［M］.北京：中国社会出版社，2012.

[91] 陆树程.市民社会与当代伦理共同体的重建［J］.哲学研究，2003（4）.

［92］ 陈越骅．伦理共同体何以可能——试论其理论维度上的演变及现代困境［J］．道德与文明，2012（1）．

［93］ 王露璐．转型期中国乡村伦理共同体的式微与重建——从滕尼斯的"共同体"概念谈起［G］//第二届中国伦理学青年论坛论文集，2011.

［94］ 任建东．文化反哺与道德传递［J］．广西民族大学学报，2007（6）．

［95］ 章芳．宗族活动中宗族精英行为策略研究——以皖南 H 村为例［J］．辽宁行政学院学报，2011（11）．

［96］ 文江涛．耕读传家与文化濡化——以广西灵川县江头洲村文化教育习俗为例［J］．桂海论丛，2006（2）．

［97］ 吕雯慧．论中国家族教化传递模式的近代转型［J］．湖南师范大学教育科学学报，2011（1）．

［98］ 徐统仁．"以德治村"模式分析［J］．青岛行政学院学报，2006（5）．

［99］ 杨帅．农民组织化的困境与破解——后农业税时代的乡村治理与农村发展［J］．人民论坛，2011（10）．

［100］ 容中逵．乡村社会教化的式微与再造［J］．社会科学战线，2011（9）．

［101］ 黄雨恒．论乡村文化阶层及其文化教化功能［J］．内蒙古师范大学学报，2011（8）．

［102］ 王毅杰．对建国以来我国乡村家族的探讨［J］．开放时代，2011（11）．

［103］ 柴玲．当代中国社会的"差序格局"［J］．云南民族大学学报，2010（3）．

［104］ 崔延虎．文化濡化与民族教育研究［J］．新疆师范大学学报，1995（4）．

［105］ 杨小微．"濡化"与"涵化"：中国教育学内涵更新的机制探寻

［J］. 南京社会科学，2011（9）.

［106］郑萍. 村落视野中的大传统与小传统［J］. 读书，2005（7）.

［107］何永华. 试论文化传统与教育传统之关系［J］. 柳州师专学报，2010（10）.

［108］郭嗣彦. 家族共同体的兴盛与衰落［J］. 周口师范学院学报，2009（5）.

［109］陈家琪. 伦理共同体与政治共同体——重读康德的《单纯理性限度内的宗教》［J］. 同济大学学报，2008（4）.

［110］尚海滨. 现代视域下的家谱价值审视［J］. 图书情报论坛，2010（2）.

［111］杨爱华. 家谱宗族公益的观察点［J］. 图书情报论坛，2011（3，4）.

［112］姜献辉. 基础德目教育研究［J］. 综述探索. 2010（1）.

［113］田伟. 农村组织化的宗族困境及其破解［J］. 西南农业大学学报，2011（8）.

［114］何平. 中国乡村治理模式的嬗变：农村社区建设与村民自治的共生共建［J］. 三江论坛，2011（10）.

［115］唐昊. 重建民间社会与保障个人权利［J］. 城市管理，2004（2）.

［116］贺宾. 关注民间伦理：传统伦理文化研究的新思路［J］. 理论与现代化，2006（2）.

［117］许爱花. 乡村社会矛盾化解机制探微［J］. 宁夏社会科学，2011（3）.

［118］朱新山. 试论传统乡村社会结构及其解体［J］. 上海大学学报，2010（9）.

［119］杨东平. 平民教育的流变和当代发展［J］. 清华大学教育研究，2008（6）.

［120］张海英. 平民教育的推进与中国社会［J］. 湖南社会主义学院学

报，2000（4）.

[121] 龙基成. 社会变迁、基督教与中国苗族知识分子——苗族学者杨汉先传略 [J]. 贵州民族研究，1997（1）.

[122] 杨世海. 石门坎与基督教融合与分离的原因考察——比较文学视野下的石门坎研究 [J]. 教育文化论坛，2011（3）.

[123] 梁黎. 三个人的"石门坎" [J]. 中国民族，2007（1）.

[124] 雷勇. 石门坎现象的多元叙事与阐释 [J]. 贵州民族研究，2010（1）.

[125] 陈国钧. 石门坎的苗族教育 [J]. 民国年间苗族论文集，1983.

[126] 朱莉. 石门坎现象成因分析 [J]. 贵州文史丛刊，2010（3）.

[127] 张霜. 社区、家庭与少数民族学校教育的文化距离——贵州威宁石门坎苗族教育人类学个案研究 [J]. 广西师范大学学报，2010（8）.

[128] 张霜. 贵州石门坎苗族教育人类学田野考察 [J]. 教育文化论坛，2011（3）.

[129] 柏格理. 在未知的中国 [M]. 东人达，译. 昆明：云南民族出版社，2002.

[130] 马玉华. 发现石门坎 [J]. 南京晓庄学院学报，2008（9）.

[131] 周志光. 从边缘崛起：石门坎文化现象背后的驱动力教育 [J]. 文化论坛，2011（3）.

[132] 何嵩昱. "石门坎现象"与苗族文化关系研究——从苗族文化特质角度探析石门坎现象产生的内在动因 [J]. 教育文化论坛，2011（3）.

[133] 杨曦. 柏格理与朱焕章教育思想之比较——兼论民族教育的内源发展 [J]. 民族教育研究，2007（2）.

[134] Chester G. Starr. Individual and community：the rise of the polis 800—500 B. C. [M]. Oxford：Oxford University Press，1986.

[135] Adrian Oidfield. Citizenship and community：civic republicanism and

the modern world [M]. London: Routlede, 1990.

[136] Snyder F. Soft law and institutional practice in the european community [M]. Europe: Kluwer Academic Publishers, 1994.

[137] Agamben Giorgio. The coming community [M]. Minneapolis: University of Minnesota Press, 1993.

[138] Agrawal A. State formation in community spaces? Decentralization of control over forests in the Kumaon Himalaya, India [J]. Journal of Asian Studies, 2001, 60 (1): 9-40.

[139] Bray David. Building "community": new strategies of governance in urban China [J]. Economy and Society, 2006, 35 (4): 530-549.

[140] Burnett Jon. Review of community cohesion: a new framework for race and diversity, by Ted Cantle [J]. Race and Class, 2007, 48 (4): 115-118.

[141] Ted Cantle. Community cohesion: a new framework for race and diversity [M]. Basingstoke Palgrave Macmikkan, 2005.

[142] Campbell L M, Vainio-Mattila A. Participatory development and community-based conservation: opportunities missed or lessons learned? [J]. Human Ecology, 2003, 31 (3): 417-437.

[143] Defilippis James, Robert Fisher, Eric Shragge. Neither romance nor regulation: re-evaluating community [J]. International Journal of Urban and Regional Research, 2006, 30 (3): 673-689.

[144] Etzioni Amatai. The spirit of community [M]. London: Fontana, 1995.

[145] Etzioni Amatai. The new golden rule community and morality in a democratic society [M]. New York: basic, 1996.

[146] Joseph Miranda. Against the romance of community [M]. Minneapolis: University of Minnesota Press, 2002.

[147] Khalidi Rashid. Palestinian identity: the construction of modern con-

sciousness [M]. New Yok: Columbia University Press, 1998.

[148] Ostry A . The links between industrial, community, and ecological sustainability: a forestry case study [J]. Ecosystem Health, 1999, 5 (3): 193-203.

后　记

　　乡村是国家政治的根基，国家基因自然生成于乡村。民间伦理共同体的构建，不仅是形而上思辨的理论问题，更是迫在眉睫的实践问题。我们对于田野选点的道德叙事和口述史的研究，因其历史基础和现实依据而颇具科学解释的张力，对我们认识乡村、亲近乡村、建设乡村具有不可替代的重要意义。其间最大限度的民族志描写和经验事实叙述，有效地表达了我们的修辞立诚。

　　西方诸国学界对反思共同体的呼声有所抒发，要求重建共同体的呼声亦此起彼伏，透露了他们对于现存资本主义制度的不满，并希望用共同体的构建来消弭现实社会的沉疴宿疾。可是，他们不愿用历史唯物主义的理论工具来分析，对资本主义社会及与之伴随的现代性缺乏深刻的认识和揭示，故而对于共同体的构思停留在"乌有之乡"的空想层面。

　　共同体思想是马克思主义唯物史观的重要组成部分，是马克思论证共产主义的一个理论工具。我们的研究不能只停留在血缘地域共同体和政治经济共同体上，亦不可止步于自然形成的共同体，而应该思考哲学的最高命题——人类的走向，即将自由人联合体视为真正的共同体，在那里每个人都会得到真正的自由发展，而伦理共同体的重建则为这样的自由发展开启了一个时代的全新路径。

　　我们有如研究中提及的三地学子，心患不能排解的"道德怀乡症"，把民间实际结成的共同体视为富含伦理意味和道德内涵的社会结构，并将此结构作为有效遏制乡村伦理失序、道德滑坡的重要工具。我们在贵州民间发现的伦理共同体，其间的群体与个体相互证成，基于亲缘的自然意志和相互帮扶的道德逻辑，可堪作为乡村自我完善与自我塑造方案的最优选择。

人有其类本质，在人的类存在的诸多历史形态中，共同体是人类存在的基本方式，而伦理道德在其间又行使着维系之责。将其作为共同体的主体，则显示为伦理共同体，它是通往自由人联合体的必经之路，承载了以往历史发展的全部现实内涵，它不是追求至善至美的道德乌托邦，而是人的类本质的最高实现形式，我们借此可以窥见乡村美德培育与个体德性成就的要秘。

伦理共同体的重建并非轻而易举之事。当下乡村的共同利益失调、价值目标混乱，因人力输出而致的"空心化"，使部分乡村几无凝聚力可言。我们需要回温历史的经验，提示乡民去体会他们与之淡出的共同体，启发他们对于共同体的认同感和归属感，并使之发生基于共同参与和真诚合作所形成的相互依存关系，从而实现乡村倡行德治、乡民成就德性的道德境界。

梁漱溟早年在乡村建设运动中曾提出，要在五伦之外再加上个体相对群体的一伦，他希望以乡约礼俗的方式将其固定下来，通过共同体的劝善惩恶来达到敦睦风俗的目的。这是他就中国乡村社会的伦理本位失序而开出的解救之方。即中国伦理文化的一个特点就是要砥砺人格，用德业相劝的方式来化解乡村的道德迷路，用尚贤尚智的风气来引导乡村的正理平治。

穴塘坎的马秉卿、平家寨的黄大发、石门坎的朱焕章堪称乡村精英的杰出代表，他们身处不同历史时代，自愿归附其所在乡村共同体，思考乡村困境的救困扶危之道，保持洁身洁己的节操，争做躬体力行的榜样，成为民间伦理共同体重构所不可缺略的重要因素。我们当从他们的道德实践中领受有风有化的教益，并作为今日乡村道德建设可堪采纳的宝贵经验。

陈寅恪曾谓，"一时代之学术，必有其新材料与新问题，取用此材料，以研求新问题，则为此时代学术之潮流。"囿于资料范围的局限，我们对于穴塘坎、平家寨、石门坎的研究稍显粗疏，许多论断还有蹈人旧辙之嫌。业内有"一分材料，一分深度"之说，对民间事实掌握得愈充分、愈具体，就愈能帮助我们揭示事物的本质，我们寄希望于今后对民间素材的开掘而获得归全反真的境界。

本课题团队的搭建和研究非常不易，课题负责人罹患疾病，一边坚持血液净化治疗一边撰写课题研究报告，始终勉力做到最好；诸成员在教学之余尽量承担资料收集与文献分析的重任，之后他们又远赴北京、重庆和伦敦继续求学，却从未推卸课题组的研究任务。犹如领受共同体的使命一样，他们对于课题研究可谓呕心吐胆、费尽心血。

感谢张冰、黄大发、唐杰、马邦贤、马邦常、马龄、张国辉、朱玉芳、张慧真、斯嘉、澜漾、张坦、王大卫等朋友的帮助，使我们收集到所需文献资料，并欣然接受访谈，共同探讨研究中的疑难问题；感谢吕保平、毛有碧、蒙秋明、龚振黔、周贵发、谷丽应、焦艳、赵福荣、杜和平、王世意、梅亚、戴岳等同事的襄助，给予道义支持和工作便利，使我们在时间宽松、经费充足的条件之下从从容容地开展研究工作。

伦理学应该把握住时代的脉搏，能提出并解决所面临的时代性课题，我们对于贵州民间伦理共同体的基础性研究，算是对此做出的初步回答。虽然我们在马克思共同体思想的指导之下似乎有高度的理论自信，但毕竟自信和践行是两回事。对理论制高地的占领绝不能成为我们沾沾自喜的资本，对伦理共同体的系统研究是草创未就，还需要我们一棒一条痕般的良工苦心。

书中表述难免错谬纰漏，敬请学界同行批评指正。

余文武

2013 年 7 月 22 日

2017 年 11 月 2 日修订